职业教育机械类专业"互联网+"新形态教材

零部件测绘与 Inventor 三维建模

主 编 李 艳

副主编 林楚镇

参 编 黄 奕 李亭亭

机 械 工 业 出 版 社

本书以 Inventor 软件作为工具，以任务实例作为"抓手"，按照"互联网+"的思维模式，针对零部件测绘、三维建模、参数化设计与工程图等内容进行了全面细致的讲解。书中共有四个学习任务：测绘减速器传动轴与三维建模、测绘减速器齿轮与三维建模、测绘减速器箱体与三维建模和减速器装配。每个学习任务由若干个活动组成，具有清晰的工作过程。每个活动包含能力目标、学习过程、活动实施，以及明确而具体的活动评价。四个学习任务的先后顺序是根据企业的工作流程复杂程度及完成任务所需知识多少、技能难易程度的递进关系进行编排的，旨在使学生掌握轴套类、轮盘类、叉架类、箱体类、特殊类零件等的测绘步骤及 CAD 成图方法，使学生获取的理论知识和技能更全面化和系统化，并介绍了大学生先进成图技术与产品信息建模创新大赛中的三维建模知识点。

为落实党的二十大报告中关于"推进教育数字化"的要求，本书运用"互联网+"技术，添加了二维码数字化资源，便于读者理解相关知识，进行更深入的学习。本书以培养学生的读图能力、数字化表达能力和创新能力为目标，配套微课视频、三维模型（图样）源文件、电子课件、习题答案等多种数字化资源，有利于将知识的学习和技能的训练融为一体，实现学练一体化。凡选用本书作为授课教材的教师可登录 www.cmpedu.com，注册后免费下载本书配套资源。

本书可作为职业院校数字化设计与制造、机械设计与制造、机电一体化等相关专业的教材，又可作为学生测绘竞赛指导用书，也可供从事机械设计与制造、模具设计与制造、3D 打印等工作的工程技术人员参考。

图书在版编目（CIP）数据

零部件测绘与 Inventor 三维建模 / 李艳主编.
北京：机械工业出版社，2025.4. --（职业教育机械类专业"互联网+"新形态教材）. -- ISBN 978-7-111
-78010-6

Ⅰ. TH13
中国国家版本馆 CIP 数据核字第 2025FD9357 号

机械工业出版社（北京市百万庄大街 22 号　邮政编码 100037）
策划编辑：黎　艳　　　　　　责任编辑：黎　艳
责任校对：薄萌钰　梁　静　　封面设计：鞠　杨
责任印制：单爱军
保定市中画美凯印刷有限公司印刷
2025 年 6 月第 1 版第 1 次印刷
210mm×285mm · 15 印张 · 437 千字
标准书号：ISBN 978-7-111-78010-6
定价：49.00 元

电话服务　　　　　　　　　网络服务
客服电话：010-88361066　　机　工　官　网：www.cmpbook.com
　　　　　010-88379833　　机　工　官　博：weibo.com/cmp1952
　　　　　010-68326294　　金　书　网：www.golden-book.com
封底无防伪标均为盗版　机工教育服务网：www.cmpedu.com

前言

本书以 Inventor 软件作为工具，以任务实例作为"抓手"，按照"互联网+"的思维模式，针对机械零部件测绘、三维建模、参数化设计与工程图等内容进行了全面细致的讲解，具有以下特色：

一、落实立德树人、价值引领

本书全面落实立德树人的根本任务，在编写中坚持正确的政治方向和价值导向，深入挖掘教学素材中蕴含的素养元素，弘扬职业精神、工匠精神和劳模精神，注重职业道德和职业素养的提升，引导学生树立正确的世界观、人生观和价值观。

二、岗课赛证融通、综合育人

本书依据现行的《机械制图》国家标准及零部件测绘与 CAD 成图技术大赛、CAD 机械设计世界技能大赛等竞赛规程及评分标准，通过深入开展行业、企业调研，了解企业相关岗位群对应的工作职责和完成各岗位主要工作任务所需的知识和技能，将企业机械产品零部件测绘与三维建模的典型工作任务转化为四个学习任务，其先后顺序是根据企业的工作流程复杂程度及完成任务所需知识多少、技能难易程度的递进关系进行编排的。本书系统地介绍了零部件测绘与 CAD 成图技术的专业知识及专业技能训练方法，其内容包含了测绘的技术规范、各种常用量具的使用方法、手工绘图、CAD 成图、Inventor 三维建模及装配等知识，旨在使学生掌握包括轴套类、轮盘类、叉架类、箱体类、特殊类零件等的测绘步骤及方法，使获取的理论知识和技能更加完整和系统化。

三、配套教学资源丰富多彩

为落实党的二十大报告中关于"推进教育数字化"的要求，本书配套了数字化教学资源，用以引导学生探索新知识，激发其自主学习兴趣。为便于自学，各学习任务及配套习题均配有操作视频，学习过程中可扫描二维码观看。为方便教学，本书配套三维模型（图样）源文件、微课视频、电子课件（PPT 格式）、习题答案等多种数字化资源，凡选用本书作为授课教材的教师可登录 www.cmpedu.com，注册后免费下载本书配套资源。

本书由李艳任主编，林楚镇任副主编，黄奕、李亭亭参与编写。在编写过程中，编者参阅了国内出版的有关教材和资料，在此谨向相关作者表示衷心感谢！

由于编者水平有限，书中错误和疏漏之处在所难免，恳请读者批评指正。

编　者

二维码清单

名称	二维码	名称	二维码
输出轴建模		输入轴端盖建模	
输入轴建模		减速器装配	
用 Inventor 绘制输出轴零件图		减速器原理动画	
齿轮建模		习题 1-1	
用 Inventor 绘制齿轮零件图		习题 1-2	
箱体建模		习题 1-3	
用 Inventor 绘制箱体零件图		习题 1-4	
箱盖建模		习题 1-5	
输出轴挡油圈建模		习题 1-6	
输入轴挡油圈建模		习题 1-7	
输出轴端盖建模		习题 1-8	

名称	二维码	名称	二维码
习题 1-9		习题 2-8	
习题 1-10		习题 2-9	
习题 1-11		习题 2-10	
习题 1-12		习题 2-11	
习题 2-1		习题 2-12	
习题 2-2		习题 3-1	
习题 2-3		习题 3-2	
习题 2-4		习题 3-3	
习题 2-5		习题 3-4	
习题 2-6		习题 3-5	
习题 2-7			

目　录

学习任务一

测绘减速器传动轴与三维建模

任务情境

　　某企业接到客户订单要求，批量生产减速器中的传动轴，因技术资料遗失，现提供减速器实物一台，需进行现场拆装、测绘、分析，形成加工图样。部门主管将该任务交给技术员，要求其在两天内完成。

　　该技术员接受任务后，查找资料，了解轴的结构及工艺要求，并与工程师进行沟通；确定工作方案，制订工作计划；交部门主管审核通过后，按计划实施；领取相关工具，拆样机、取传动轴，徒手绘制草图；选择合适的工具、量具对零件进行测量并标注尺寸；分析、选择材料，制订必要的技术要求；用计算机绘制图样、文件保存归档、打印图样；分析、测绘过程中适时检查，以确保图形的正确性；主管审核正确后签字确认，图样交相关部门归档，填写工作记录。整个工作过程要遵循7S管理规范。

学习内容

1. 任务单专业术语
2. 减速器的种类、结构和功用
3. 机械、机器的含义及组成
4. 机械设计手册的使用方法
5. 测绘流程
6. 安全操作规程
7. 减速器拆装方法
8. 减速器各零部件的名称、结构及作用
9. 零件、构件和机构的概念
10. 测量工具的使用方法
11. 《机械制图》国家标准
12. 绘图工具的使用方法
13. 几何图形的画法
14. 基本体的三视图
15. 形体表达（断面图、局部放大图）
16. 尺寸标注（公差、尺寸链）
17. 绘图软件的使用
18. 金属材料性能
19. 图样的技术要求（表面粗糙度、热处理要求等）
20. 7S管理知识
21. 工作任务记录的填写方法

活动一　接受任务并制订方案

能力目标

　　1）根据任务单专业术语，识读任务单。

2）通过实物了解减速器，能叙述减速器的结构及功用。

3）对照产品，现场考察或通过多媒体了解机械（机器）组成及含义，区分机械与机器，记录客户需求。

4）通过查阅老师提供的资料（包括工作页、参考书、机械设计手册、互联网等），学习测绘流程，团队协作，由教师指导编写任务方案。

◀ 素质目标

能够按照任务要求制订合理的测绘计划，根据任务目标逐步制订工作内容及流程。

◀ 活动地点

机械产品测量实训室、数控加工中心。

◀ 学习过程

你要掌握以下资讯，才能顺利完成任务

一、接受任务单（表1-1）

表1-1 测绘任务单

单号：_____ 开单部门：_____ 开单人：_____
开单时间：_____年_____月_____日_____时_____分
接单部门：_____部_____组

任务概述	客户要求,批量生产减速器中的传动轴,因技术资料遗失,现提供减速器实物一台,需测绘形成零件图
任务完成时间	
接单人	（签名） 年 月 日

请查找资料，将不懂的术语记录下来。

_____
_____
_____

◀ 小提示

信息采集源：1）《机械制图》

2）《机械设计手册》

其他：_____

二、企业参观

通过参观企业车间（图 1-1），可以发现：

1. 机器的主要特征

1）机器是由机构组合而成的。

2）组成机器的各部分实物之间具有确定的相对运动。

3）能够实现能量的转换，代替或辅助人类完成有用的机械功。

2. 机构的主要特征

1）由两个或两个以上的构件组合而成。

2）各个构件之间具有确定的相对运动。

3）能够实现规定的运动。

图 1-1　企业车间

从结构和运动学的角度分析，机器和机构之间____（A. 无　B. 有）区别，都是具有确定相对运动的各种实物的组合，所以，通常将机器和机构统称为机械。

3. 机器的组成

一台完整的机器由以下四部分组成：

1）动力部分：机器的动力来源，把其他类型的能量转换为机械能，以驱动机器各部件运动。

2）执行部分：直接完成工作任务，处于整个传动装置的终端，其结构型式取决于机器的用途。

3）传动部分：将动力部分的运动和动力传递给执行部分的中间装置。

4）控制部分：使动力部分、传动部分、执行部分按一定的顺序和规律实现预期运动，完成给定的工作循环。

试一试

填写洗衣机（图 1-2）的组成部分。

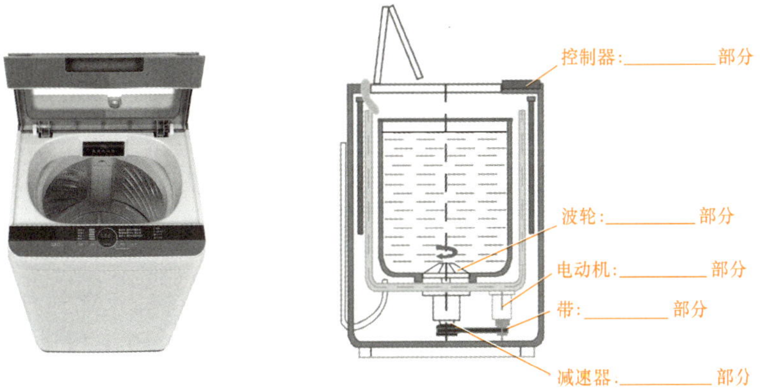

控制器：_____部分

波轮：_____部分

电动机：_____部分

带：_____部分

减速器：_____部分

图 1-2　洗衣机

三、减速器的功用与类型

1. 减速器的功用

减速器是把_____（如电动机）与_____（从动机）连接起来，通过多级齿轮传动，实现定传动比减速（或增速）的封闭式传动装置。

2. 减速器的类型

1）按传动类型可分为齿轮减速器、_____减速器和_____减速器等（图 1-3）。

2）按传动级数可分为一级减速器和_____减速器（图 1-4）。

齿轮减速器　　蜗轮蜗杆减速器　　行星齿轮减速器

图 1-3　减速器按传动类型分类

一级圆柱齿轮减速器　　三级圆柱齿轮减速器(展开式)

图 1-4　减速器按传动级数分类

3）按轴在空间的相对位置可分为锥齿轮减速器和_____减速器（图 1-5）。

4）按传动布置方式可分为展开式减速器、_____式减速器和_____式减速器等（图 1-6）。

锥齿轮减速器(卧式)　　立式齿轮减速器

图 1-5　减速器按轴在空间的相对位置分类

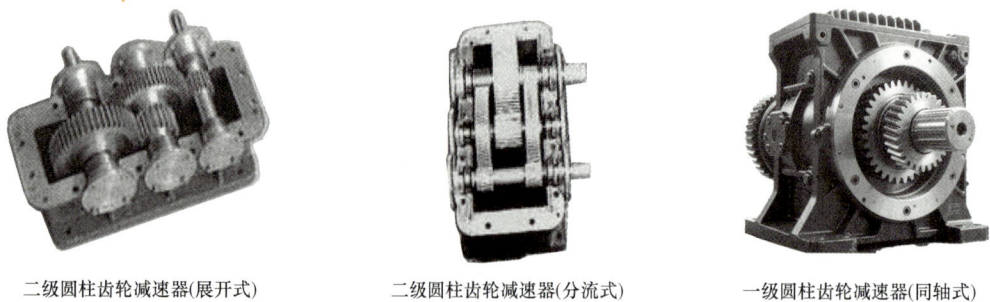

二级圆柱齿轮减速器(展开式)　　二级圆柱齿轮减速器(分流式)　　一级圆柱齿轮减速器(同轴式)

图 1-6　减速器按传动布置方式分类

活动实施　写出测绘流程

测绘零件包括以下几个步骤：

A. 归档　　B. 绘制草图　　C. 标注　　D. 填写技术要求

E. 计算机绘图　　F. 核查　　G. 测量

请写出测绘正确流程：

活动二　拆装减速器

能力目标

1）按照安全操作规程，能独立完成机器的拆装。
2）对照实物，能正确叙述减速器零部件的名称和作用。

素质目标

拆装减速器过程中，保持台面干净，拆卸工具摆放有序，完成拆卸后立刻清理现场，保持干净整洁，养成爱劳动、能吃苦的良好行为习惯。

活动地点

机械产品测量实训室。

学习过程

你要掌握以下资讯，才能顺利完成任务

一、减速器的组成

减速器由箱体、轴、轴上零件、轴承部件、润滑密封装置及减速器附件等组成，如图1-7所示。

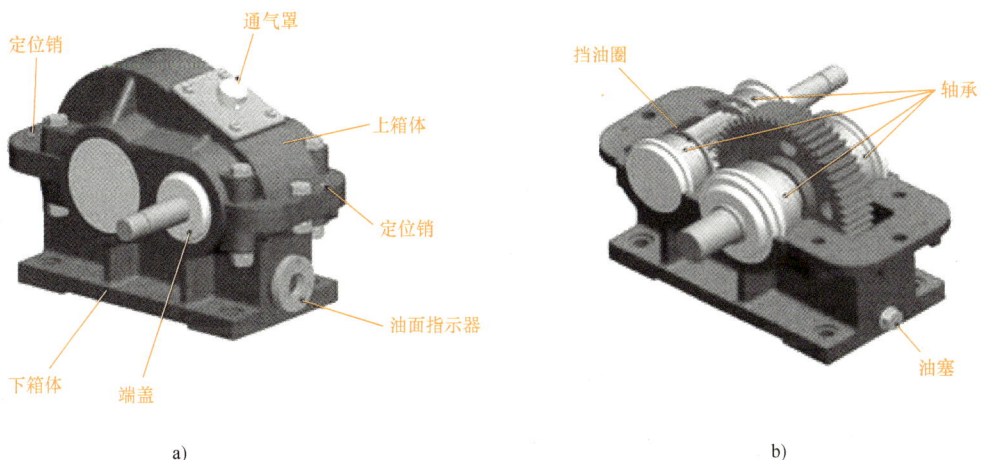

a)　　　　　　　　　　　　　　　b)

图1-7　一级圆柱齿轮减速器

二、减速器各零部件的名称、结构及作用

1. 轴的作用

如图 1-8 所示，_____主要用来支承传动零件和传递转矩。

2. 轴承的作用

轴承在机械传动过程中起_____（A. 支承
B. 固定）和减小摩擦的作用。

3. 齿轮的作用

齿轮用于传递动力，改变_____（A. 速度
B. 距离）和方向。

4. 键的作用

键是用来实现轴与轴上带轮、齿轮等连接的零件，起到传递转矩的作用。

5. 箱体的作用

箱体用于支承_____及轴上零件。

为装拆方便，箱体常采用剖分式结构，箱盖和底座用螺栓连接成整体，如图 1-9 所示。

图 1-8　输出轴

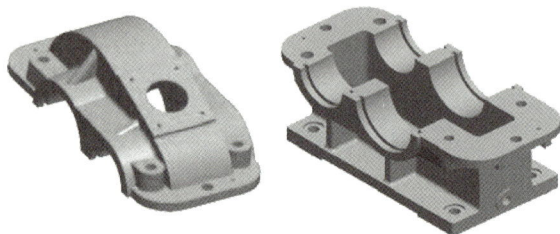

图 1-9　箱盖和底座

小词典

零件是构成机器的不可拆的制造单元。从制造角度来讲，机器由许多机械零件组成，包括通用零件与专用零件。

构件是构成机器的各个相对独立的运动单元，它可以是一个零件，也可以是若干零件的刚性组合体。

想一想

减速器中的零件有_____。
减速器中的构件有_____。

三、机器的拆装

1. 机器装配的一般顺序（注：与拆卸顺序相反）

1）先下后_____。
2）先内后_____。
3）先难后_____。
4）先重大后_____。
5）先精密后_____。

2. 拆装注意事项

1）拆卸前要仔细观察零件、部件的结构及位置，考虑好拆装顺序，拆下的零件、部件要统一放在盘中，以免丢失或损坏。

2）拆卸后的零件要成套放好，不要直接放在地上。

3）装轴承时不得用锤子直接敲打。

4）在用扳手拧紧或松开螺栓、螺母时，应按一定顺序（装：从里到外成对角；拆：从外到里成对角）逐步（分 2~3 次）拆卸或拧紧。

5）爱护工具、仪器及设备，小心拆装，避免损坏。

6）实施过程遵守 7S 管理。

◎ 小词典

7S 指整理（SEIRI）、整顿（SEITON）、清扫（SEISO）、清洁（SEIKETSU）、素养（SHITSUKE）、安全（SECURITY）和节约（SAVE）。

◎ 活动实施　　拆装减速器

分组教学：以 6 人一小组为单位进行练习。

一、工量具、设备

1）一级或二级减速器一台。

2）活扳手二把、套筒扳手一套。

3）锤子一把。

二、工作流程

1）观察减速器外形及外部结构。

需要的拆装工具包括

_____。

2）拆卸步骤（图 1-10）：

第一步：拆卸箱盖。

① 先拆卸轴承端盖的紧固螺钉（嵌入式端盖无紧固螺钉）；用扳手按_____顺序，大约分_____次松开并拆卸螺栓、螺母。

② 再拆箱体与箱盖的连接螺栓，取出定位销。

③ 拧动起盖螺钉，卸下箱盖。

第二步：观察减速器内部各零部件的结构和布置（图1-11a）。

第三步：从箱体中取出各传动轴部件（图1-11b、c）。

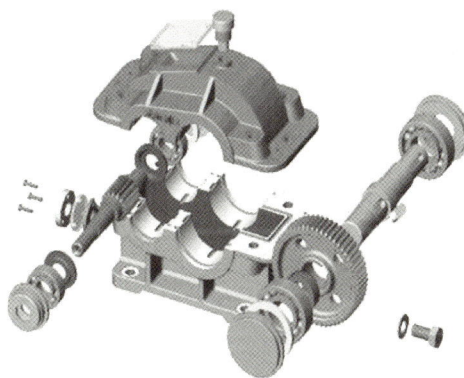

图 1-10　减速器结构

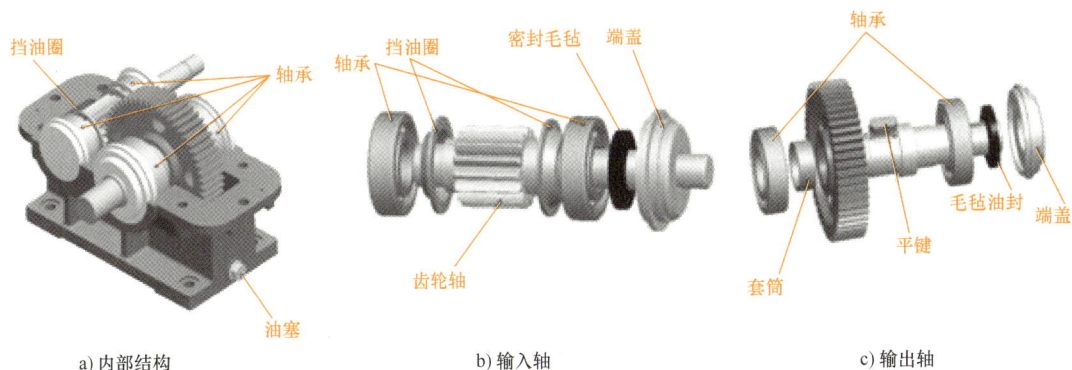

a) 内部结构　　　　b) 输入轴　　　　c) 输出轴

图 1-11　传动轴

小组竞赛

一、比赛要求

在 120min 内按照拆装要求，正确拆装减速器，调整部位，满足技术要求，并对照实物说出减速器各主要组成零部件的名称及其在机器中的作用。

二、注意事项

1）严格按照拆装顺序，注意操作安全。

2）对各调整部位的调整垫片要点清、放好、做记号，不能乱换、搞错。

3）对有预紧力规定的螺栓和螺母要按正确操作方法进行紧固。

三、竞赛评价（表 1-2）

表 1-2　竞赛评价表

评价		小组竞赛		小组名次		
评分项目		评分标准	满分	评委给分	备注
一	分解	1. 分解顺序不正确扣 5~10 分 2. 分解方法不正确扣 5~10 分	30		
二	回答问题	1. 回答错误一处扣 2~5 分 2. 回答不全,酌情扣分	20		
三	组装	1. 组装顺序错乱扣 5~10 分 2. 零部件不清洁扣 5~10 分 3. 错装、漏装一处扣 5~10 分 4. 未做规定检查扣 3~5 分 5. 未按规定拧紧螺栓扣 5~10 分	30		
四	工具选择	工具一次选择或使用不当扣 2~5 分	10		
五	安全文明	1. 违反安全操作规程扣 2~5 分 2. 工作台及场地脏乱扣 2~5 分	10		
总分			100		

活动评价 （表 1-3）

表 1-3　活动评价表

完成日期			工时	120min	总耗时		
任务环节	评分标准			所占分数	考核情况	扣分	得分
拆装减速器	1. 为完成本次活动是否做好课前准备(充分得 5 分,一般得 3 分,没有准备得 0 分) 2. 本次活动完成情况(好得 10 分,一般得 6 分,不好得 3 分) 3. 完成任务是否积极主动,并有收获(满分 5 分,积极但没收获得 3 分,不积极但有收获得 1 分) 4. 加分情况:小组竞赛中,本组获得第一名,加 10 分;本组获得第二名,加 7 分;本组获得第三名,加 4 分			30	自我评价: 学生签名		
	1. 准时参加各项任务(5 分)(迟到者扣 2 分) 2. 积极参与本次任务的讨论(10 分) 3. 为本次任务的完成提出了自己独到的见解(10 分) 4. 团结、协作性强(5 分) 5. 加分情况:小组竞赛主要参与者,加 10 分;积极参与者,加 7 分;参与者,加 4 分			40	小组评价: 组长签名		

（续）

任务环节	评分标准	所占分数	考核情况	扣分	得分
拆装减速器	1. 拆装顺序错误一处扣 2 分 2. 拆装工具使用错误一处扣 2 分 3. 动作不规范,错误一处扣 2 分 4. 拆卸零件摆放不规范一处扣 2 分 5. 超时扣 3 分 6. 减速器主要零部件的名称错误一处扣 1 分 7. 减速器主要零部件的作用错误一处扣 2 分 8. 违反安全操作规程扣 2~5 分 9. 工作台及场地脏乱扣 2~5 分	30	教师评价: 教师签名		
总　　分					

小提示

只有通过以上评价，才能继续学习哦！

活动三　绘制减速器传动轴

能力目标

1）能叙述机械零件图的基本内容及作用。

2）能正确选择和使用绘图工具和仪器，并根据现行国家标准《技术制图》《机械制图》中的有关基本规定绘制几何图形。

3）能运用平面图形的尺寸和线段分析方法，正确拟定平面图形的作图步骤。

4）能选择合适的表达方案绘制轴类零件的零件图。

素质目标

手绘零件图时确保图线清晰、粗细分明，剖面线分布均匀，树立严谨细致、精益求精的工匠精神。

活动地点

机械产品测量实训室。

学习过程

1.3.1　认识轴的零件图

你要掌握以下资讯，才能顺利完成任务

引导问题

齿轮轴（图1-12）＿＿＿＿＿＿＿（是、不是）减速器中的一个零件。

图 1-12　齿轮轴

👥 小组讨论，如何表达此零件？

小提示

信息采集源：1）《机械制图》

2）《机械设计手册》

其他：＿＿＿＿＿＿＿＿＿＿＿＿

一、零件图的作用及内容

零件图是用来表示零件的结构、大小及技术要求的图样，是直接指导制造和检验零件的重要技术文件。

一张完整的零件图应包括的内容，请在图 1-13 中填写。

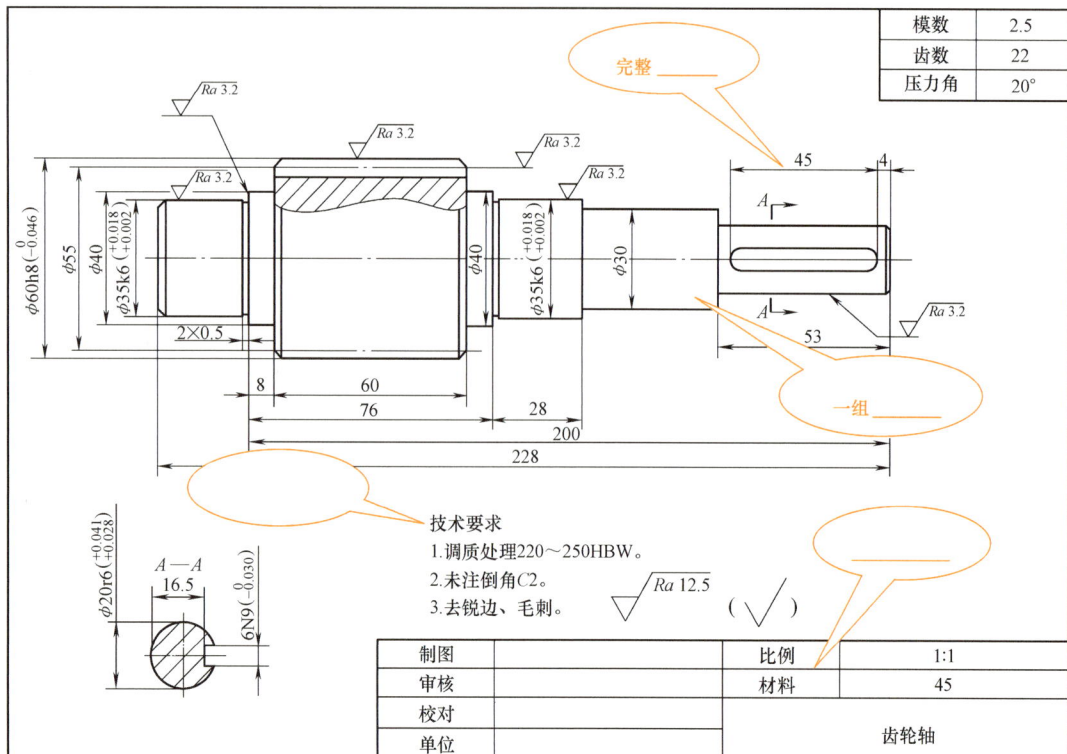

模数	2.5
齿数	22
压力角	20°

技术要求

1.调质处理220～250HBW。

2.未注倒角C2。

3.去锐边、毛刺。

$\sqrt{Ra\ 12.5}$ (√)

制图		比例	1:1
审核		材料	45
校对			
单位		齿轮轴	

图 1-13　零件图

二、制图的基本规定

1. 图纸幅面和格式

幅面代号为 A0、A1、A2、_____、_____。绘图时优先采用表 1-4 中的基本幅面。

表 1-4　图纸基本幅面及图框尺寸　　　　　　　　　　　　　　（单位：mm）

幅面代号	A0	A1	A2	A3	A4
$B \times L$	841×1189	594×841	420×594	297×420	210×297
e	20			10	
c	10			5	
a	25				

图框格式分为留有装订边的图框、不留装订边的图框两种形式，如图 1-14 所示。

练一练

A3 图纸，横放，不留装订边，形式如图 1-14 中_____（A. 图 a　B. 图 b）所示，图框大小为_____。

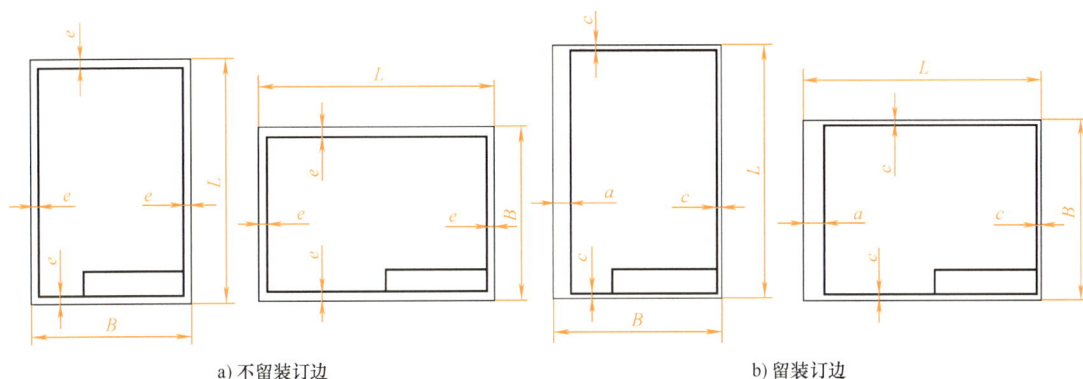

a) 不留装订边　　　　　　　　　　　　　b) 留装订边

图 1-14　图框格式

2. 比例

零件图中图形与其实物相应要素的线性尺寸之比称为比例。绘制图样时，应在表 1-5 "优先选择系列" 中选取适当的绘图比例。

表 1-5　比例系列

种类	优先选择系列	允许选择系列
原值比例	1：1	—
放大比例	2：1　　　5：1 1×10^n：1　2×10^n：1　5×10^n：1	2.5：1　　　4：1 2.5×10^n：1　4×10^n：1
缩小比例	1：2　　　1：5　　　1：10 $1：2 \times 10^n$　$1：5 \times 10^n$　$1：1 \times 10^n$	1：1.5　1：2.5　1：3　1：4　1：6 $1：1.5 \times 10^n$　$1：2.5 \times 10^n$　$1：3 \times 10^n$　$1：4 \times 10^n$

注：表中 n 为正整数。

原值比例为_____，2：1 为_____比例，1：2 为_____比例。

3. 字体

图样上所注写的汉字、数字、字母必须做到字体工整、笔画清楚、间隔均匀、排列整齐。字体的字号即字体的_____（A. 高度　B. 长度），国家标准规定了八种字体高度的公称尺寸，分别为 20mm、14mm、10mm、_____mm、_____mm、3.5mm、2.5mm、1.8mm。

图样中，汉字应写成_____（A. 长仿宋体　B. 宋体）字，字母和数字可写成斜体和直体两种。

4. 图线

机械图样中使用的图线有_____、细实线、_____、细虚线、_____、细点画线、双点画线、波浪线和双折线（图 1-15）。

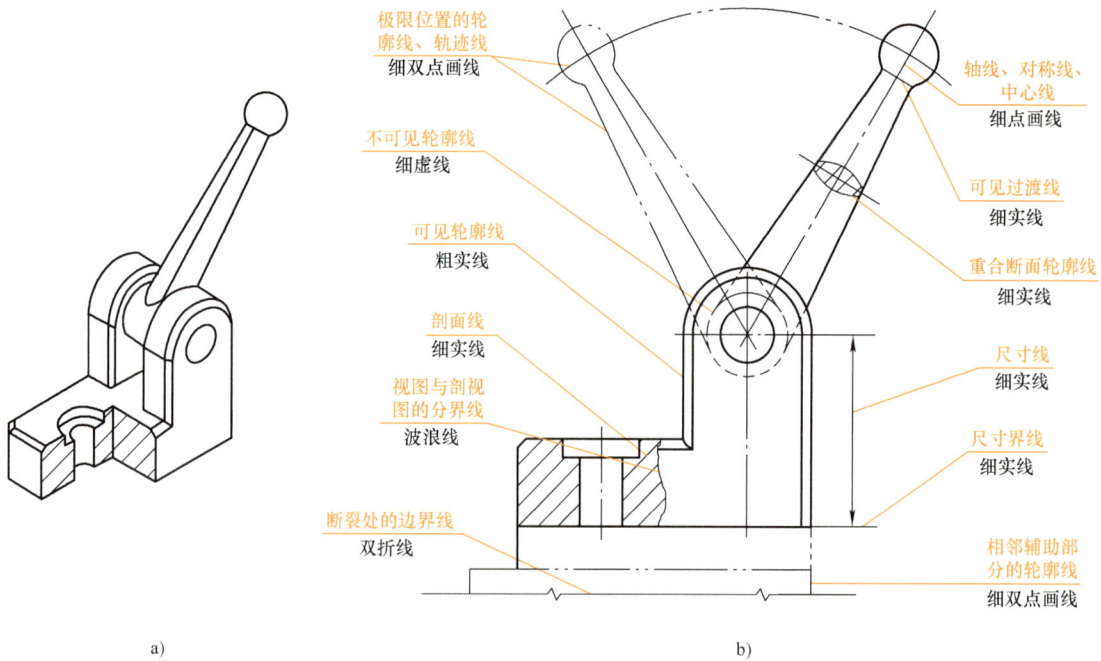

图 1-15　图线的应用示例

三、几何作图

1. 等分线段

请将线段 AB 分成五等分（图 1-16）。

2. 等分圆周

请将图 1-17 所示的圆分成三等分、四等分、五等分、六等分。

3. 斜度和锥度

（1）斜度　斜度指一直线（或平面）对另一直线（或平面）的倾斜程度（图 1-18a）。

图 1-16　分割直线段
AB 为五等分

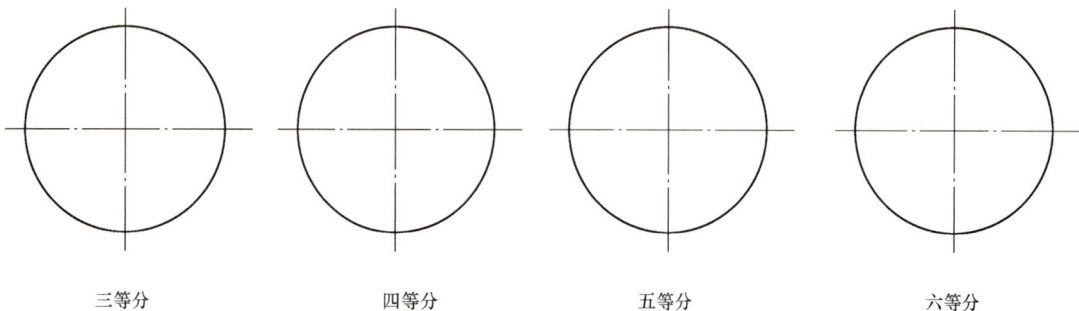

三等分　　　四等分　　　五等分　　　六等分

图 1-17　等分圆周

斜度的大小用该两直线夹角（或两个平面夹角）的正切来表示，并把比值化为 1∶n 的形式，加注斜度符号"∠"或"◣"，即斜度 $=\mathrm{tgn}\alpha=\dfrac{H}{L}=\dfrac{H-h}{l}=1:n$（请在图 1-18a 中，标注斜度符号）。

（2）锥度　锥度指正圆锥底圆直径与其高度之比，锥度简化形式 1∶n 表示，并加注锥度符

"◁"或"▷"，方向应与圆锥方向一致（图 1-18b），即锥度 $= \dfrac{D}{L} = \dfrac{D-d}{l} = 2\tan\alpha$（请在图 1-18b 中标注锥度符号）。

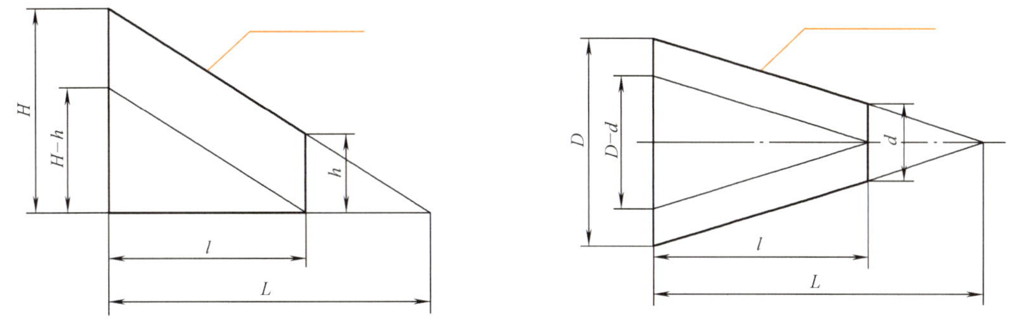

a) 斜度　　　　　　　　　　　　　　b) 锥度

图 1-18　斜度与锥度标注

试一试

请根据尺寸要求，绘制图 1-19。

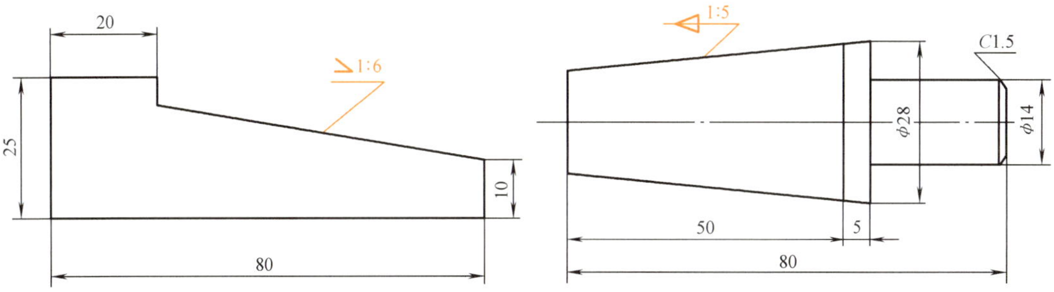

a)　　　　　　　　　　　　　　b)

图 1-19　斜度与锥度

4. 圆弧连接

圆弧连接的实质是圆弧与圆弧，或圆弧与直线间的_____（A. 相切　B. 相交　C. 相连）关系。

画一画

请根据作图步骤，用圆弧连接表 1-6 中的两已知线段。

表 1-6　圆弧连接

类别	图　例	作图步骤
用圆弧连接锐角或钝角	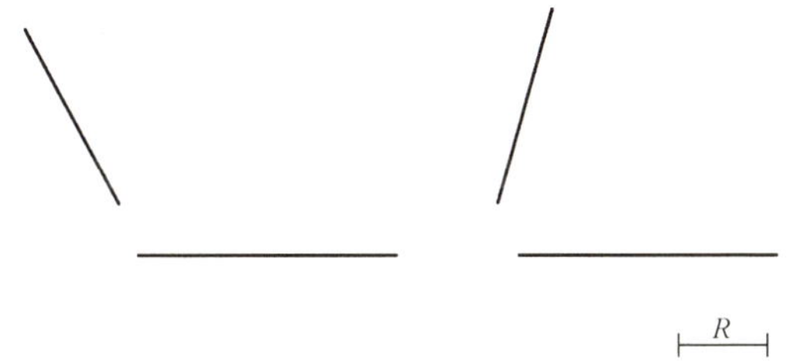	1. 作与已知两边分别相距为 R 的平行线，交点即为连接弧圆心 O 2. 过 O 点分别向已知角两边作垂线，垂足 T_1、T_2 即为切点 3. 以 O 点为圆心，R 为半径在两切点 T_1、T_2 之间画连接圆弧

（续）

类别	图　例	作图步骤
用圆弧连接直角		1. 以直角顶点为圆心，R 为半径作圆弧交直角两边于 T_1 和 T_2 2. 以 T_1 和 T_2 为圆心，R 为半径作圆弧相交得连接弧圆心 O 3. 以 O 点为圆心，R 为半径在切点 T_1 和 T_2 之间作连接弧
圆弧外连接两已知圆弧		1. 分别以 O_1、O_2 为圆心，$R+R_1$、$R+R_2$ 为半径画弧，交得连接弧圆心 O 2. 分别连 OO_1、OO_2，与两已知圆弧交得切点 T_1、T_2 3. 以 O 为圆心，R 为半径画弧，即得所求
圆弧内连接两已知圆弧		1. 分别以 O_1、O_2 为圆心，$R-R_1$、$R-R_2$ 为半径画弧，交得连接弧圆心 O 2. 分别连 OO_1、OO_2 并延长，与已知圆弧交得切点 T_1、T_2 3. 以 O 为圆心，R 为半径画弧，即得所求

◀ 活动实施　用 A4 图纸绘制吊钩零件图（图 1-20）

分组教学：以 4 人一小组为单位，进行练习。

一、工具/仪器

图板、绘图铅笔、橡皮、三角板、图纸、胶带纸、丁字尺。

二、工作流程

步骤一：准备工作。

1. 准备图板

图板用来固定图纸，一般用胶合板制作，四周镶硬质木条。

图板的规格尺寸有：

1）0 号：900mm×1200mm。

2）1 号：600mm×900mm。

3）2 号：450mm×600mm。

观察所用的图板，请填写：

图板为_____号，大小尺寸为_____。

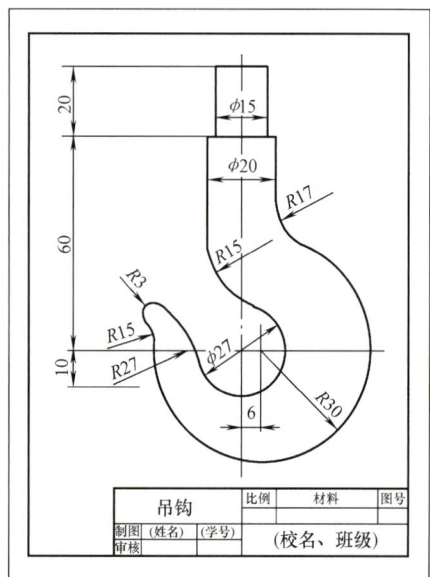

图 1-20　吊钩零件图

2. 将图纸固定在图板上

准备一张 A4 图纸，如图 1-21 所示，将图纸固定。

为方便作图，应将图纸贴在靠图板左下角一些，并用丁字尺校正底边。

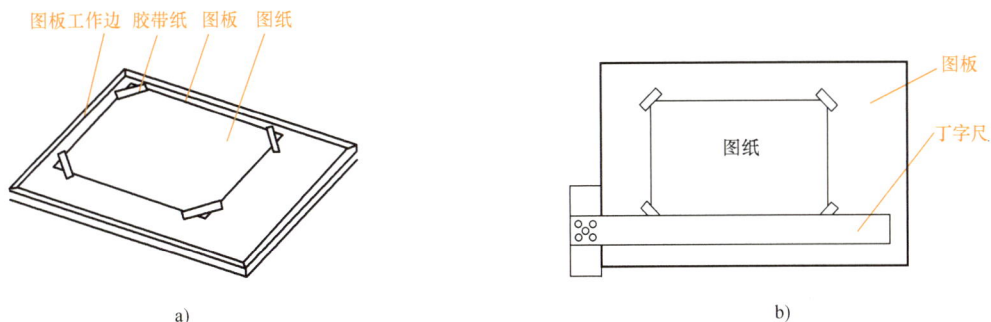

图 1-21　图纸固定

根据测量数据，请填写：

A4 图纸的大小尺寸为_____，与标准 A4 图纸的大小关系为_____。

3. 准备铅笔

准备三支铅笔：H、HB、2B，铅芯的软硬如图 1-22 所示，铅芯形状如图 1-23 所示。

H 铅笔的作用是_____，磨削成_____形。

HB 铅笔的作用是_____，磨削成_____形。

2B 铅笔的作用是_____，磨削成_____形。

图 1-22　铅芯的软硬表示

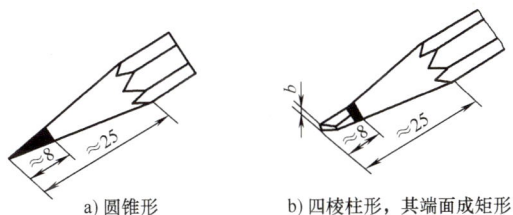

图 1-23　铅芯形状

4. 绘制 A4 图纸的图框（不留装订边）

如图 1-24 所示，图纸边界线用_____线绘制；B 的尺寸为_____，L 的尺寸为_____；假设留装订边，则 a 的尺寸为_____，c 的尺寸为_____。

假设不留装订边，则 c 的尺寸为_____，图框线用_____线绘制。

粗实线的线宽为_____。

细实线的线宽为_____。

5. 绘制简易标题栏（图 1-25）

标题栏在图纸的_____位置。

标题栏的方向一般为_____方向。

简易标题栏中的图线为_____线，外框为_____线。

标题栏中字号为_____，字体为_____字。

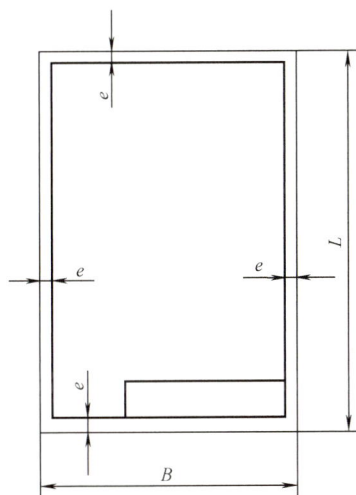

图 1-24　图纸图框

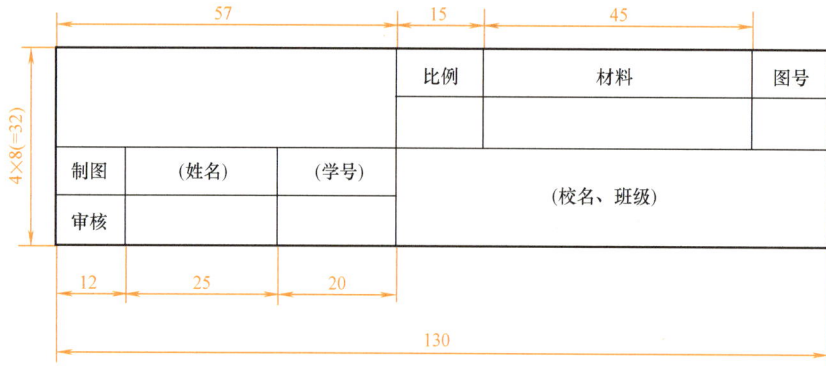

图 1-25　简易标题栏

步骤二：绘制吊钩（图 1-26）。

1. 图形尺寸分析

（1）确定尺寸基准　标注尺寸的起点是基准。

通常以零件的对称中心线、较大圆的中心线、底面、端面、对称面、主要轴线等作为尺寸基准。

本图的尺寸基准有：＿＿＿＿＿＿＿＿个，长度方向的基准为＿＿＿＿＿＿＿＿＿＿＿；宽度方向的基准为＿＿＿＿＿＿＿＿＿＿＿＿。

（2）确定定形尺寸　决定平面图形形状的尺寸称为定形尺寸，如圆的直径、圆弧半径、多边形边长和角度的大小等均为定形尺寸。

图 1-26 中的定形尺寸有 R19、＿＿＿＿＿＿＿、＿＿＿＿＿等。

（3）确定定位尺寸　决定平面图形中各组成部分与尺寸基准之间相对位置的尺寸称为定位尺寸，如圆心、封闭线框、线段等在平面图形中的位置尺寸。

图 1-26 中的定位尺寸有 20、＿＿＿＿＿、＿＿＿＿＿等。

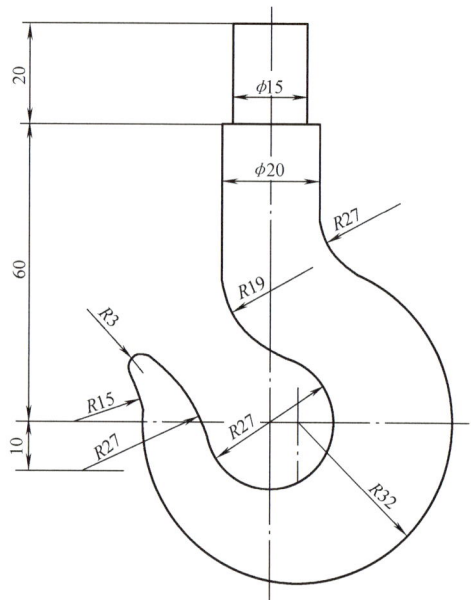

图 1-26　吊钩图形

注意

有的尺寸，既是定形尺寸，又是定位尺寸。

2. 选取绘图比例

为了在图样上直接获得实际机件大小的真实概念，应尽量采用＿＿＿＿：＿＿＿＿的比例绘图。如图 1-27b 所示图样比例如果为 1：1，那么图 1-27a 绘图比例为＿＿＿＿＿＿；图 1-27c 绘图比例为＿＿＿＿＿＿。

本活动的绘图比例为＿＿＿＿＿＿。比例与实物大小＿＿＿＿＿＿（A. 有关　B. 无关）。

3. 画底稿线

按正确的作图方法绘制底稿线，要求图线细而淡，图形底稿完成后应检查，如发现错误，应及时修改，擦去多余的图线。

（1）画基准线　基准线用＿＿＿＿＿＿线绘制，用＿＿＿＿＿＿笔绘制。

（2）画已知线段　半径和圆心位置的两个定位尺寸均为已知的圆弧，可根据图中所注尺寸能直接画出，此类线段为已知线段。

图 1-28 中，已知线段有＿＿＿＿＿、＿＿＿＿＿、＿＿＿＿＿、＿＿＿＿＿等。

图 1-27　图形比例

以上已知线段用_____线绘制。

（3）画中间线段　对于已知半径和圆心的一个定位尺寸的圆弧，需与其一端连接的线段画出后，才能确定其圆心位置，如图 1-29 所示，此类线段为中间线段。

图 1-28 中，中间线段有_____、_____、_____。

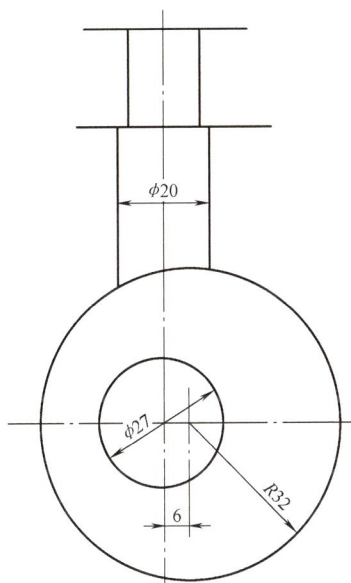

图 1-28　绘制已知线段

图 1-29　绘制中间线段

（4）画连接线段　仅知半径尺寸，而无圆心的两个定位尺寸的圆弧为连接线段，它需要与其两端相连接的线段画出后，通过作图才能确定其圆心位置。

图 1-28 中，连接线段有_____、_____、_____。

4. 描深图线

用铅笔或墨线笔描深线，描绘顺序宜先细后粗、先曲后直、先横后竖、从上到下、从左到右，最后描倾斜线。

描深用_____铅笔，削磨成_____。

5. 修饰并校正全图

略。

注意

图线画法的注意事项如图 1-30 所示。

17

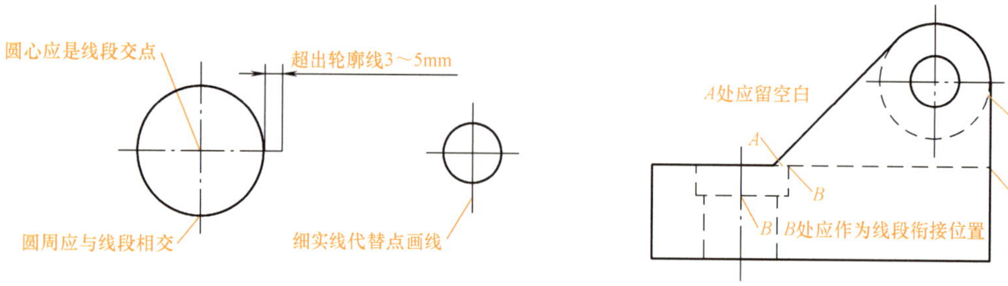

图 1-30 图线画法的注意事项

（图线画法注意事项标注：圆心应是线段交点；超出轮廓线3～5mm；圆周应与线段相交；细实线代替点画线；A处应留空白；B处应作为线段衔接位置）

◀ 活动评价 （表 1-7）

表 1-7 活动评价表

完成日期			工时	120min	总耗时		
任务环节		评分标准		所占分数	考核情况	扣分	得分
用A4图纸绘制吊钩零件图		1. 为完成本次活动是否做好课前准备（充分得5分，一般得3分，没有准备得0分） 2. 本次活动完成情况（好得10分，一般得6分，不好得3分） 3. 完成任务是否积极主动，并有收获（满分5分，积极但没收获得3分，不积极但有收获得1分）		20	自我评价： 学生签名		
		1. 准时参加各项任务（5分）（迟到者扣2分） 2. 积极参与本次任务的讨论（10分） 3. 为本次任务的完成，提出了自己独到性的见解（10分） 4. 团结、协作性强（5分）		30	小组评价： 组长签名		
		1. 线型使用错误一处扣1分 2. 点画线超出或不足，一处扣1分 3. 图线错误一处扣2分 4. 圆弧连接错误一处扣3分 5. 字体书写不认真，一处扣2分 6. 漏画、错画一处扣5分 7. 图面不干净、不整洁，扣2～5分 8. 超时扣3分 9. 违反安全操作规程扣5～10分 10. 工作台及场地脏乱扣5～10分		50	教师评价： 教师签名		
总　　分							

◀ 小提示

只有通过以上评价，才能继续学习哦！

1.3.2 绘制轴的断面图

一、基本视图

请在图1-31c上填写出各视图的名称。

二、向视图

向视图是一种可以自由配置的视图（图1-32）。

绘制向视图时，应在视图上方标出视图的名称（如"B""C"等），同时在相应的视图附近用箭头指明投射方向，并注上相同的字母。

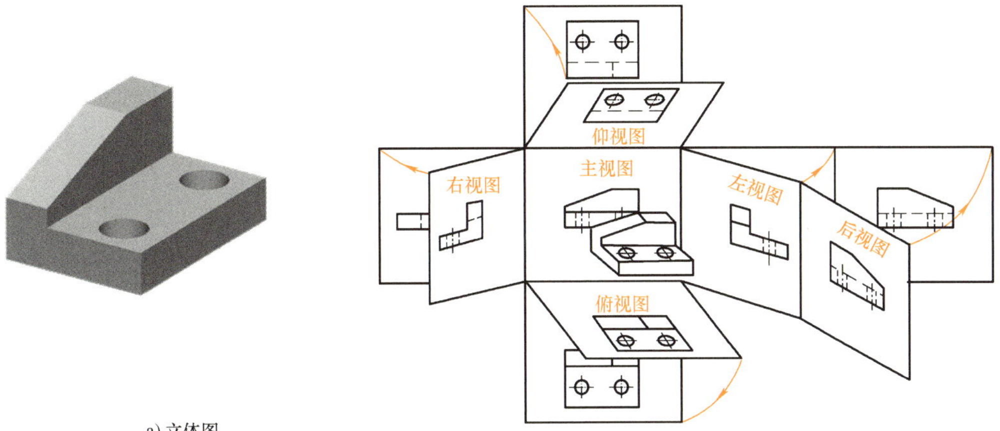

a) 立体图

b) 投影面的展开

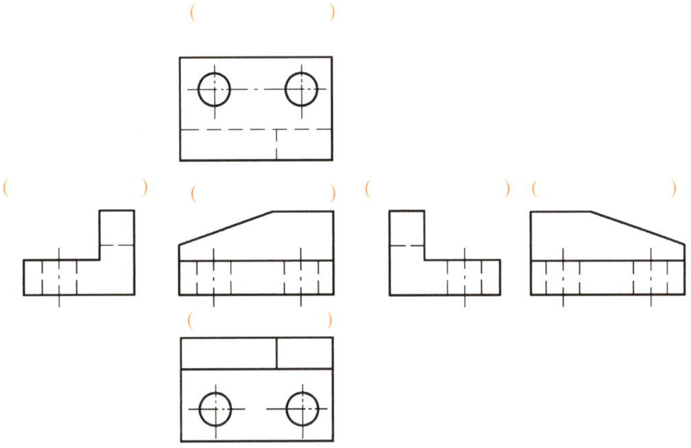

c) 基本视图的配置

图 1-31　基本视图

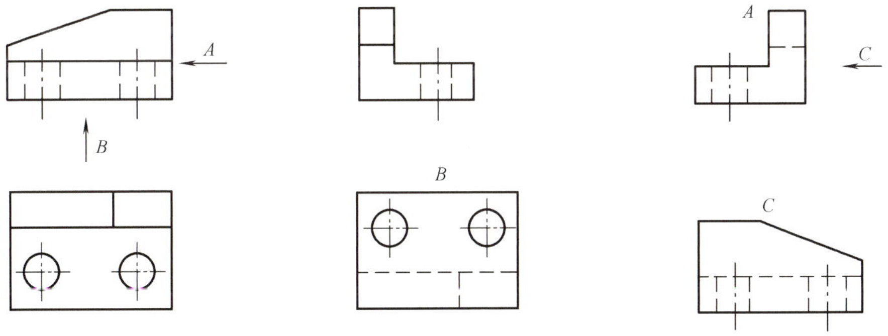

图 1-32　向视图及其标注

三、斜视图

机件向不平行于任何基本投影面的平面投射所得到的视图，称为斜视图（图 1-33）。

1) 斜视图只适用于表达机件_____部分的实形，其余部分不必画出，其断裂边界处用_____线表示。

2) 斜视图通常按向视图形式配置。必须在视图上方标出名称"×"，用箭头指明投射方向，并在箭头旁水平注写相同字母。在不致引起误解时，允许将斜视图旋转，但需在斜视图上方注明。

3) 斜视图一般按投影关系配置，便于看图。必要时也可配置在其他适当位置。为了便于画图，允许将斜视图旋转摆正画出，旋转后的斜视图上应加注_____符号。

19

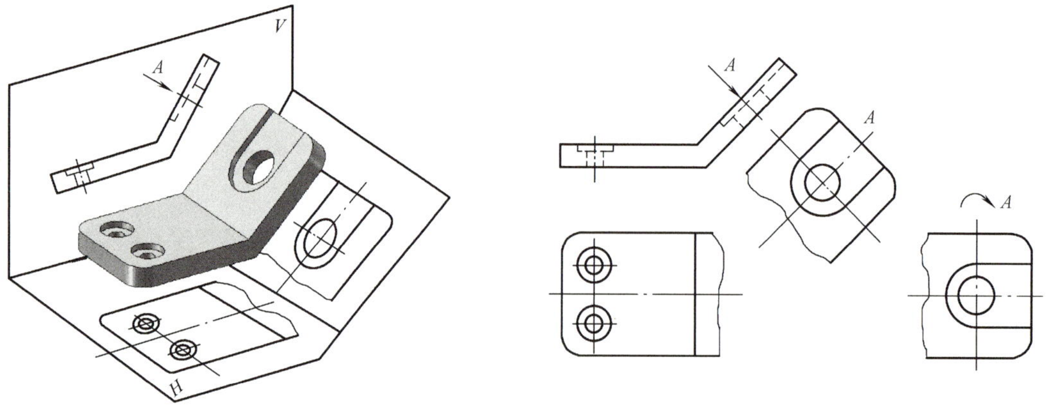

a)   b)

图 1-33　斜视图

四、局部视图

1. 局部视图的概念

只将机件的某一部分向基本投影面投射所得到的图形称为局部视图（图 1-34）。

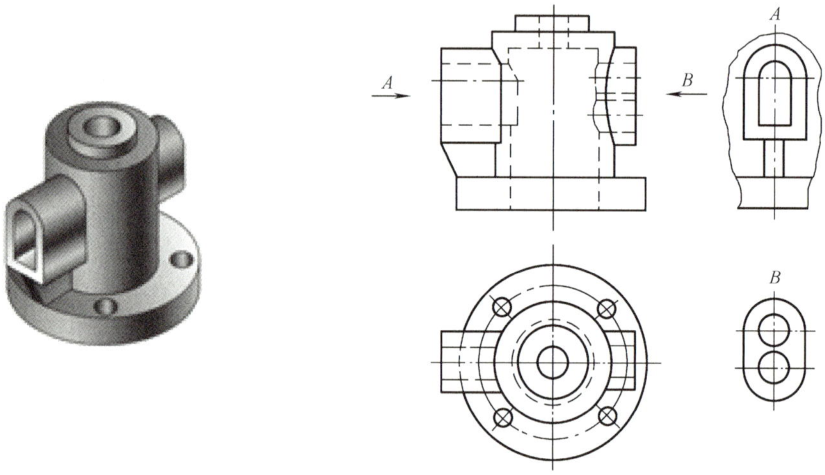

a)   b)

图 1-34　局部视图

2. 局部视图的画法及标注

1）用带字母的箭头指明要表达的部位和投射方向，并标注视图名称"×"。

2）局部视图的范围用_____线来表示。当表达的局部结构是完整的且外轮廓封闭时，波浪线可_____（A. 省略　B. 完整画出）。

3）局部视图可按基本视图的配置形式配置，也可按向视图的配置形式配置。

五、断面图

1. 断面图的概念

假想用剖切平面将机件的某处切断，仅画出断面的图形称为_____图（图 1-35）。

2. 断面图的种类

断面图分为_____断面和_____断面两种（图 1-36）。

3. 断面图的画法

（1）移出断面图的画法及标注

1）移出断面图的轮廓线用_____（A. 粗　B. 细）实线画出，断面上画出剖面符号。移出断面

剖切过程　　　　注意：断面图与剖视图的区别　　　　断面图　　　剖视图

图 1-35　断面图

移出断面图　　　　　　　　　　　　　　重合断面图

图 1-36　断面图的种类

图应尽量配置在剖切平面的延长线上，必要时也可以画在图样的适当位置。

2）剖切平面通过回转面形成的孔或凹坑的轴线时，应按_____（A. 剖视图　B. 断面图）画。

3）当剖切平面通过非圆孔，会导致完全分离的两个断面图时，这些结构应按_____（A. 剖视图　B. 断面图）画（图 1-37a）。

4）由两个或多个相交的剖切平面剖切得出的移出断面图，中间一般应断开画（图 1-37b）。

a)　　　　　　　　　　　　　　　　　b)

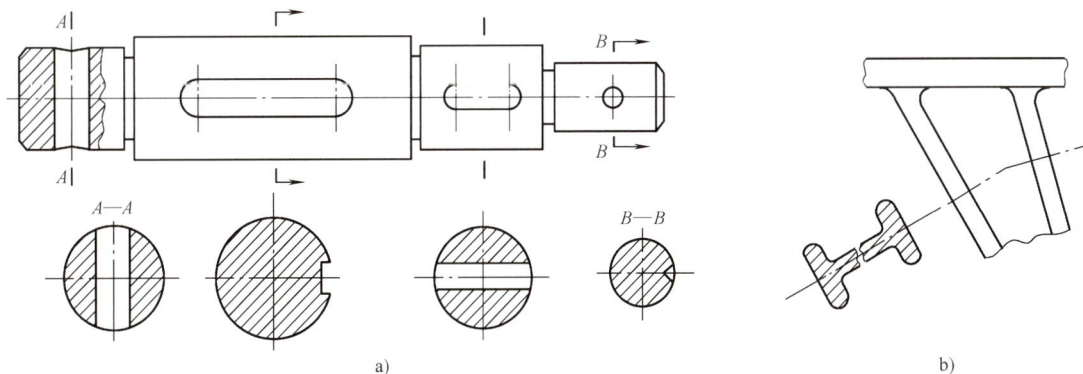

图 1-37　移出断面图的画法及标注

（2）重合断面图的画法及标注　重合断面图的轮廓线用_____（A. 粗　B. 细）线绘制，当视图中的轮廓线与重合断面的图形重叠时，视图中的轮廓线仍需完整地画出，不能间断（图 1-38）。重合断面图_____（A. 标注　B. 不标注）。

不对称的重合断面图应
标注剖切位置和投射方向

对称的重合断面图省略标注

实物图

图 1-38　重合断面图

六、局部放大图

当机件上某些局部细小部分结构在视图上表达不够清楚又不便于标注尺寸时，可将该部分结构用大于原图形所采用的比例画出，这种图形称为_____图（图 1-39）。

画局部放大图时应注意：

1）局部放大图可以画成视图、剖视图、断面图等形式，与被放大部位的表达形式_____（A. 有关　B. 无关）。图形所用的放大比例应根据结构需要而定，与原图比例_____（A. 有关　B. 无关）。

2）绘制局部放大图时，应在视图上用_____（A. 粗　B. 细）实线圈出被放大部位（螺纹牙型和齿轮的齿形除外），并将局部放大图配置在被放大部位的附近。

3）同一机件上不同部位的局部放大图，当图形相同或对称时，只须画出一个。

4）必要时可用同一个局部放大图表达几处图形结构。

被放大部位用细实线圈出，用指引线依次注上罗马数字

在局部放大视图的上方用分数形式标注

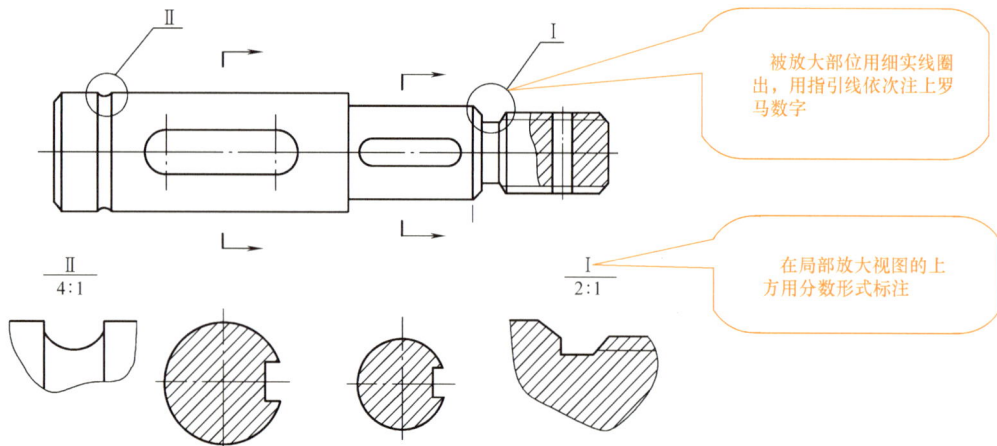

图 1-39　局部放大图

七、简化画法（表 1-8）

表 1-8　简化画法

说　　明	简化画法图例
零件图中的移出断面图，在不致引起误解的前提下，允许省略剖面符号，但应按前面讲的移出断面图标注方法进行标注	

（续）

说　明	简化画法图例
回转体构成的零件上的平面结构，在图形中不能充分表达时，可用两条_____（A. 相交　B. 平行）的_____（A. 细　B. 粗）实线（平面符号）表示平面	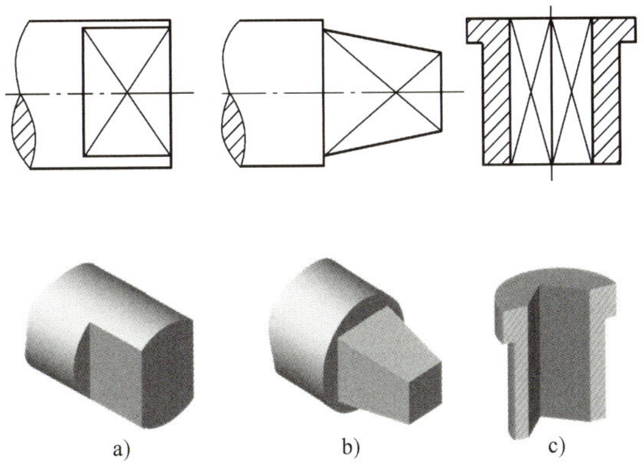 a)　　　　b)　　　　c)
在不致引起误解时，图中的小圆角、45°小倒角或锐边的小倒角可省略不画，但必须注明尺寸或在技术要求中加以说明	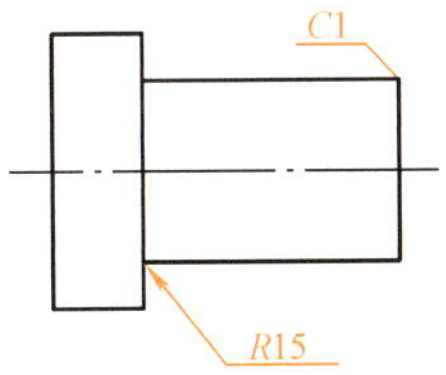
较长的零件（如轴、杆、型材等）沿长度方向的形状一致或按一定规律变化时，断开后_____（A. 缩短　B. 按实长）绘制	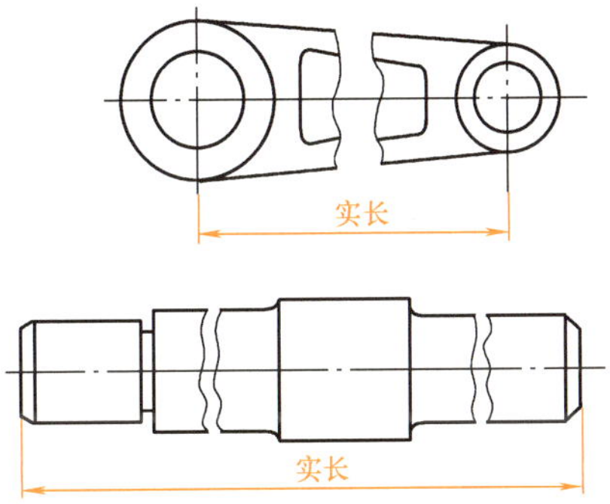
滚花结构一般采用在轮廓线附近用粗实线局部画出的方法表示	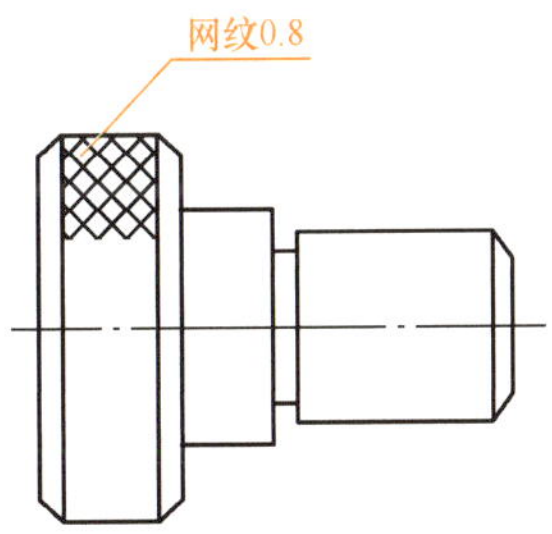
零件上较小的结构及斜度已在一个图形中表达清楚时，在其他图形上应当简化或省略	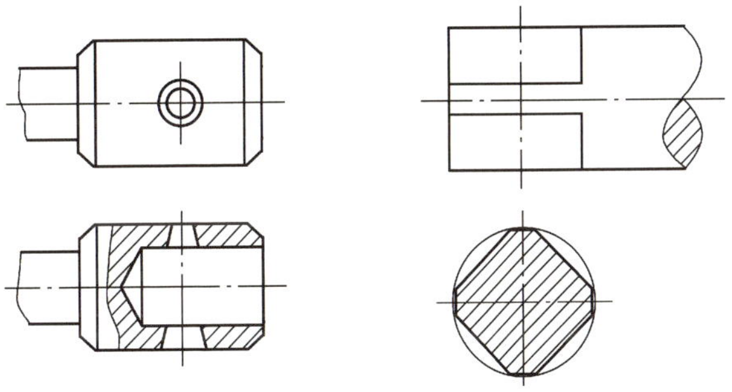

◀ 活动实施　绘制减速器传动轴零件图

工作流程如下：

1. 分析零件

零件图可通过一组图形将零件内、外部的形状和结构正确、完整、清晰、合理地表达出来。

表达减速器主轴共需要_____个图形来表达，其中，_____个_____图，_____个_____图。_____图表达了整根轴的外观结构；_____图可以表达键槽的_____。

2. 选择主视图

选择 A 向为主视图投射方向（请在图 1-40 上标注），因为_____。

3. 选比例，定图幅

本实物采用比例为_____，图幅为_____。

4. 绘制图样

图纸横放，不留装订边，绘制标题栏（图 1-41）。

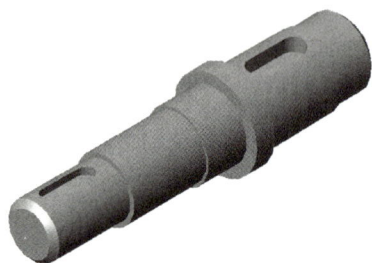

图 1-40　传动轴

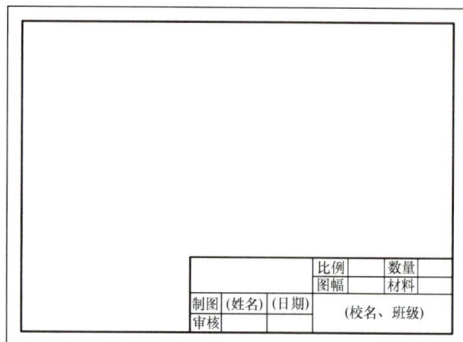

图 1-41　A3 图纸

5. 画图

1）布置视图，画出_____线。

2）画主视图。

3）画断面图，断面图分为移出断面图和重合断面图两种，本图采用_____断面图。

◀ 注意

按照断面图的标注要求，将表 1-9 填写完整。

表 1-9　移出断面图标注

	对称的移出断面图	不对称的移出断面图
配置在剖切线或剖切符号延长线上		
	省略标注字母、箭头和剖切符号	（　　　　　）

（续）

对称的移出断面图	不对称的移出断面图
按投影关系配置 	
（　　　　）	（　　　　）
配置在其他位置 	
（　　　　）	应标注剖切符号、箭头和字母

4）检查并描深。

◀ 活动评价 （表1-10）

表1-10　活动评价表

完成日期			工时	120min	总耗时		
任务环节	评 分 标 准		所占分数	考核情况	扣分	得分
绘制减速器传动轴零件图	1. 为完成本次活动是否做好课前准备（充分得5分，一般得3分，没有准备得0分） 2. 本次活动完成情况（好得10分，一般得6分，不好得3分） 3. 完成任务是否积极主动，并有收获（满分5分，积极但没收获得3分，不积极但有收获得1分）		20	自我评价： 学生签名		
	1. 准时参加各项任务（5分）（迟到者扣2分） 2. 积极参与本次任务的讨论（10分） 3. 为本次任务的完成，提出了自己独到的见解（10分） 4. 团结、协作性强（5分）		30	小组评价： 组长签名		
	1. 图纸选择不合理扣3分 2. 绘制比例选择不合理扣5分 3. 视图表达不合理或未能完整表达扣10~15分 4. 线型使用错误一处扣1分 5. 中心线应超出轮廓线3~5mm，不足或超出者每处扣1分 6. 图线使用错误一处扣2分 7. 字体书写不认真，一处扣2分 8. 漏画、错画一处扣5分 9. 图面不干净、不整洁，扣2~5分 10. 超时扣3分 11. 违反安全操作规程扣5~10分 12. 工作台及场地脏乱扣5~10分		50	教师评价： 教师签名		
	总　　　分					

25

小提示

只有通过以上评价，才能继续学习哦！

活动四 测量并标注传动轴尺寸

能力目标

1）能叙述游标卡尺、外径千分尺的组成和读数原理。
2）能使用游标卡尺、外径千分尺正确测量轴颈尺寸和长度尺寸。
3）能运用尺寸的标注方法，为零件图标注尺寸。
4）能叙述互换性及相关术语的基本概念。
5）能解释尺寸公差与配合的基本术语及定义。
6）能准确画出公差带图。
7）能查阅《机械设计手册》，确定并标注零件的尺寸公差。
8）能解释有关几何公差的基本概念。
9）能叙述几何公差的分类和代号。
10）能查阅《机械设计手册》，确定并正确标注轴的几何公差。

素质目标

通过实施测绘任务，熟悉几何量检测的基本步骤，逐步建立分析问题的大局观。

活动地点

机械产品测量实训室。

学习过程

你要掌握以下资讯，才
能顺利完成任务

1.4.1 测量轴的基本尺寸

引导问题

轴的直径如何测量？

（各小组讨论、思考、查找资料）

一、游标卡尺

1. 游标卡尺的组成（图 1-42）

图 1-42　游标卡尺

2. 游标卡尺的使用（图 1-43）

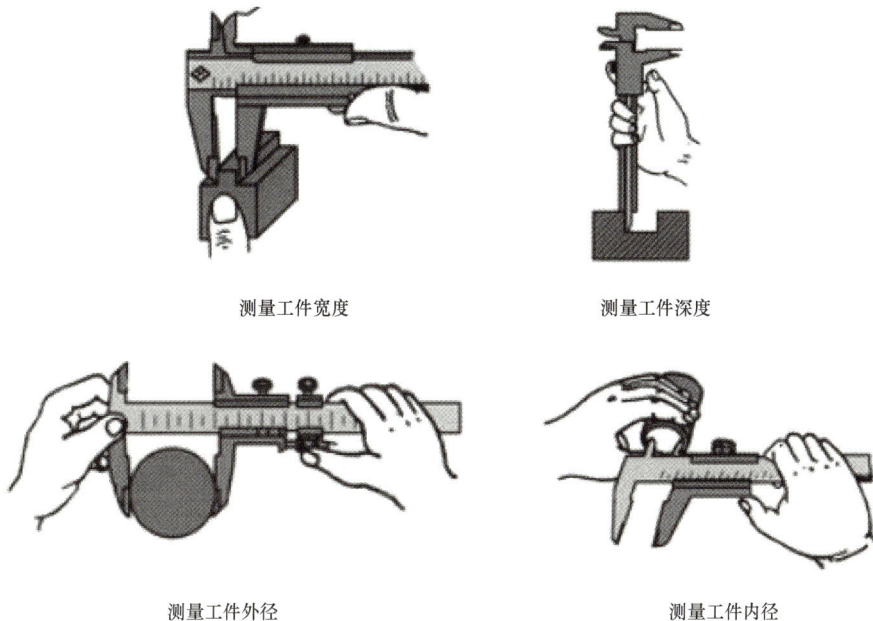

测量工件宽度　　　　　　　　　　测量工件深度

测量工件外径　　　　　　　　　　测量工件内径

图 1-43　游标卡尺的使用方法

3. 游标卡尺的读数原理

游标卡尺分度值有 0.1mm、0.05mm 和 0.02mm 三种。

如图 1-44 所示，当主标尺和游标尺的卡脚合拢时，主标尺上的零线对准游标尺上的零线，主标尺上的每一小格为 1mm，取主标尺 49mm 长度在游标尺上等分为 50 个格，即

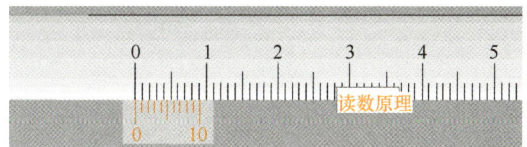

图 1-44　游标卡尺读数原理

$$游标尺上每格长度 = \frac{49}{50}mm = 0.98mm$$

$$主标尺、游标尺每格之差 = 1mm - 0.98mm = \underline{\hspace{2cm}} mm$$

4. 游标卡尺的读数（以分度值为 0.02mm 的游标卡尺为例）

第一步：根据游标尺零线以左的主标尺上最近的标尺标记读出结果的整数部分。

第二步：根据游标尺零线以右与主标尺某一标尺标记对齐的读数乘以该游标卡尺的分度值（0.02mm），就得到读数的小数部分。

第三步：将上面的整数和小数两部分相加，即得总尺寸。图 1-45 中的读数为

$$36mm+16\times0.02mm=36.32mm$$

图 1-45　游标卡尺的读数

二、外径千分尺

1. 外径千分尺的组成（图 1-46）

外径千分尺的分度值是 0.01mm，常用测量范围有 0~25mm，25~50mm，50~75mm 等。

图 1-46　外径千分尺

2. 外径千分尺的读数原理

如图 1-47 所示，当微分筒旋转一周时，测微螺杆前进或后退一个螺距—— 0.5mm。这样，当微分筒旋转一个分度后，它转过了 1/50 周，这时螺杆沿轴线移动了 1/50×0.5mm =_____ mm，因此，使用千分尺可以准确读出 0.01mm 的数值。

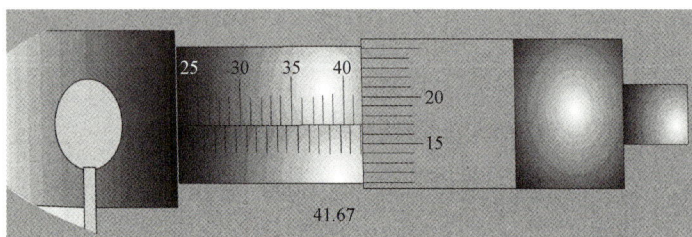

图 1-47　外径千分尺的读数原理及读数示例

3. 外径千分尺的读数

第一步：读出固定套管上露出刻线的毫米数和半毫米数。

第二步：读出微分筒上小于 0.5mm 的小数部分。

第三步：将上面两部分读数相加即为总尺寸。

图 1-47 中的读数为_____。

$$41.5mm+17\times0.01mm=41.67mm$$

◀ 活动实施　测量减速器中从动轴的基本尺寸

1. 根据图样要求选择适当的测量器具

测量器具的选择主要取决于被测工件的精度要求、尺寸大小、结构形状和被测表面的位置，同时

也要考虑工件批量等因素。

1）测量对象是_____。

2）支承轴颈（指轴与轴承内圈的配合面）精度要求较高，选择_____作为量具；其他非重要轴颈或长度选择_____作为量具。

  A. 游标卡尺   B. 外径千分尺   C. 钢直尺

2. 测量

（1）利用外径千分尺测量支承轴颈尺寸

1）千分尺按测量范围分有以下规格，根据零件尺寸结构等，选择合适规格的千分尺_____。

  A. 0~50mm   B. 50~75mm   C. 75~100mm   D. 100~125mm

2）擦净零件被测表面和外径千分尺的测量面。

注意

外径千分尺是一种精密量具，使用时应小心谨慎，动作轻缓，不要让它受到磕碰和撞击。微分筒和测力装置在转动时不能过分用力。

3）校对外径千分尺的_____（A. 零位　B. 位置），检查微分筒的端面是否与固定套管上的零线重合。

4）当转动微分筒带动测微螺杆接近被测工件时，一定要改用_____（A. 测力装置　B. 微调旋钮）接触被测工件，不能直接旋转_____（A. 微分筒　B. 测力装置）测量工件（图1-48）。

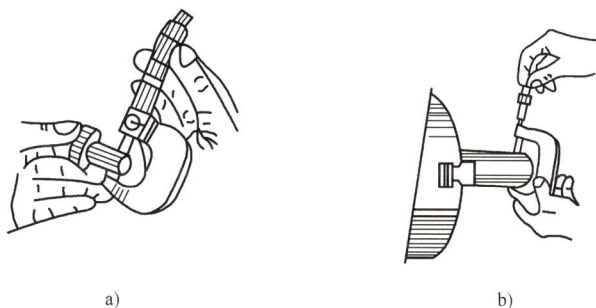

a)   b)

图1-48　外径千分尺测量

5）当测微螺杆快要接触工件时，必须使用其端部棘轮。此时严禁使用微分筒，以防用力测量不准，当棘轮发出"嘎嘎"打滑声时，表示压力合适，停止拧动，即可读数。

6）测量外圆（图1-49），应在圆柱体不同截面、不同方向测量_____点，记下读数。

7）将这些数据取平均值，将其标注在绘出的减速器传动轴零件图相应的尺寸线上。

8）外径千分尺使用完毕，应用纱布擦干净，在测砧与螺杆之间留出一点空隙，放入盒中。如长期不使用可抹上润滑脂或机油，放置在干燥的地方。

图1-49　外径千分尺测量外圆

（2）利用游标卡尺测量轴的总长度及各阶梯轴直径尺寸

1）使用前先擦净卡脚，然后合拢两卡脚使之贴合，检查主标尺、游标尺零线是否对齐。若未对齐，应在测量后根据原始误差修正读数。

2）测量（图1-50）。

3）将所测数据标注在绘出的减速器传动轴的零件图相应的尺寸线上。

4）游标卡尺使用完毕后擦拭干净，放入盒内。

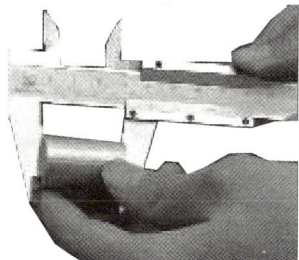

图1-50　游标卡尺测量

🔶 注意

1）读数方法要正确，读数时，卡尺应朝着光亮的方向，使视线尽可能_____（A. 垂直　B. 平行）于尺面，否则读数不准确。

2）当卡脚与被测工件接触后，用力不能过大，以免卡脚变形或磨损，降低测量的准确性。

3）不得用卡尺测量毛坯表面。

（3）**利用钢直尺测量各阶梯轴的长度**　将所测数据标注在绘出的减速器传动轴零件图相应的尺寸线上。

🔶 活动评价　（表1-11）

表1-11　活动评价表

完成日期		工时	120min	总耗时		
任务环节	评分标准	所占分数	考核情况	扣分	得分
测量减速器中从动轴的基本尺寸	1. 为完成本次活动是否做好课前准备（充分得5分，一般得3分，没有准备得0分） 2. 本次活动完成情况（好得10分，一般得6分，不好得3分） 3. 完成任务是否积极主动，并有收获（满分5分，积极但没收获得3分，不积极但有收获得1分）	20	自我评价： 学生签名		
	1. 准时参加各项任务（5分）（迟到者扣2分） 2. 积极参与本次任务的讨论（10分） 3. 为本次任务的完成，提出了自己独到的见解（10分） 4. 团结、协作性强（5分）	30	小组评价： 组长签名		
	1. 测量器具选错一次扣5分 2. 测量器具使用错误一次扣5分 3. 测量步骤错一处扣3分 4. 数据处理错一处扣3分 5. 违反安全操作规程扣5~10分 6. 工作台及场地脏乱扣5~10分	50	教师评价： 教师签名		
总　　分					

🔶 小提示

只有通过以上评价，才能继续学习哦！

1.4.2　标注轴的基本尺寸

一、尺寸

图形只能反映物体的_____，物体的真实大小要靠_____来决定。

1. 标注尺寸的基本规则

1）机件的真实大小应以图样上所标注的尺寸数值为依据，与图形的大小及绘图的准确度_____关。

2）图样中的尺寸以_____为单位时，不必标注计量单位的符号或名称。

2. 标注尺寸的要素（图1-51）

标注尺寸的要素有尺寸界线、尺寸线、_____。

图 1-51 标注尺寸的要素图

二、尺寸界线、尺寸线和尺寸数字

1. 尺寸界线

尺寸界线（图 1-52）用来限定尺寸度量的范围。

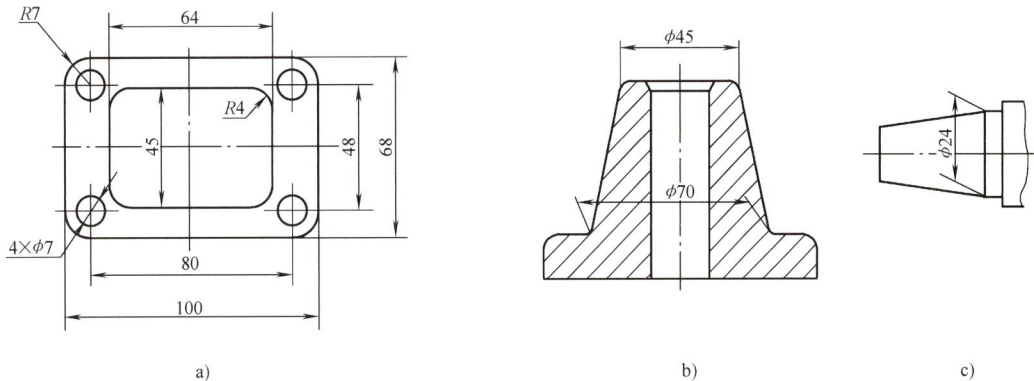

图 1-52 尺寸界线

1）尺寸界线用_____线绘制，由图形的轮廓线、轴线或对称中心线引出。也可利用轮廓线、轴线或对称中心线作为尺寸界线（图 1-52a）。

2）尺寸界线一般应与尺寸线垂直并略超过尺寸线（通常以 2mm 为宜）。必要时才允许_____（图 1-52b）。

3）在光滑过渡处标注尺寸时，必须用_____线将轮廓线延长（图 1-52c）。

2. 尺寸线

尺寸线用来表示所注尺寸的度量方向。

1）尺寸线用细实线绘制，其终端有_____和_____两种形式（图 1-53）。

2）当采用箭头终端形式，遇到位置不够画出箭头时，允许用_____或_____代替箭头（图 1-54）。

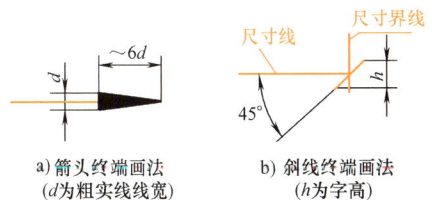

3. 尺寸数字

（1）线性尺寸的数字

1）水平方向的尺寸，一般应注写在尺寸线的_____（A. 上 B. 下）方，数字字头朝_____（A. 上 B. 下），如图 1-55 所示。

2）垂直方向的尺寸，一般应注写在尺寸线的_____（A. 左 B. 右）方，数字字头朝_____（A. 左 B. 右），如图 1-55 所示。

3）倾斜方向的尺寸应在尺寸线靠_____（A. 上 B. 下）的一方，但应尽量避免在_____范围内标注尺寸，如图 1-56a 所示；数字字头应有朝_____（A. 上 B. 下）的趋势，如图 1-56b 的形式标注。

a）箭头终端画法
（d 为粗实线线宽）

b）斜线终端画法
（h 为字高）

图 1-53 尺寸线的两种终端形式

31

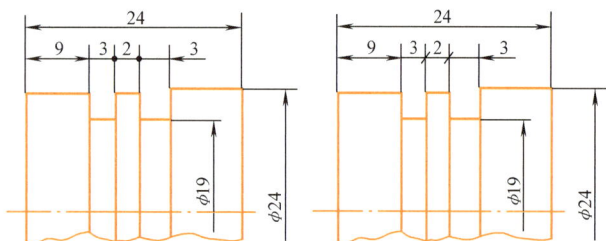

图 1-54 箭头终端形式

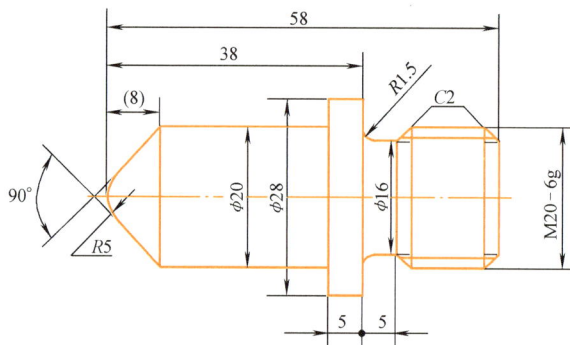

图 1-55 线性尺寸数字的注写

（2）角度数字

1）角度数字一律写成_____（A．水平　B．垂直）方向，即数字垂直向上。

2）角度数字可注写在尺寸线的中断处，必要时也可注写在尺寸线的附近或注写在引出线的上方（图 1-57）。

图 1-56 线性尺寸数字的注写方向

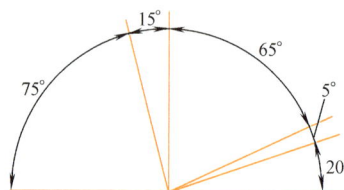

图 1-57 角度尺寸数字的注法

（3）尺寸数字的书写

1）尺寸数字要符合书写规定，且要书写准确、清楚。

2）任何图线都不得穿过尺寸数字。当不可避免时，应将图线断开，以保证尺寸数字清晰。

三、常用尺寸的标注

请在图 1-58 所示的错误尺寸标注图上写出错误原因。

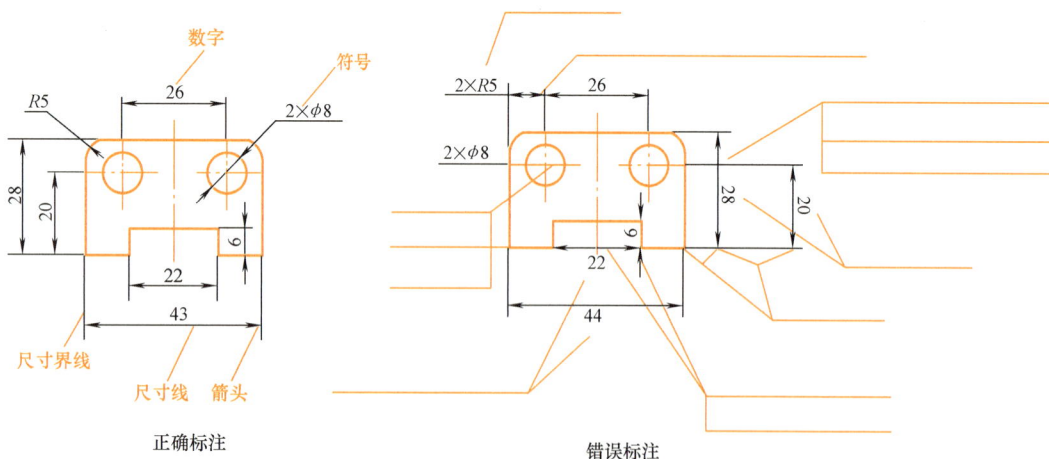

图 1-58 尺寸标注

四、基本体的尺寸标注

1. 平面体的尺寸标注

平面体一般应标注长、宽、高三个方向的尺寸（图 1-59）。

底面为正多边形的棱柱和棱锥，其底面尺寸一般标注＿＿＿＿＿＿＿＿（A. 外接圆直径　B. 长度）。

a)　　　　　　　　　b)　　　　　　　　　c)　　　　　　　　　d)

图 1-59　平面体的尺寸标注

2. 回转体的尺寸标注

通常将尺寸标注在＿＿＿＿＿＿＿＿视图上，只需一个视图即可确定回转体的形状和大小（图 1-60）。

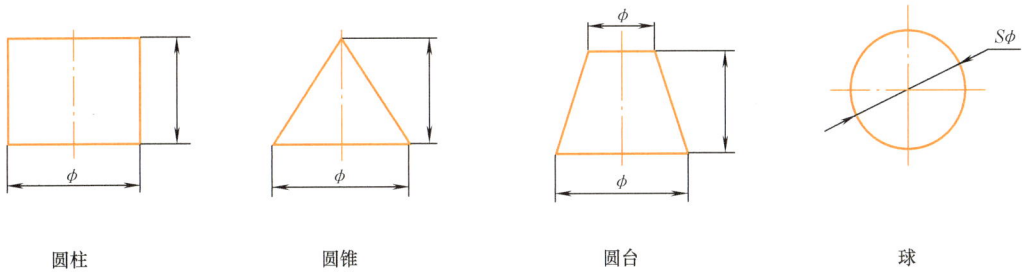

圆柱　　　　　　　　　圆锥　　　　　　　　　圆台　　　　　　　　　球

图 1-60　回转体的尺寸标注

3. 切割体的尺寸标注（图 1-61）

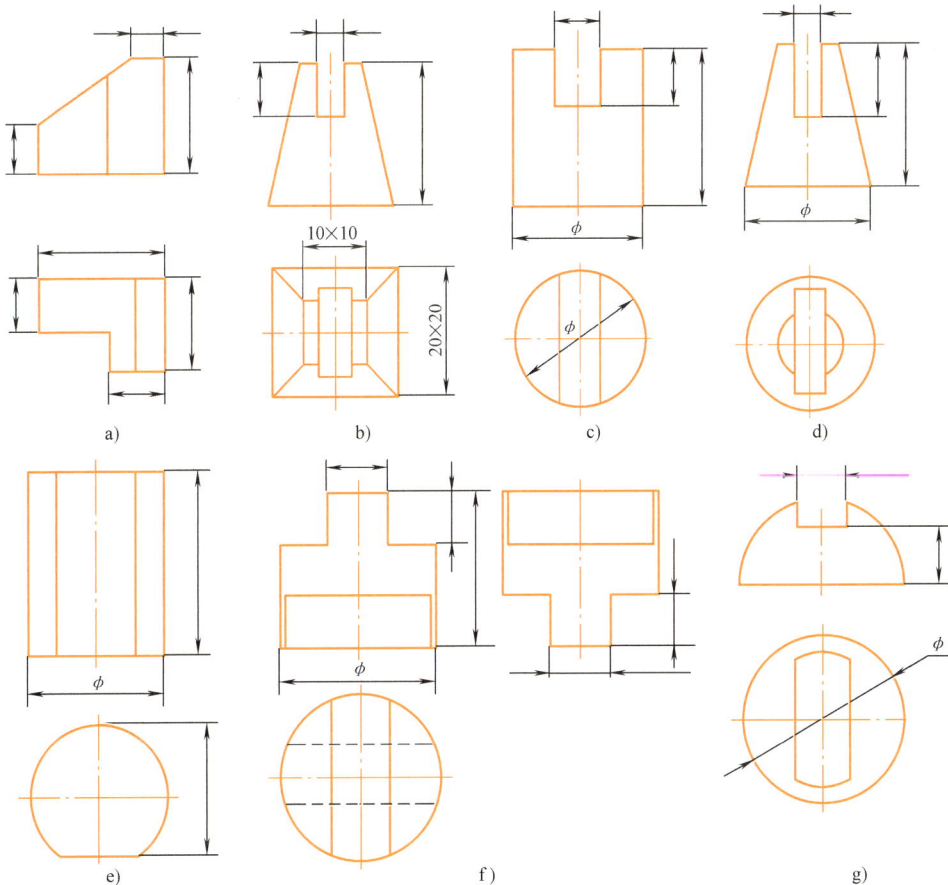

a)　　　　　　　　　b)　　　　　　　　　c)　　　　　　　　　d)

e)　　　　　　　　　　　　f)　　　　　　　　　　　　g)

图 1-61　切割体的尺寸标注

为了读图方便，常在能反映柱体形状特征的视图上集中标注_____个坐标方向的尺寸。在截交线上_____（A. 能　B. 不能）标注尺寸。

除标注出完整基本体大小的尺寸外，还应标注出槽和孔的_____及_____尺寸。

五、零件图的尺寸标注

1. 基本要求

正确——要符合国家标准的有关规定。

完整——标注制造零件所需要的全部尺寸，不遗漏、不重复。

清晰——尺寸布置要整齐、清晰，便于阅读。

合理——尺寸符合设计要求，又满足工艺要求，便于零件的加工、测量和检验。

2. 尺寸基准的选定

零件是一个空间形体，有_____、_____、_____三个方向的尺寸，每个方向至少要有一个基准（图 1-62）。

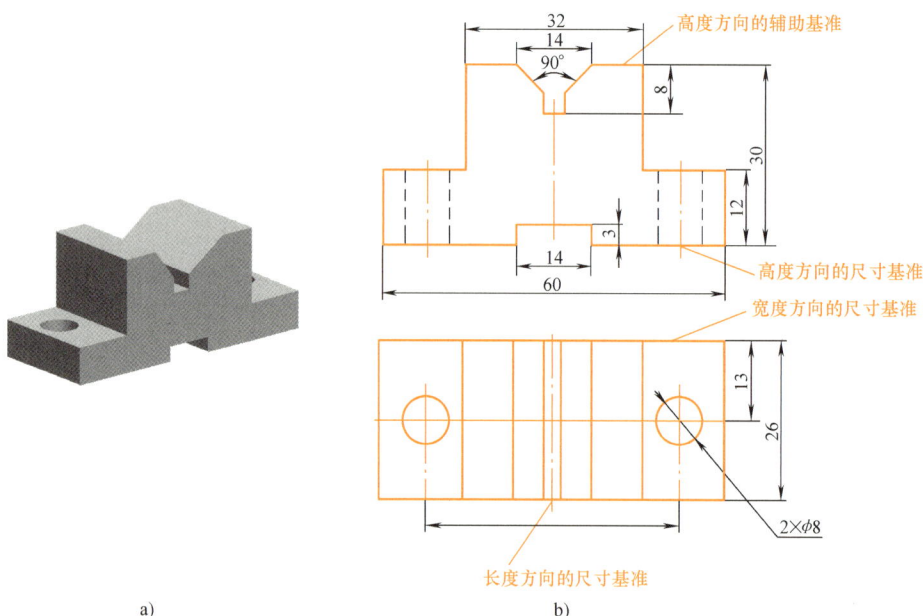

图 1-62　尺寸基准的选定

通常以零件上_____（A. 较大　B. 较小）的加工面、两零件的结合面、零件的对称平面、重要端面和轴肩作为尺寸基准。

3. 尺寸分类

定形尺寸：确定组合体中各基本几何体形状和大小的尺寸。

定位尺寸：确定组合体中各基本几何体之间相对位置的尺寸（图 1-63）。

总体尺寸：确定组合体总长、总宽、总高的外形尺寸，有时兼为定形尺寸或定位尺寸的最大尺寸。

4. 分析零件图尺寸标注

分析图 1-64 所示的轴类零件的尺寸标注。

◀ 活动实施

1. 标注减速器输出轴的基本尺寸

分析零件，选择尺寸基准：通常以零件的底面、端面、对称平面和轴线作为尺寸基准。如图 1-65 所示减速器输出轴为圆柱体，宽度和高度方向的基准合为径向基准。

其径向设计基准和工艺基准为_____。

为保证两齿轮正确啮合，选长度方向尺寸基准为_____。

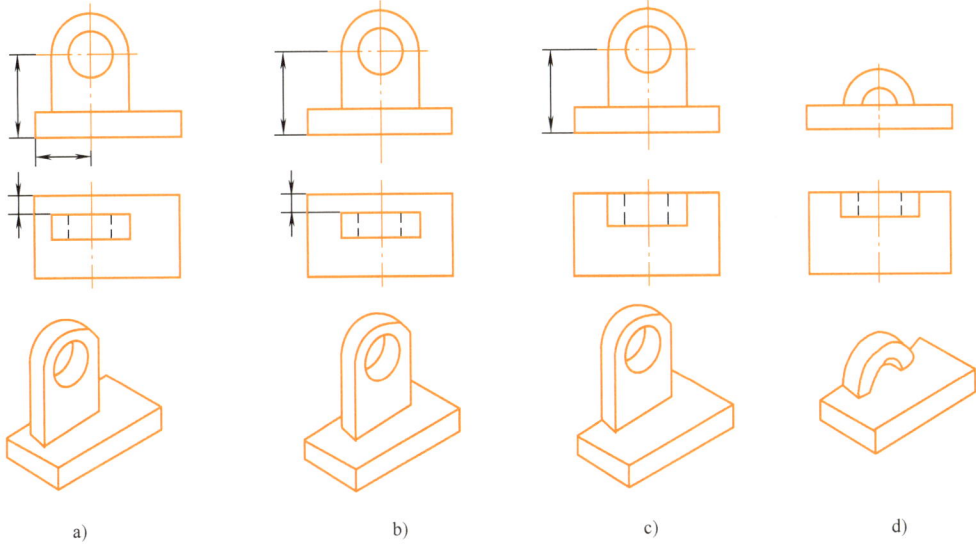

图 1-63　定位尺寸的标注

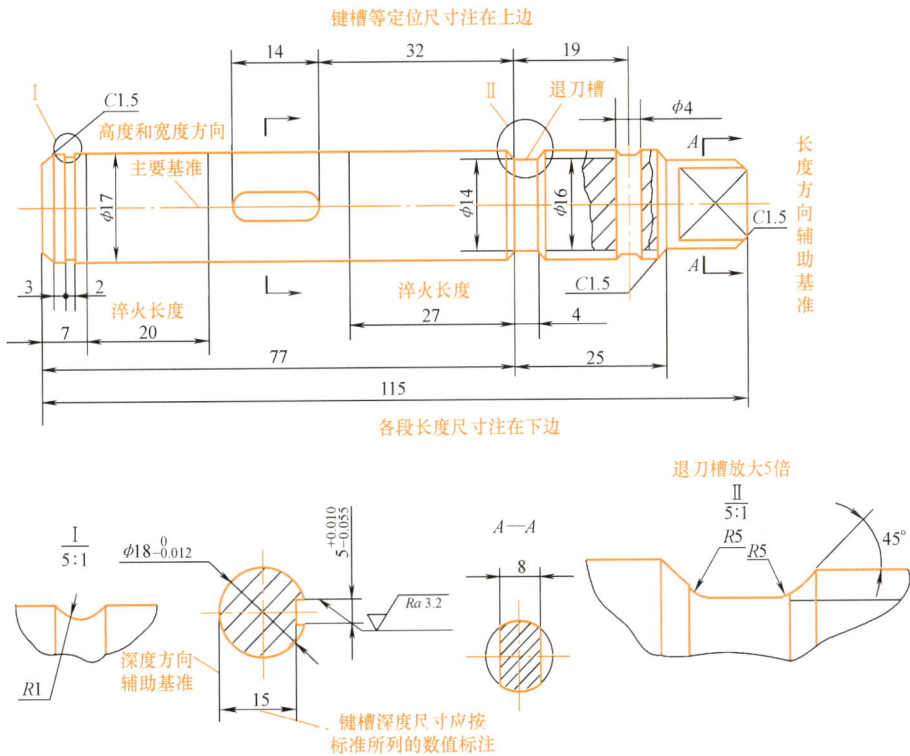

图 1-64　轴类零件尺寸标注分析图

移出断面图的尺寸基准为_____。

2. 标注功能尺寸

（1）标注每个形体的定形尺寸　定形尺寸尽量在反映形体特征明显的视图上。

请分析图 1-66 中，哪种标注更清晰（好的打"√"，不好的打"×"）。

圆柱体的定形尺寸有_____个，键的定形尺寸有_____个。

标出图 1-65 所示零件的定形尺寸线。

（2）标注每个形体的定位尺寸

1）定位尺寸尽量注在反映位置特征明显的视图上，并尽量与定形尺寸集中在一起标注。

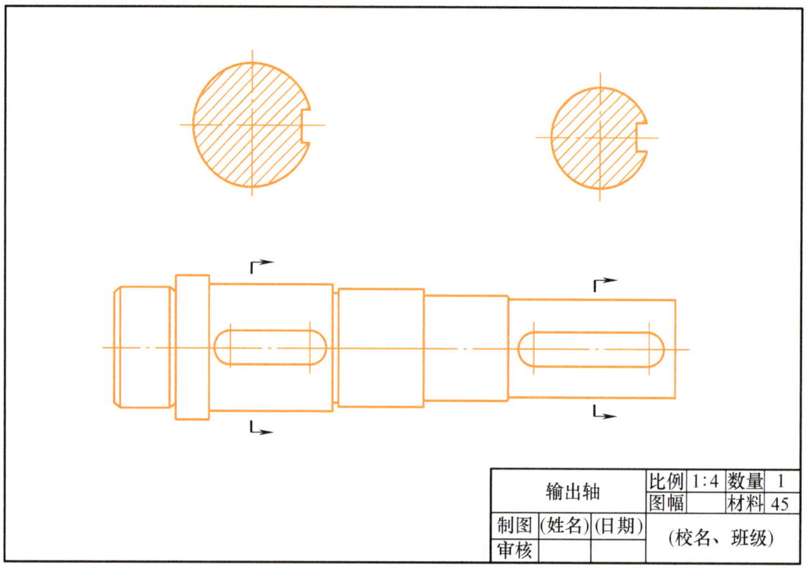

图 1-65　减速器输出轴

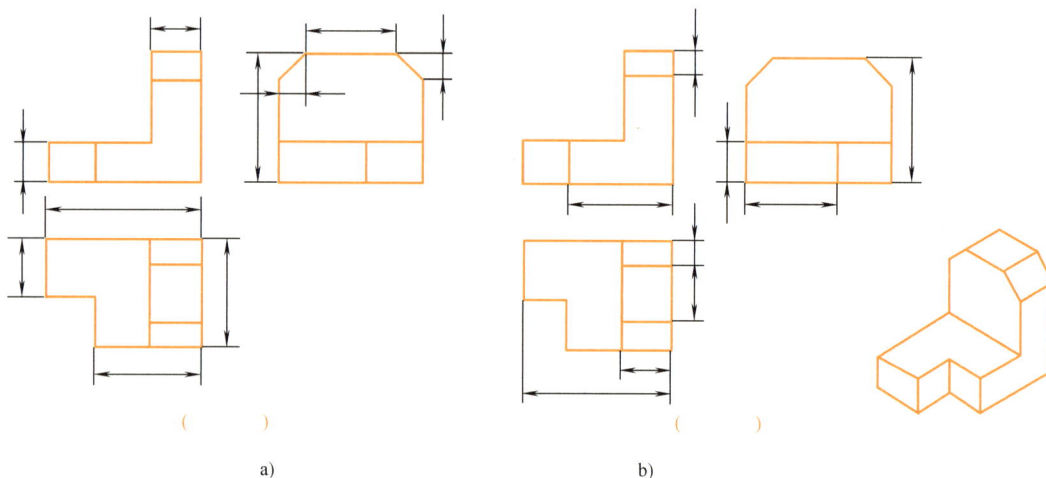

a)　　　　　　　　　　　　　　b)

图 1-66　定形尺寸的标注

请分析图 1-67 中，哪种标注更清晰（好的打"√"，不好的打"×"）。

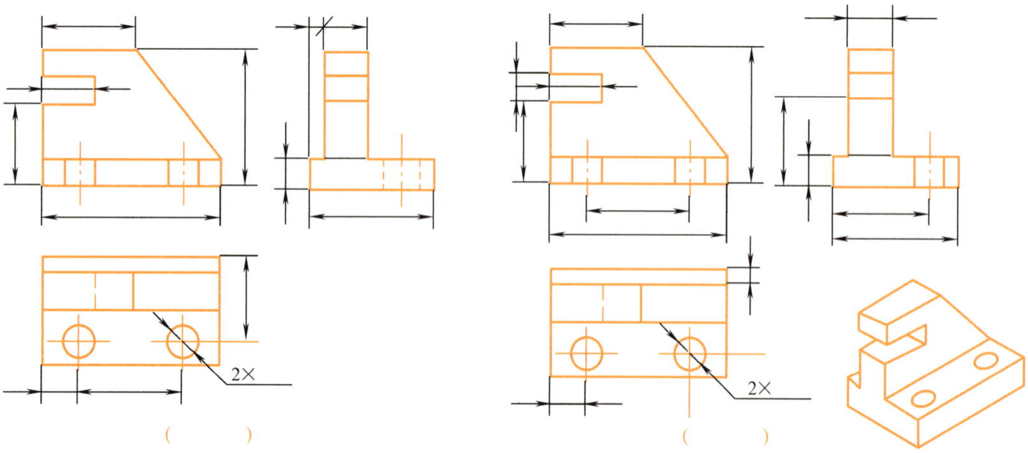

a)　　　　　　　　　　　　　　b)

图 1-67　定位尺寸的标注

2）尺寸尽量注在视图之外。

请分析图 1-68 中，哪种标注更清晰（好的打"√"，不好的打"×"）。

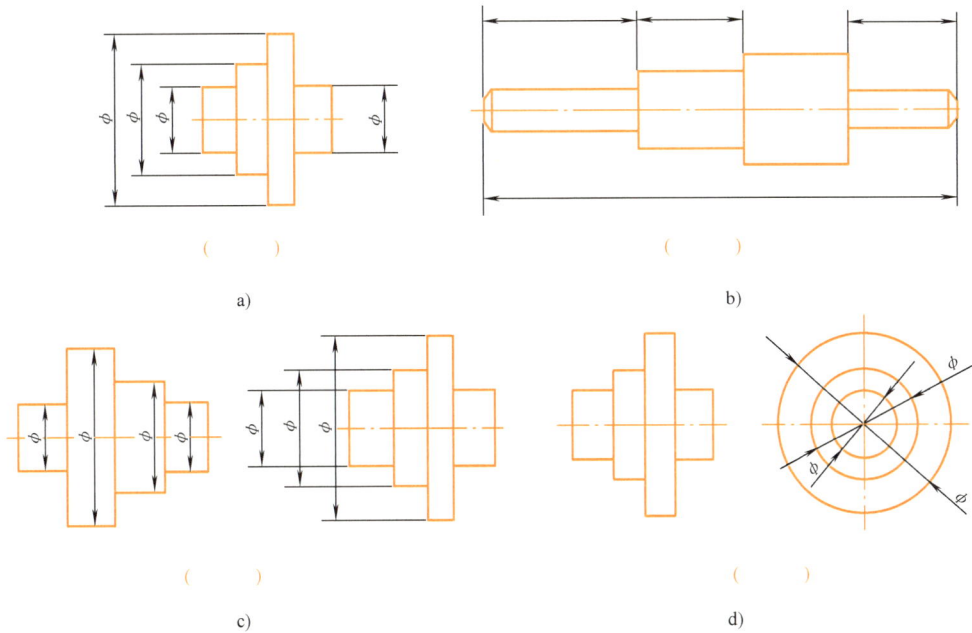

a)　　　　　　　　　　　　　　　　b)

c)　　　　　　　　　　　　　　　　d)

图 1-68　尺寸布置的清晰性（一）

3）同轴的圆柱、圆锥的径向尺寸，一般注在非圆视图上，圆弧半径应标注在投影为圆弧的视图上。请分析图 1-69 中，哪种标注更清晰（好的打"√"，不好的打"×"）。

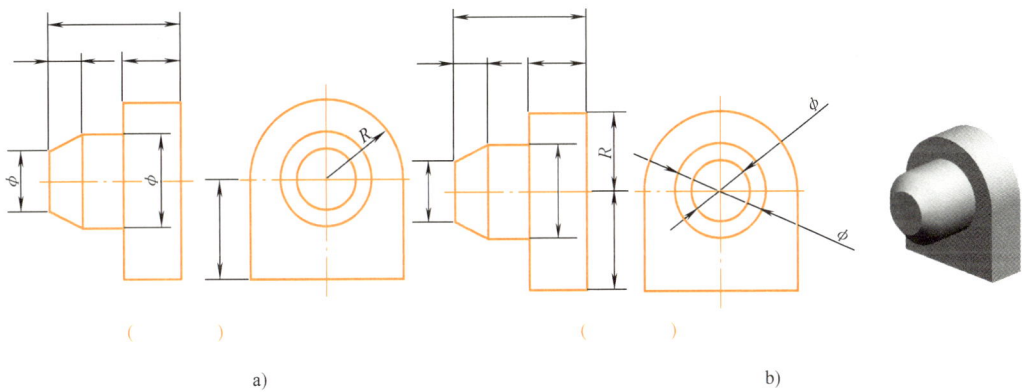

a)　　　　　　　　　　　　　　　　b)

图 1-69　尺寸布置的清晰性（二）

（3）标出图 1 65 中零件的定位尺寸线　过程略。

活动评价 （表 1-12）

表 1-12　活动评价表

完成日期			工时	120min	总耗时		
任务环节	评分标准			所占分数	考核情况	扣分	得分
标注减速器输出轴的基本尺寸	1. 为完成本次活动是否做好课前准备（充分得 5 分，一般得 3 分，没有准备得 0 分） 2. 本次活动完成情况（好得 10 分，一般得 6 分，不好得 3 分） 3. 完成任务是否积极主动,并有收获（满分 5 分，积极但没收获得 3 分，不积极但有收获得 1 分）			20	自我评价： 学生签名		

（续）

任务环节	评 分 标 准	所占分数	考核情况	扣分	得分
标注减速器输出轴的基本尺寸	1. 准时参加各项任务(5分)(迟到者扣2分) 2. 积极参与本次任务的讨论(10分) 3. 为本次任务的完成,提出了自己独到的见解(10分) 4. 团结、协作性强(5分)	30	小组评价： 组长签名		
	1. 尺寸标注不合理,一处扣2分 2. 漏标、多标,一处扣2分 3. 标注不规范(尺寸数字、尺寸界线、尺寸线、箭头其中之一不规范),一处扣1分 4. 图纸不整洁扣3~5分 5. 违反安全操作规程扣5~10分 6. 工作台及场地脏乱扣5~10分	50	教师评价： 教师签名		
总　　分					

活动五　用 Inventor 绘制传动轴零件图

能力目标

1）数字化制造技术与传统制造技术的区别，熟知三维软件在制造业中的重要性和必要性。

2）理解三维软件参数化、关联性的基本概念。

3）建立正确的设计和检验思路。

素质目标

1）建立正确的设计文件组管理思维。

2）掌握软件项目管理的特性，培养条理清晰的项目管理素质。

活动地点

机械产品测量实训室、计算机室。

学习过程

1.5.1　Autodesk Inventor 软件概述

你要掌握以下资讯，才能顺利完成任务

知识准备

一、三维软件的定义

三维软件是在计算机上运行，能以参数构建三维形体并在屏幕上显示动态形体的软件。三维软件相比平面的两个维度增加了第三个空间维度，它主要用于空间立体造型的设计。

广义的三维软件包含了所有三维造型设计及它们的衍生功能软件。例如，艺术造型设计类有 3DMax、Maya 等，工程设计类有 Inventor、CATIA、SolidWorks、Creo、NX 等，后期动画与渲染类有 Keyshot、犀牛等。

本书主要讲授 Inventor 软件机械设计相关功能的应用。

二、机械类三维软件的设计过程

以机械行业为例，在没有计算机之前，设计师凭大脑的空间想象力，通过手工绘制设计图、制作物理模型、制作实物样机等过程完成产品设计。三维软件具备虚拟表现功能，设计师可以利用软件的操作指令，在计算机屏幕上展现自己的设计过程和验证设计结果。从广义的角度看，三维软件还可以充当物理模拟器、性能测试设备，甚至能贯穿整个产品生命周期为设计师、客户、维修工程师提供技术支持。从狭义的角度看，三维软件的作用是替代了铅笔、尺规等作图工具。

机械类参数化三维软件通过参数实时控制模型状态，从而实现产品全生命周期支持功能。附加在零件上的参数和参数间的关联性全程跟随产品，在所有使用参数的模块中起作用，任何时候当设计师修改了原始参数后，软件将按操作流程重新计算即可生成新的产品模型，比传统设计方式中人工重新计算更精准、更可靠，且节省了大量时间，它是制造业取得跨越式进步的关键技术保障之一。

机械产品通常由多个零部件组装而成，设计流程有两种：一是从总装开始，先设定总体形状和零件布局，再分拆设计每个零件，最后再将零件设计成果组装为整体，这种设计方式称为自顶向下（也称自上而下）设计。二是从零件开始，逐个零件设计完成后，再组装为整体，称为自底向上（也称自下而上）设计。

三、参数化

所谓参数，就是产品零部件尺寸参数、几何约束及它们之间的函数关系。参数设计即是确定尺寸、几何约束和它们之间函数关系的过程，是基于计算机的计算过程，计算完成后生成的模型作为设计结果呈现在屏幕上。所以设计结果合格与否，不能以屏幕表象为依据，而应该以设计参数的合理性、逻辑性为判断依据。参数化软件的初学者一定要遵循这个原则。

如图1-70所示，AutoCAD中的三维模型是非参数化的，只有最后的实体结果，修改模型参数只能在此基础上修改或撤回操作过程，软件将在现有基础上添加操作完成修改；Inventor模型则包含所有特征生成的全过程，修改模型参数可进入涉及的特征直接修改参数，软件将根据特征顺序重新计算设计。

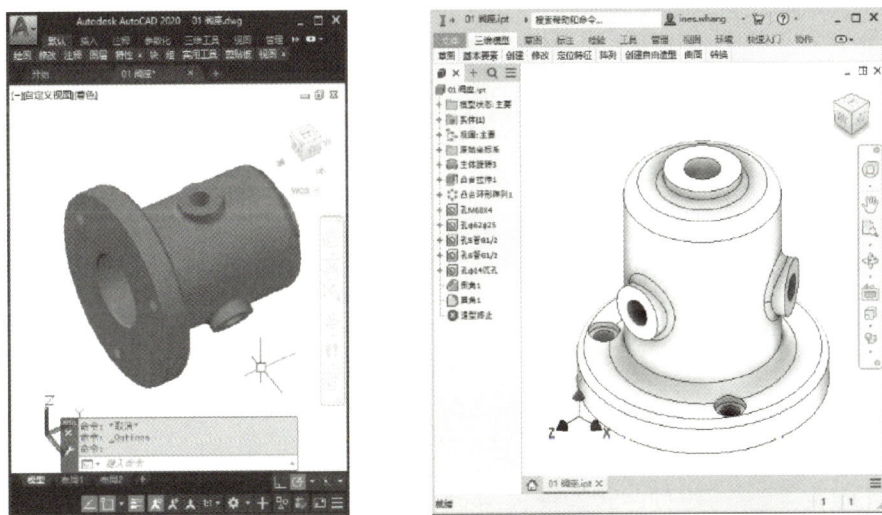

图 1-70　AutoCAD 模型界面与 Inventor 模型界面

四、参数化设计软件的基本组成模块

根据设计阶段的需要划分，参数化设计软件包含的模块有建模类、装配类、加工类、分析类、工程图类、模具类等功能，每个模块都有所擅长的领域，模块之间可以通过特定格式的文件进行交互。本书只讲解基础性模块，包含零件、装配、工程图、动画与渲染模块。

（1）零件模块　生成具有物理材料特性的零件模型，包括实体模型、钣金模型。

（2）装配模块　由零件模型按指定的几何约束条件组合成部件或整机。其中，机械设计中的标准件和常用件因为具备标准尺寸要求，分别可以通过调用标准库或结构件生成器快速生成模型，而不需要从零开始建立零件模型。

（3）**工程图模块**　由零件模型或装配体模型在平面图样上通过指定的投影法获取视图，并完成各项标注及图样等信息。

（4）**动画与渲染模块**　这是两个不同的操作模块，渲染用于将零部件放置于设定的环境内获取静态图片。动画包含反映部件工作过程的原理动画和反映操作人员对部件进行拆卸和装配的拆装动画两种。渲染的效果相当于产品宣传海报图片。动画的效果是未有物理模型之前的虚拟立体展示，在手工设计阶段则必须要通过拍摄物理模型或产品实体实现立体展示功能。

五、特征建模

特征建模是参数化三维软件的基础建模方式，特征可解释为产品开发过程中各种信息的载体。

下面将以同属 Autodesk 公司的两款软件 Inventor 和 AutoCAD 来对比特征建模和非特征建模。

AutoCAD 是 Autodesk 公司早期的计算机辅助设计软件，早期只有二维绘图、二维设计的功能，后来升级了三维建模功能。它的模型是只记录最终的模型结果，即仅有确定尺寸的模型信息。模型不附带任何参数。若要改变模型，必须要在现有模型基础上继续修改。

Inventor 是 Autodesk 公司的一款工程类设计软件，具备三维设计功能，采用参数化特征建模方式，模型和图样记录着生成结果的全过程，所以它不仅包含确定的最终结果，还包括每个特征的生成过程，在重新打开模型的时候，全部参数按建模过程运算一遍再呈现模型结果。若要改变模型，可以找到相对应的参数和特征，修改参数后，软件重新计算即可生成新的模型结果。

参数对模型特征最终的影响，举例说明如下：

例如，生成长方体使用两个特征建模：拉伸和孔特征（见图 1-71），拉伸特征先于孔特征生成。初始设计时，在图 1-72 中高度为 5mm、孔深为 8mm 时和在图 1-73 中孔深为"贯通"时都生成了通孔。

在图 1-72 中改变拉伸特征参数：高度，使板厚为 15mm 后，孔深为 8mm，由于 8mm<15mm，通孔变为不通孔。

图 1-71　特征

在图 1-73 中改变拉伸特征参数：高度，使高度为 15mm 后，孔深为"贯通"，即无论高度值如何变化，通孔仍是通孔。

本案例参数设置的影响：由图 1-72 和图 1-73 这两个模型创建的工程图，视图表达一致（均为通孔）。由参数自动标注尺寸，图 1-72 显示为"φx-孔深 8"，图 1-73 显示为"φx-通孔"。

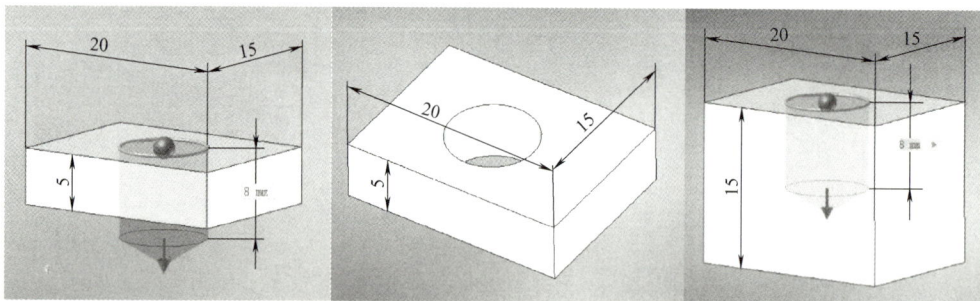

图 1-72　孔深 8mm，修改板厚>8mm 之后，通孔变为不通孔

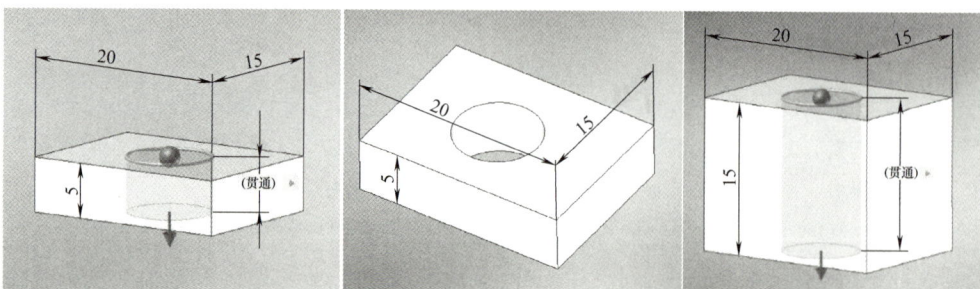

图 1-73　孔深贯通，随板厚增加，孔始终为通孔

综上所述，使用参数化三维软件建模过程中，不能仅关注最终的结果是否达到设计要求，更要关注设计参数之间的关联和特征间的父子关系。

六、参数化软件关联文件的管理

1）产品的设计会包含很多不同类型、不同名称的关联文件，建立合适的文件夹来归纳整理这些文件有利于规范工作。Inventor 需要建立专门的管理文件，在开始工作之前，应设定项目文件（.ipj），从".ipj"文件启动软件将自动进入相关产品的文件夹。

2）新建文档时，软件会进行自动命名，一般以相同的单词加数字序号组成，当这类文件归档后需要被重新调用时，搜索引擎将无法根据无意义的自动序号为设计师快速定位文件。所以，在文档建立之初对文件做出有辨识度的命名，可以方便文件关联、检索、整体管理，提高工作效率，特别是当涉及的文件量很大时会非常方便。

以上两项有助于初学者养成良好的文件管理习惯，同学们应该予以重视。

随着计算机硬件功能日益增加，软件功能日益丰富，归根到底软件是辅助设计工作的有力工具，学习每一个功能强大的工程类软件，都应摸索和熟悉软件的基本理念，合理运用软件的各种功能，使软件真正成为提高工作效率的强大工具。

七、本次学习任务的流程

本次学习任务以减速器部件为例，使用自下而上的设计方法进行设计。流程如图 1-74 所示：

准备工作	• 建立项目文件、文件清单
设计所有零件	• 零件建模
部件组装	• 将零件装配成部件
工程图	• 根据三维模型生成零件工程图、装配工程图、分解装配图
视觉输出	• 拆装动画、原理动画、渲染图片
完成	• 整理、归档文件

图 1-74　减速器部件自下而上设计流程

1.5.2　绘制传动轴零件图

一、准备工作

帮助文件是软件公司官方编写的权威文件，Autodesk 公司在官方网站为学习者提供了 Inventor 软件完整的离线帮助文件，如图 1-75 所示。

二、项目文件

Inventor 软件使用"项目"管理整套产品的所有相关文件，项目是指用于组织和访问与特定设计作业相关的所有文件的系统。项目中的设计数据通常包含产品所独有的零件、部件、标准零部件以及成品零部件（例如紧固件、配件或电气零部件）库。

所有的设计工作都在项目中进行，每个项目都有独立的文件管理系统，如果没有设置项目，系统也会生成一个默认的项目开始工作。**设置项目文件就是设计开始前的准备工作。**

初学者从设置最基本的参数：项目名称、项目位置开始，如图 1-76 所示。

三、模型与特征

Inventor 中模型构成如图 1-77 所示：

图 1-75　Inventor 软件在线帮助和离线帮助界面

图 1-76　项目名称和项目位置设置界面

Inventor 零件模型支持单实体、多实体两种基本类型。多实体的每个实体都包括独立的特征集或共享特征，可作为独立零件导出到部件中，是高效的自上而下设计方法。

四、零件中的特征

特征是建模的基础，Inventor 将零件特征分为定位特征、基于草图的特征和基于特征的特征，如图 1-78 所示。

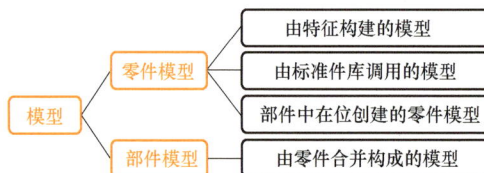

图 1-77　模型构成

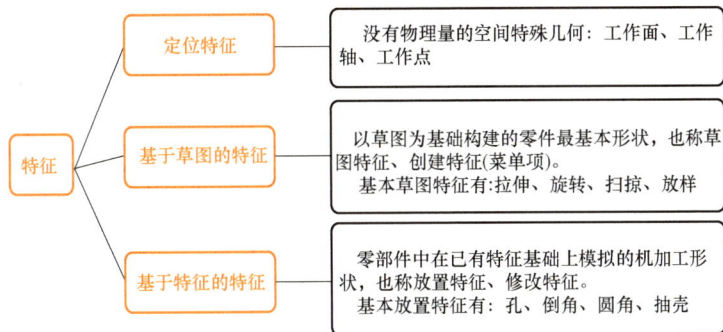

图 1-78　特征构成

（1）**定位特征**　新建的零件模型文件默认含有 7 个原始定位特征：3 个工作平面、3 条工作轴、1 个坐标原点，如图 1-79 所示。这 7 个原始的定位特征是零件所有特征的顶层父特征。任何一个开始创建的特征都要以它们中的几个特征来定位。

初学者应重视定位特征的特殊性，充分发挥顶层父特征的作用，通常可将原始工作平面、工作轴用做零件的基准面、基准轴等重要结构。

（2）**草图特征**　草图特征是创建特征（基于草图的特征）的基础，除了新模型自带的定位特征外，所有零件模型都从草图开始创建过程。

Inventor 有二维草图和三维草图，二维草图在平面上创建，三维草图在空间创建。本小节只讲解二维草图，下文中的"草图"均指二维草图。

草图必须附着于平面，可以是模型自带的定位特征平面，也可以创建新的平面，当模型中已有特征时，特征表面上的任意平面也可以作为草图平面。特征表面的草图平面不受该表面的大小限制，即所有草图平面都是无限大的。

用于设计的草图完成时必须达到所有图元都完全定位、完全定形，也就是全约束状态。全约束状态指所有草图图元已达到位置确定、尺寸确定的状态。利用尺寸参数约束、几何约束可以达到全约束的状态，如图 1-80 所示，几何约束默认关闭，按<F8>键可见，按<F9>键关闭。草图平面用于绘制草图，初学者应学习充分利用系统自带的定位特征平面作为初始特征的定位参考，如图 1-80 中将阀座零件底部高度基准平面的圆心与坐标原点重合。图 1-81 所示旋转实体特征由图 1-80 草图通过旋转操作建立阀座主体外形。

图 1-79　7 个原始
定位特征

图 1-80　全约束的草图

图 1-81　旋转实体特征

（3）创建特征—基于草图的特征　启动命令位于"创建"面板，所以称为创建特征，也称基于草图的特征。当模型中至少包含有 1 个草图特征时可以开始创建特征。

常用的基本草图特征有：拉伸、旋转、扫掠。当从无到有创建特征时，设计人员要先根据实物立体的形状，选择合适的特征创建方法。建模过程是从点、线到面，再到体，寻找实物立体成型的规律就是选择特征创建方法的过程。最基本的创建特征的成型特点见表 1-13。如图 1-82 所示为基于草图的特征建模。

表 1-13　基本创建特征的成型特点

特征名称	成型方法	成型路径	草图截面与路径的关系
拉伸	草图轮廓沿直线扫过空间形成的形体	直线	路径⊥草图轮廓
旋转	草图轮廓沿圆弧扫过空间形成的形体	圆弧	路径⊥草图轮廓，回转轴线与草图共面
扫掠	草图轮廓沿空间曲线扫过形成的形体	曲线、模型轮廓线	路径与草图轮廓不共面、不平行

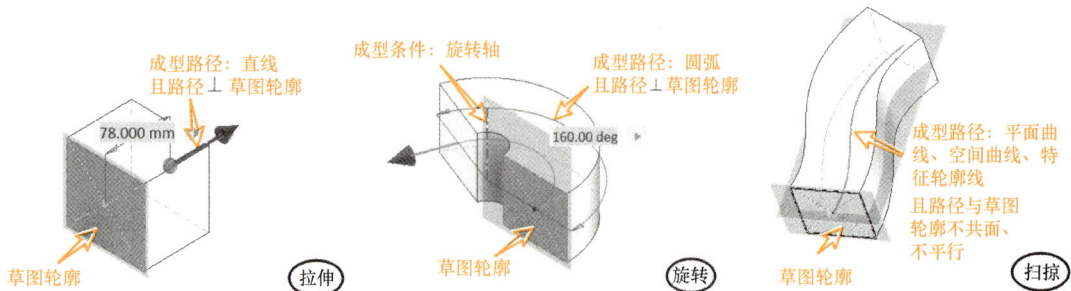

图 1-82　基于草图的特征建模

基于草图的特征还有螺旋扫掠、放样，如图 1-83 所示。

螺旋扫掠特征用于创建具有螺旋参数的特征，草图包含螺旋截面和回转轴，参数包含旋向、螺距等。通常用于建立弹簧、特殊牙型的螺纹等。标准螺纹不使用螺旋扫掠创建。

放样特征多用于创建不规则特征，在多个截面轮廓间，放样可按直线或光滑过渡的方式融合这些截面为空间特征。放样特征通常用于曲面或者拉伸、旋转、扫掠无法生成的形状。

（4）**修改特征—基于特征的特征**　启动命令位于"修改"面板，称为修改特征，也称基于特征的特征。

基于特征的特征包括圆角、倒角、孔、螺纹、拔模和抽壳。基于特征的特征必须基于已有特征，因此一定是原特征的子特征。

常用的基于特征的特征有圆角、抽壳、孔、阵列。

圆角特征：在机械零件结构中，圆角特征大多作为辅助特征，如铸造圆角、减少应力集中的圆角等。当圆角作为独立特征，而不是作为草图内的圆角时，它具有独立的参数结构，后期设计修改时将提高工作效率。

圆角特征操作要点：等半径—整条轮廓线圆角半径一致；变半径—整条轮廓线可按指定点添加不同半径参数；拐角过渡—多条轮廓线相交于一点时的拐角形状控制；可以将类似结构但不同半径参数的圆角放置在同一个特征内，使用选择集"＋"按钮添加多集合。如图 1-84 所示。

"修改"面板"圆角"菜单内还有面圆角、完全倒圆角。

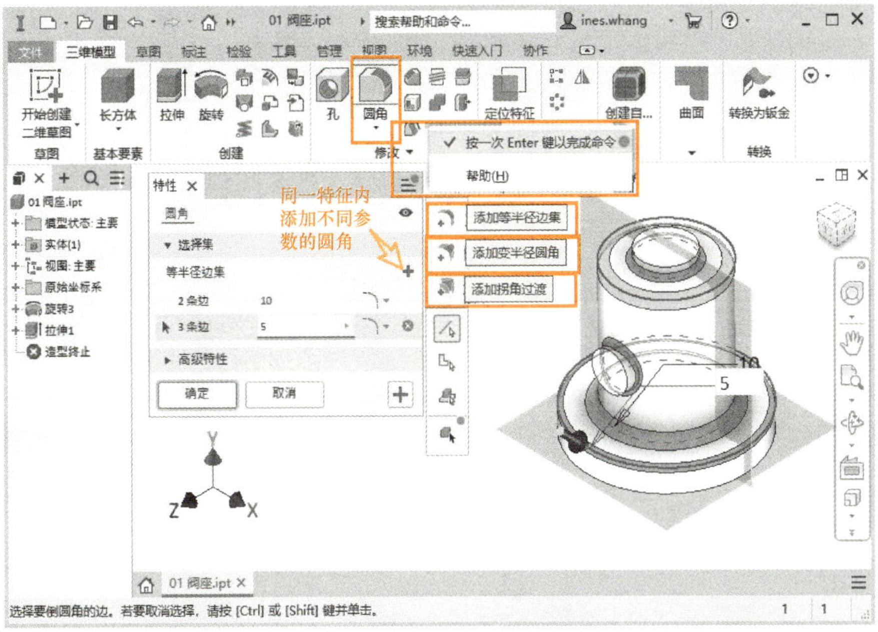

图 1-83　螺旋扫掠和放样特征

图 1-84　圆角特征

抽壳特征：以指定壁厚生成空心零件，常用于铸件和模具。但软件的特征仅仅是行动表述，只要符合平行内外表面，且已知平行面距离，也就是壁厚值，都可以考虑选择抽壳特征构型。

抽壳特征操作要点：开口面—不生成壁厚的面（此面开口）；自动链选面—自动将与选择面相切的表面加入选择集；特殊面厚度—指定不同于全局厚度的表面。

孔特征：使用预设值快速放置孔，或者使用特性面板指定孔尺寸、孔底、终止方式和螺纹类型选项。符合圆柱空腔垂直于端面或平面的结构，可以选择孔特征构型。如图 1-85 所示。

孔特征操作要点：以钻孔工艺为引导，孔相关参数有孔端面、孔轴线定位点、孔类型（光孔、沉孔、埋头孔、螺纹孔）、孔径向参数（孔直径、螺纹规格）、孔轴向参数（孔深、螺纹深、沉台深等）。

图 1-85　孔特征

　　孔特征参数设计，应从对话框顶部逐步向下进行，即上方的参数选择会影响下方展开的次级菜单，例如选择螺纹孔，下方螺纹菜单才会显现，如图 1-86 所示。孔特征参数设计应与设计尺寸尽量保持一致。

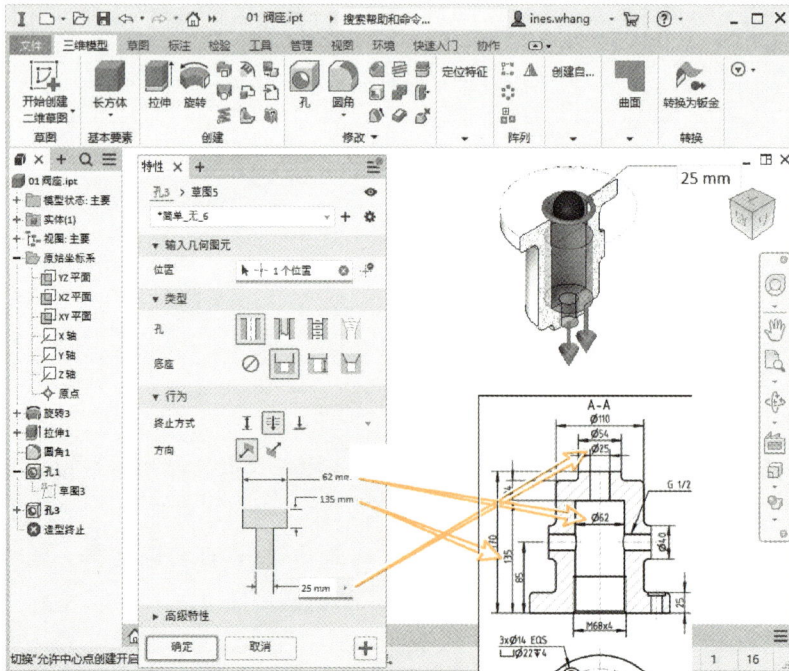

图 1-86　螺纹孔特征

　　阵列特征：以规则的布局复制一个或多个特征组合。常用阵列方式有：矩形阵列、环形阵列。图 1-87 是环形阵列特征。

阵列特征操作要点：特征、实体均可阵列，矩形阵列可用正负距离值切换方向。

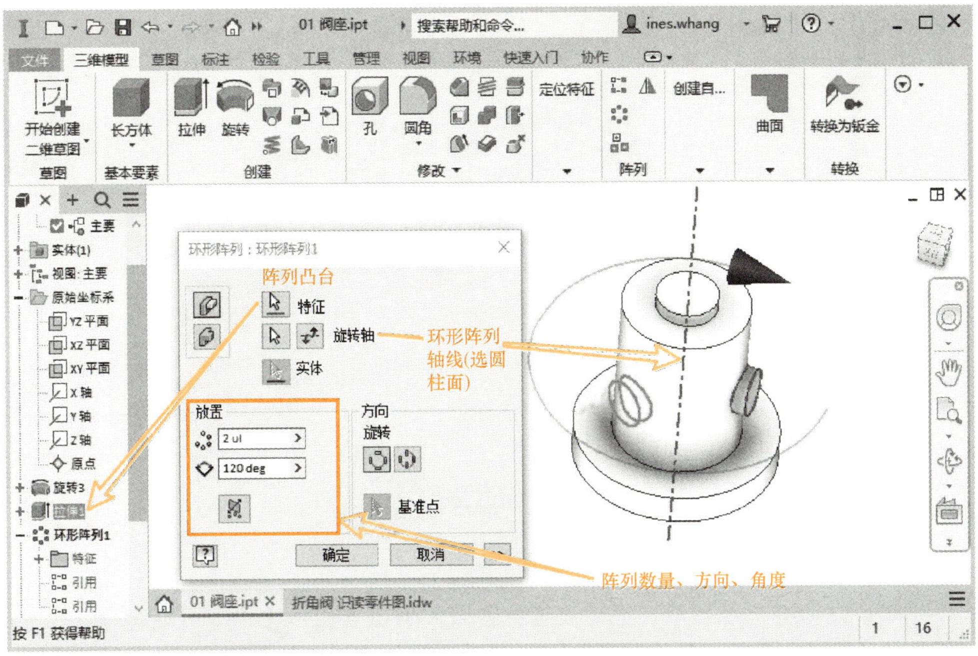

图 1-87　环形阵列特征

（5）**特征之间的父子关系**　它表达了按先后顺序生成特征、参数之间的从属关系，当后续特征、参数、参考引用了先行的特征、参数、参考时，它们将受限于先行者，而成为先行者的子项。如图 1-88 所示。

受父项影响的子特征在父项发生改变（如图 1-88 中父项被删除）时，也会跟随发生改变，子项跟随父项一起被删除。

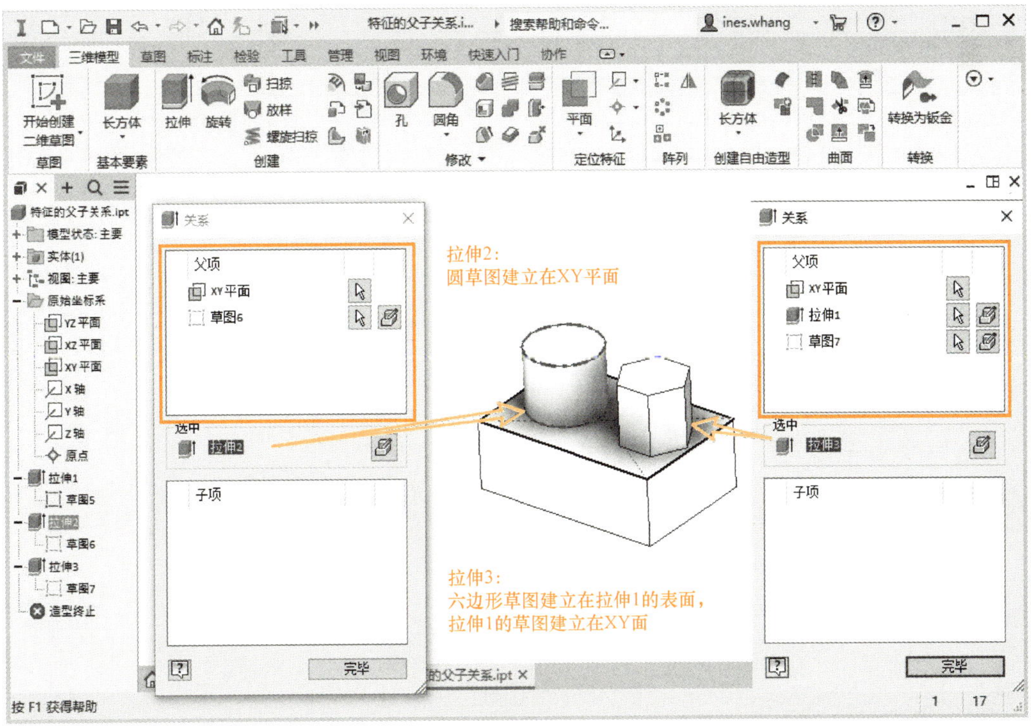

图 1-88　特征间的父子关系

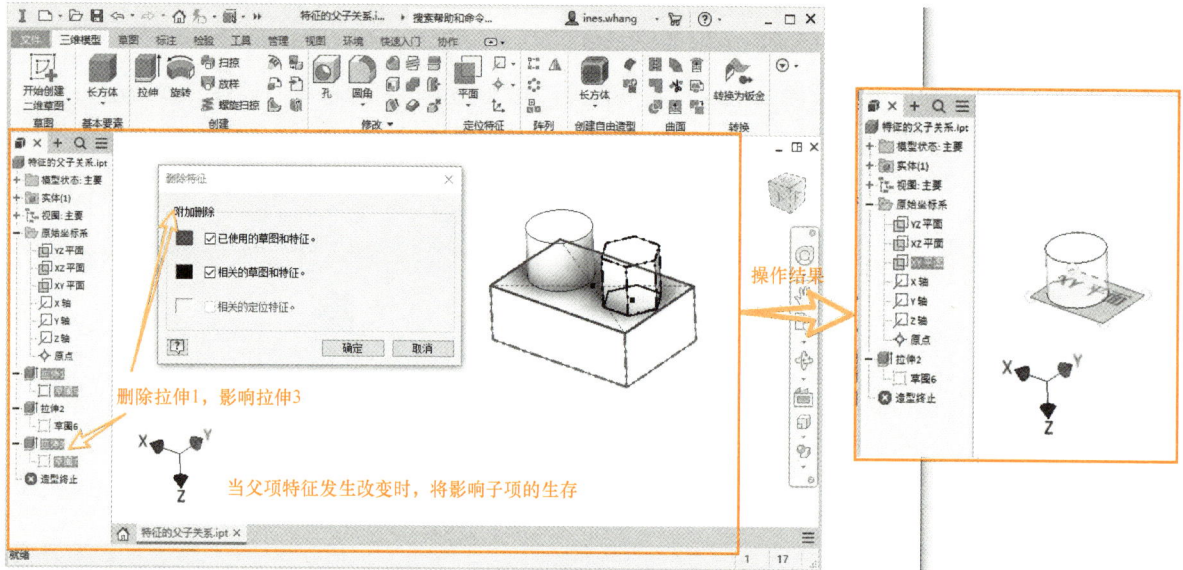

图 1-88　特征间的父子关系（续）

注意：不仅特征之间有父子关系，先后设置的参数关系也有父子关系，不可逾越。

小技巧

机械制图关于零件尺寸标注原则之一——零件上的每个尺寸原则上只标注一次，可适用于软件建模。在建模过程中，同一个尺寸在参数中应仅出现（使用）1 次。

（6）传动轴建模　其工程图如图 1-89 所示。

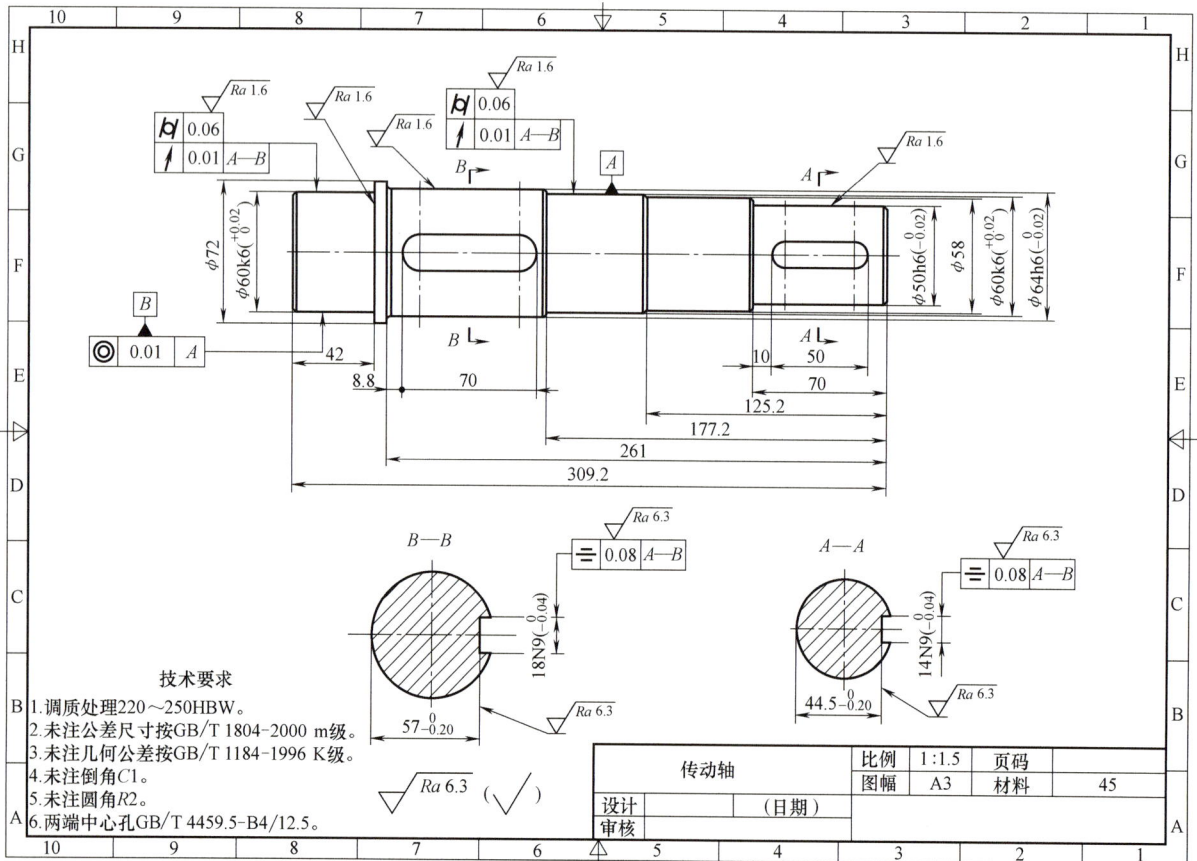

图 1-89　传动轴工程图

1）草图布局及原点确定。

利用系统自带的定位特征平面（XY平面）作为初始特征的定位参考，如图1-90中将传动轴零件左侧轴端面圆心与坐标原点重合，绘制传动轴的主要轮廓草图。

2）创建传动轴基本模型。

图1-91是基于图1-90的草图旋转创建轴体。

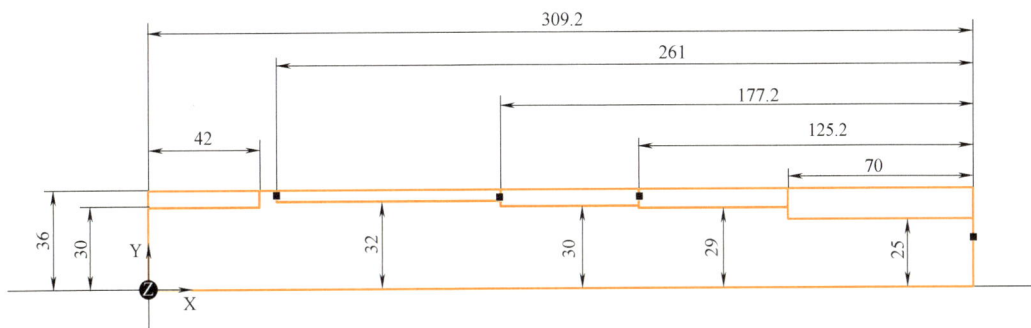

图 1-90　传动轴布局草图

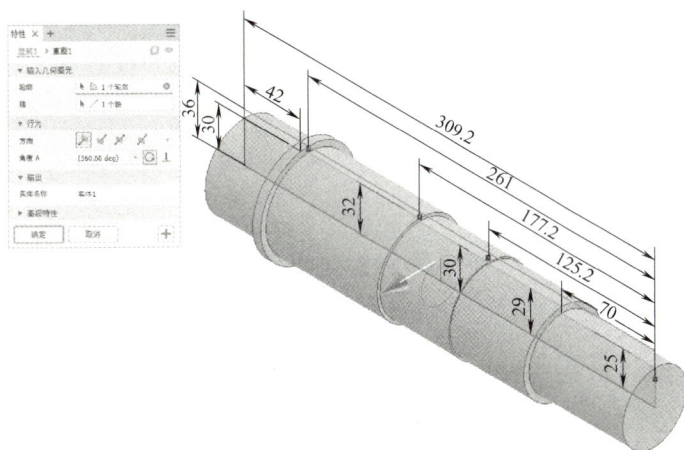

图 1-91　旋转传动轴草图创建轴体

图1-92是使用XZ平面创建的草图，绘制两个键槽的轴向切割草图。

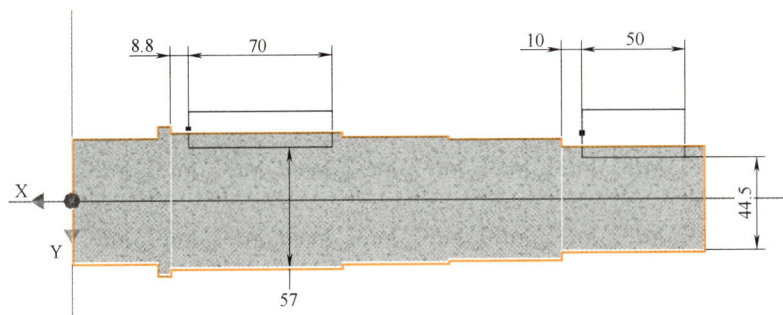

图 1-92　键槽切割草图

图1-93为两处键槽特征切割操作，由于两键槽的宽度不一致，所以需要使用图1-92所示草图进行两次拉伸切除，在完成第一次切除后草图将被默认为"不可见"，需要在造型树中右击"草图4"并打开"可性见"选项进行设置草图可见，然后再进行第二次拉伸切除操作。

图 1-93　键槽切割操作

图 1-94 所示为使用圆角命令，完成两处键槽特征的补充创建：

图 a 所示为生成半径为 9mm 圆角。单击"圆角"命令，设置圆角半径大小为 9mm，选中需要倒圆角的边。

图 b 所示为生成半径为 7mm 圆角。单击"圆角"命令，设置圆角半径大小为 7mm，选中需要倒圆角的边。

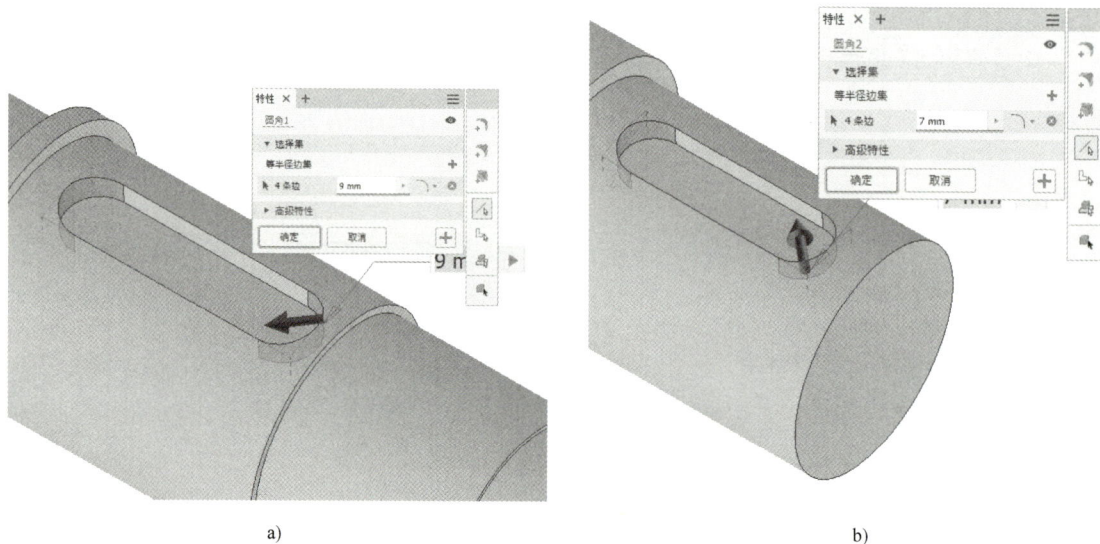

a)　　　　　　　　　　　　　　　　　　　b)

图 1-94　创建键槽圆角

3）创建传动轴倒角特征。

图 1-95 所示为生成半径为 2mm 圆角。单击"圆角"命令，设置圆角半径大小为 2mm，选中需要倒圆角的边。

图 1-96 所示为生成 C1 倒角。单击"倒角"命令，设置倒角尺寸为 1mm，选中需要倒角的边。

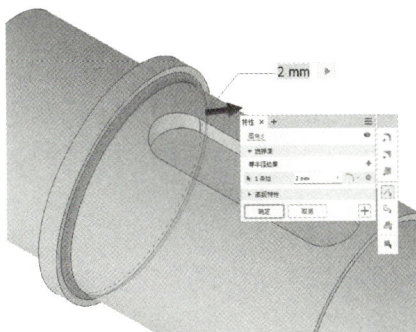

图 1-95　创建圆角

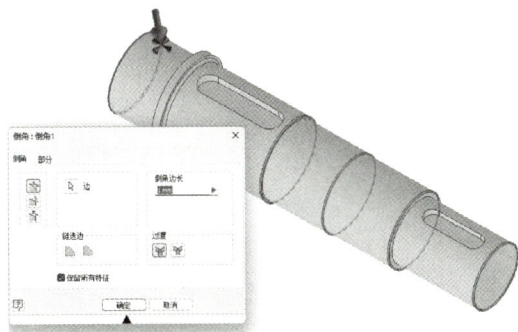

图 1-96　创建倒角

五、创建工程图

1. Inventor 工程图类型

Inventor 工程图有两种格式："．dwg"和"．idw"，如图 1-97 所示。由 Inventor 生成 *．dwg 工程图可以在 AutoCAD 软件中直接打开，与 AutoCAD 的"．dwg"格式有所不同，且它们在参数关联性方面也有不同。

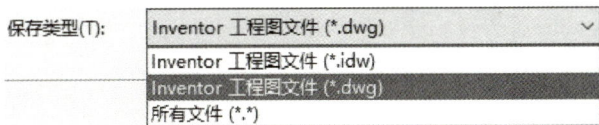

图 1-97　工程图的类型

2. 工程图标准

各个国家工程图所采用的标准不同，使用的工程图模块也不同。Inventor 内置了多种不同标准的工程图模板供选用，如图 1-98 所示。如果模板内工程图参数不符合需求，也可以通过修改样式库中样式获取所需要的参数。

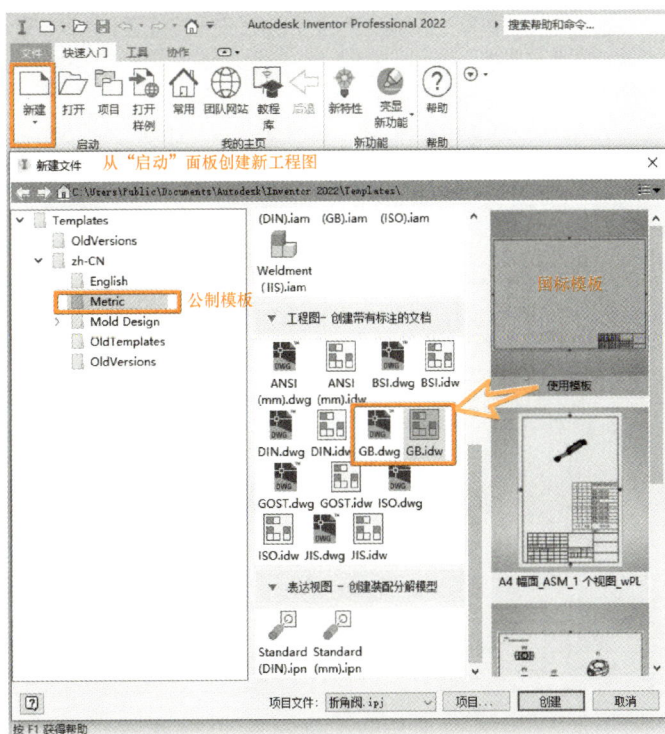

图 1-98　Inventor 内置的工程图模板

生成零件工程图之前，首先完成零件建模。基于零件模型投影生成的".idw"工程图和 Inventor 的".dwg"工程图都可与模型保持参数关联，即模型参数发生改变时，工程图会随之变化。注意：将 Inventor 工程图导出为 AutoCAD 的".dwg"工程图后将不再保持参数关联。

创建零件工程图的一般流程： 创建基础视图→根据需要创建投影视图、斜视图、剖视图、局剖视图等其他表达视图→整理图线，修改线型、线宽或隐藏不需要的图线→添加中心线→标注尺寸及技术要求等→完成文字说明→完成标题栏内容→检查图样。具体操作步骤如图 1-99～图 1-104 所示。

如果有较多的图样格式要变动，则需要先进行模板设置。Inventor 样式库默认为"只读"属性，可将其修改为"读-写"属性后进行样式库修改，并保存操作后生成新的模板。这里本书不展开讲解。

图 1-99　启动一张空白的工程图

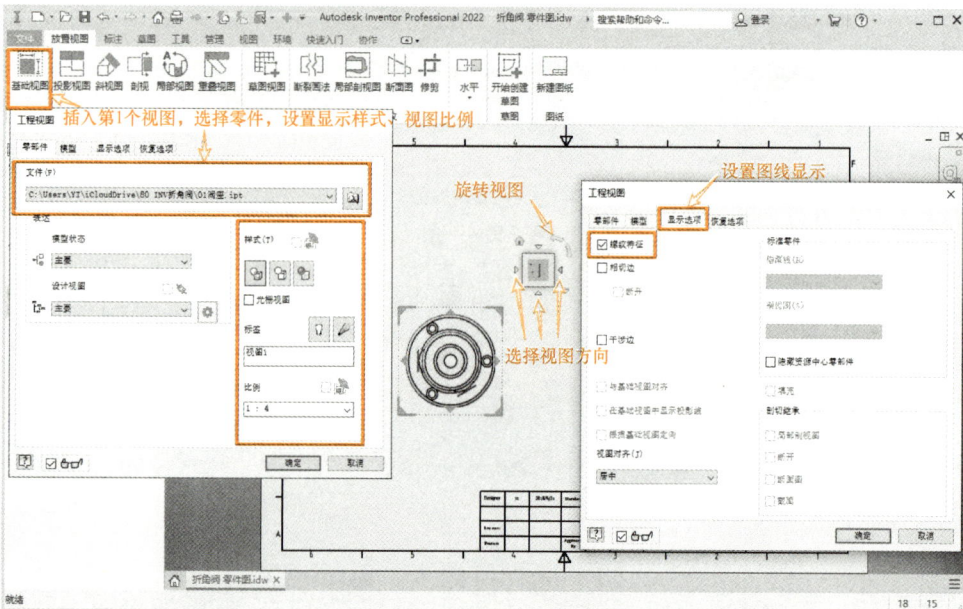

图 1-100　创建基础视图

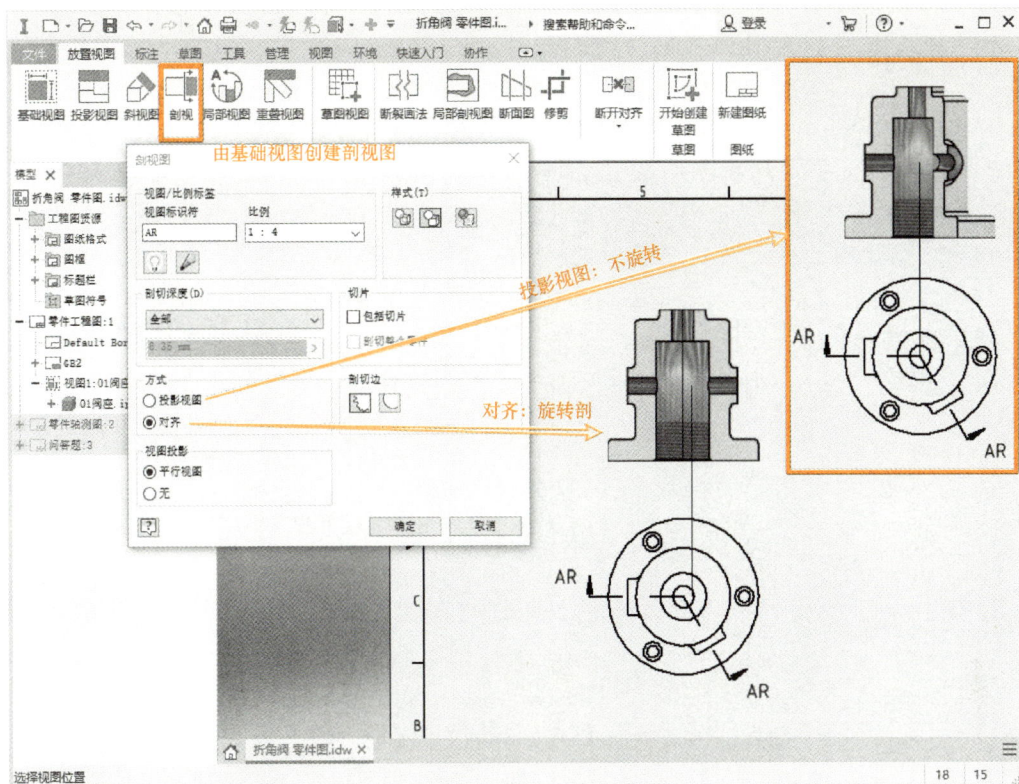

图 1-101　设置剖视图

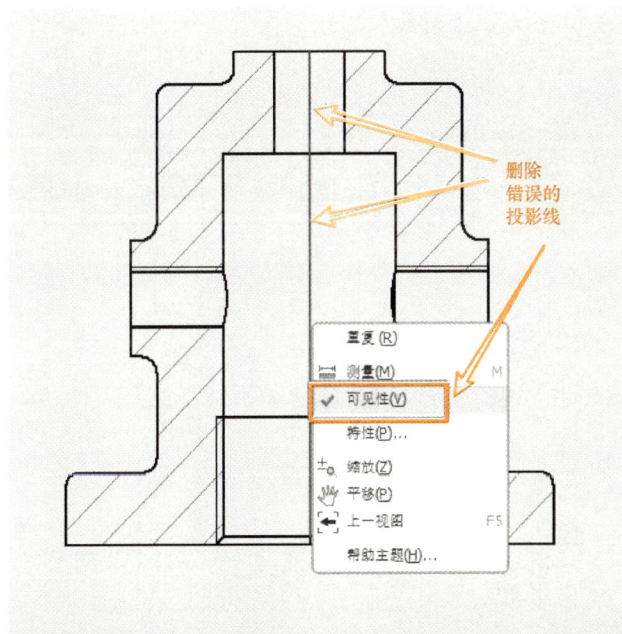

图 1-102　整理图线

3. 创建传动轴工程图

传动轴工程图参考图 1-89。

（1）添加传动轴视图

1）单击"新建"命令，创建"Standard.idw"类型的新工程图，并命名为"传动轴"，保存到相应位置。

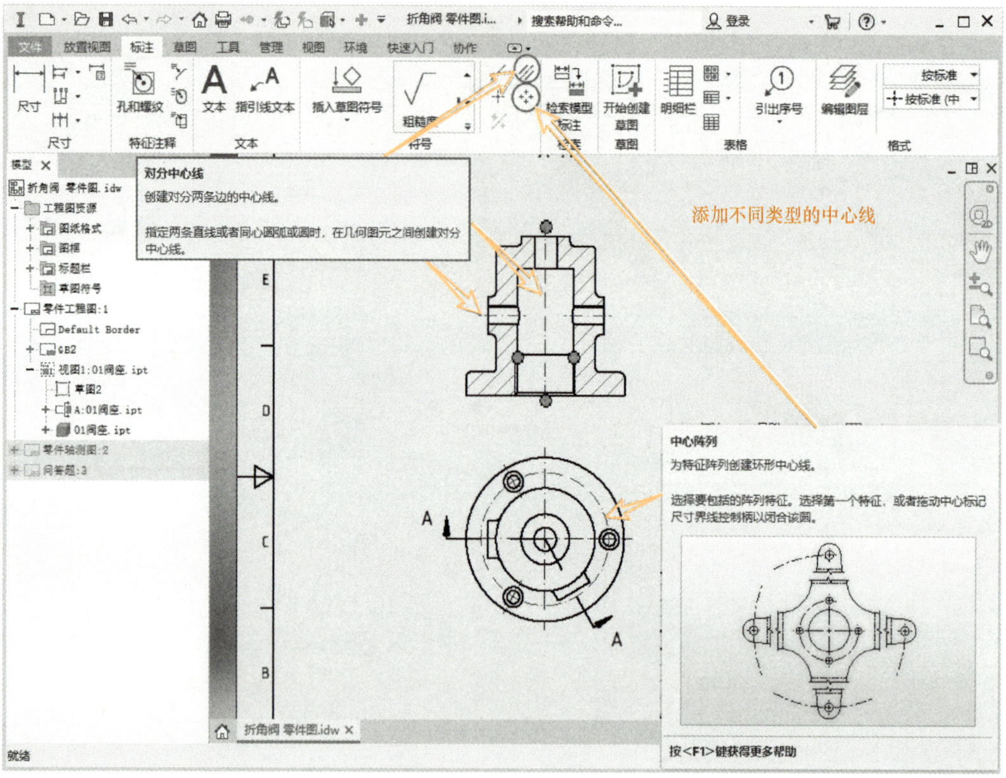

图 1-103　添加中心线

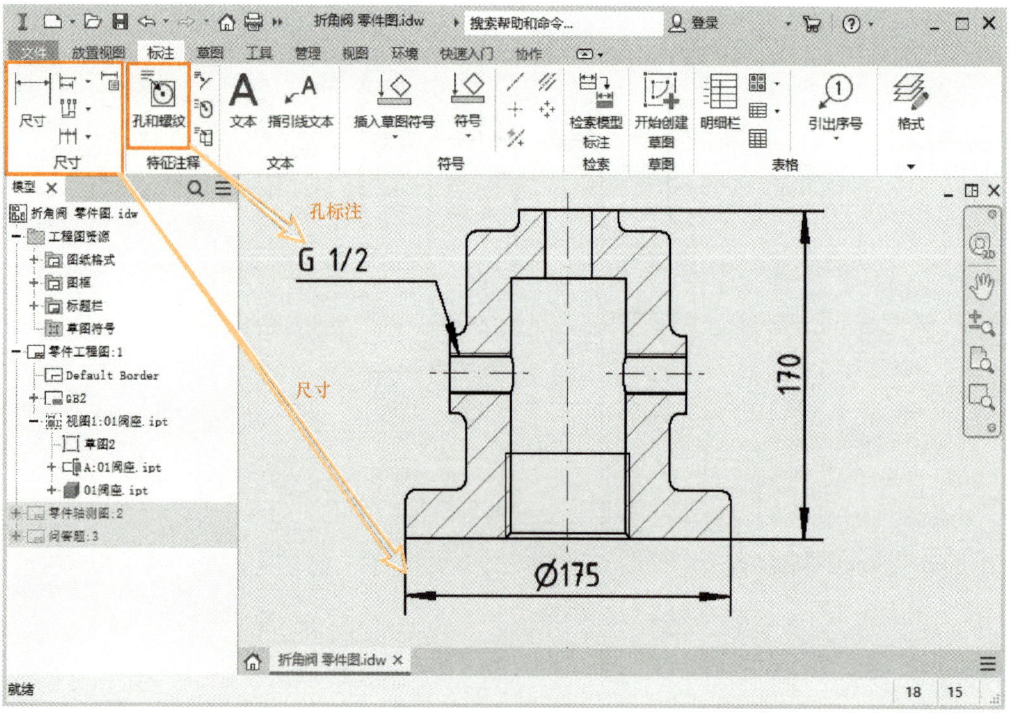

图 1-104　标注尺寸

2）右击"图样 1"，编辑图样，修改图样尺寸为 A3。

3）单击"基础视图"命令，选择"传动轴"模型，添加视图，如图 1-105 所示。

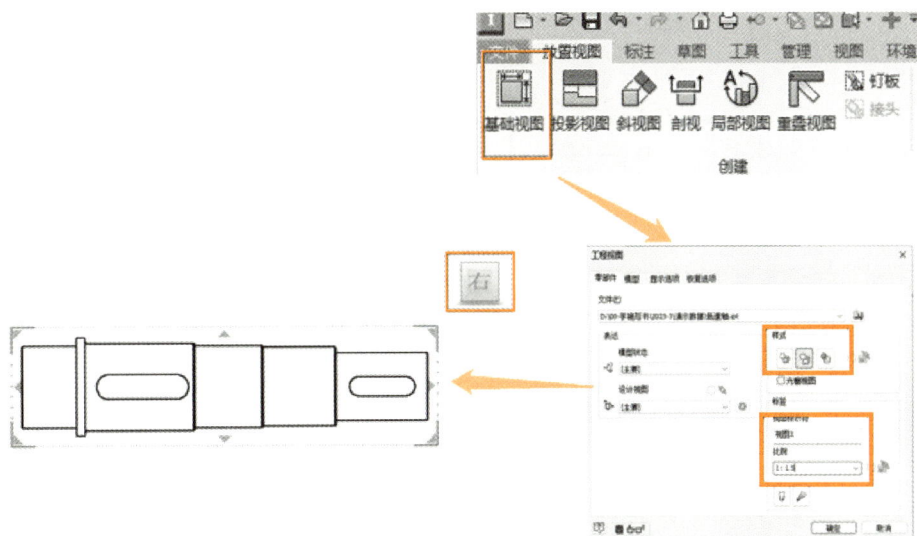

图 1-105　添加基础视图

4）单击"剖视"命令，在主视图剖切表达键槽的截面形状，如图 1-106 所示。

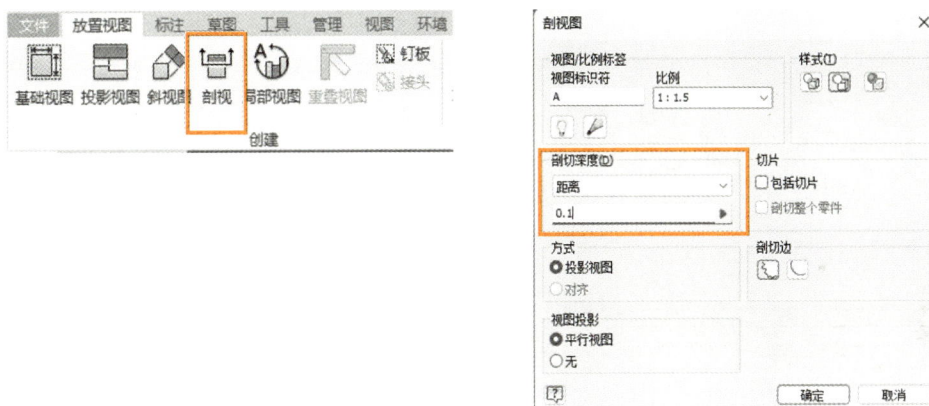

图 1-106　创建断面图

右击"断面图"选择"对齐视图-打断"命令，断开两视图间的位置关系，并拖动断面图至合适的表达位置，完成两个断面图的创建，如图 1-107 所示。

5）使用"中心线""对分中心线""中心标记""中心阵列"等命令添加视图中心线，如图 1-108 所示。

6）视图表达最终结果，如图 1-109 所示。

（2）添加图样要素

1）添加技术要求，如图 1-110 所示。

图 1-107　断面图创建结果

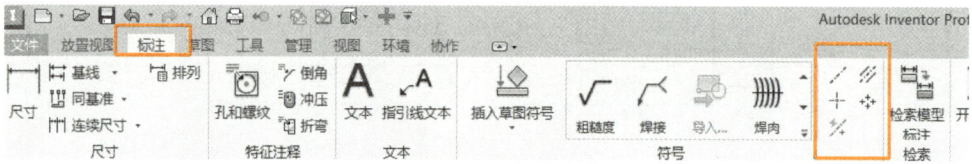

图 1-108　命令展示

图 1-109　视图结果展示

技术要求
1.调质处理220～250HBW。
2.未注公差尺寸按GB/T 1804-2000 m级。
3.未注几何公差按GB/T 1184-1996 K级。
4.未注倒角C1。
5.未注圆角R2。
6.两端中心孔GB/T 4459.5-B4/12.5。

图 1-110　添加技术要求

2）添加未注表面粗糙度符号，如图 1-111 所示。

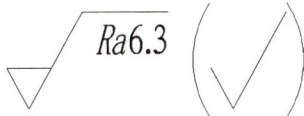

$$\sqrt{Ra6.3}　(\sqrt{})$$

图 1-111　添加未注表面粗糙度符号

3）添加完以上要素后，如图 1-112 所示。

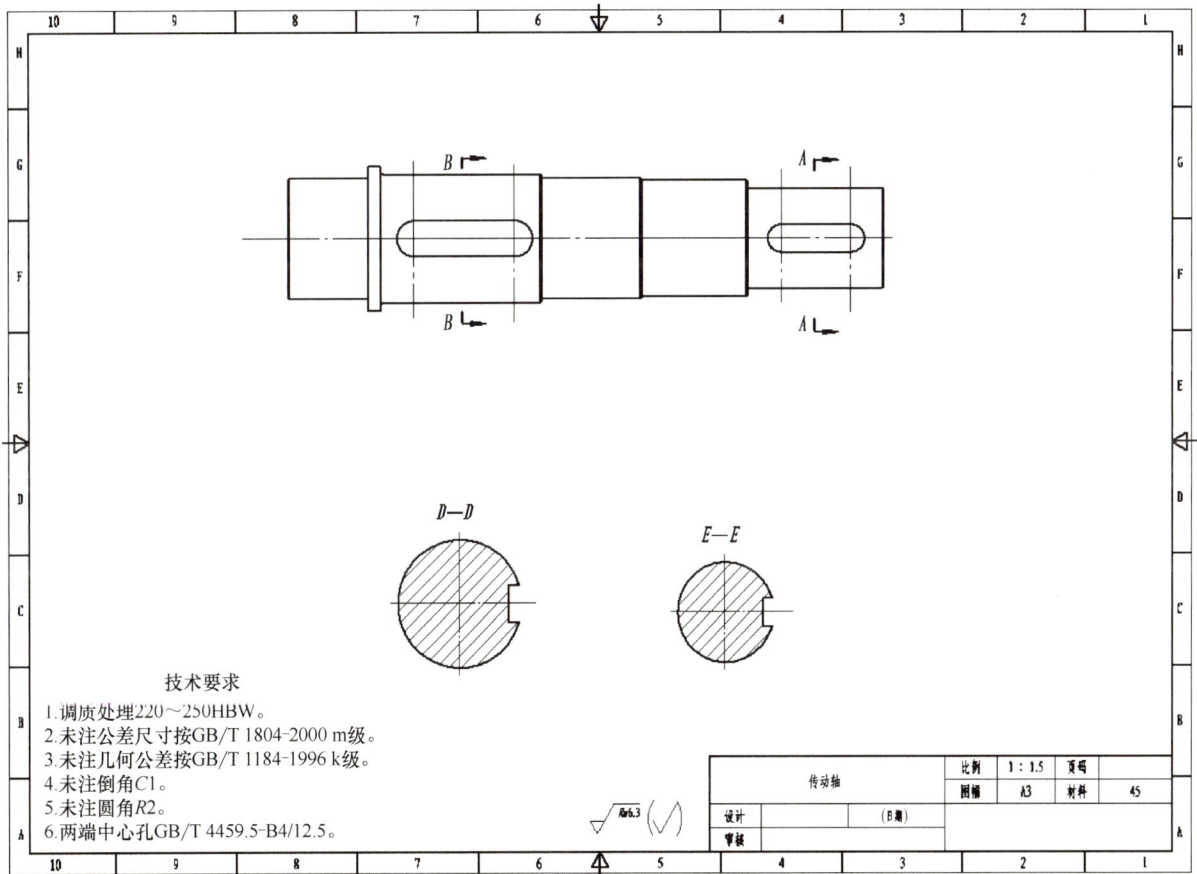

图 1-112　注释结果展示

（3）标注模型信息

1）单击"标注"→"尺寸"命令进行尺寸标注。完成外形尺寸标注、孔定位尺寸标注、孔定形尺寸标注、加强肋尺寸标注、阶梯尺寸标注和其余尺寸标注，如图 1-113 所示。

尺寸公差设置需双击需要设置的尺寸，进入"编辑尺寸"面板，切换为设置"精度和公差"选项卡，设置公差方式为"公差/配合-显示公差"，并调整公差符号及等级即可，如图 1-114 所示。

图 1-113　尺寸标注结果展示

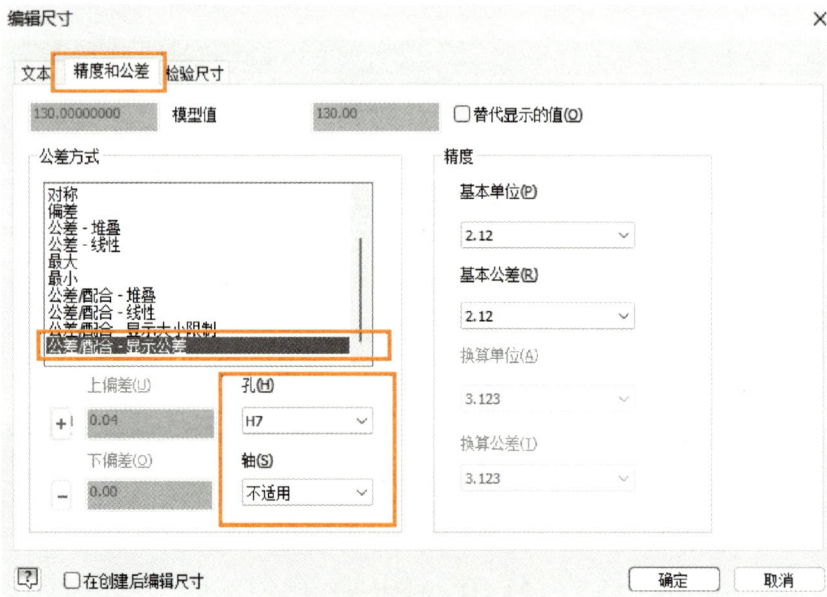

图 1-114　尺寸公差设置方式

2）几何公差标注。完成基准标注和被测要素标注，参考图 1-89 所示。

基准符号添加方式如图 1-115 所示，激活"基准标识符号"命令，选择需要添加的线，进入设置对话框，设置基准符号的字母。

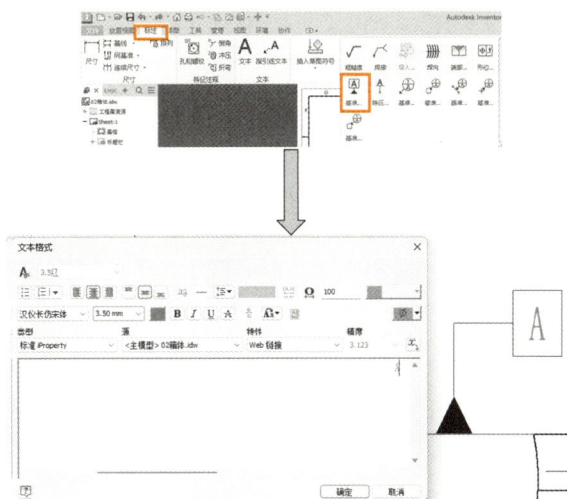

图 1-115 基准符号添加方式

几何公差符号添加方式如图 1-116 所示，激活"几何公差符号"命令，选择需要添加的线，进入设置对话框，设置几何公差类型及数值。

3）表面粗糙度标注。表面粗糙度符号添加方式如图 1-117 所示，激活"粗糙度"命令，选择需要添加的线，进入设置对话框，设置表面粗糙度类型及数值。

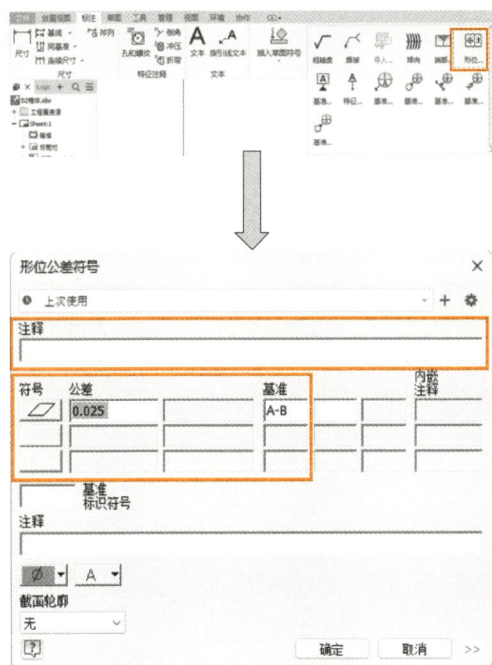

图 1-116 几何公差符号添加方式

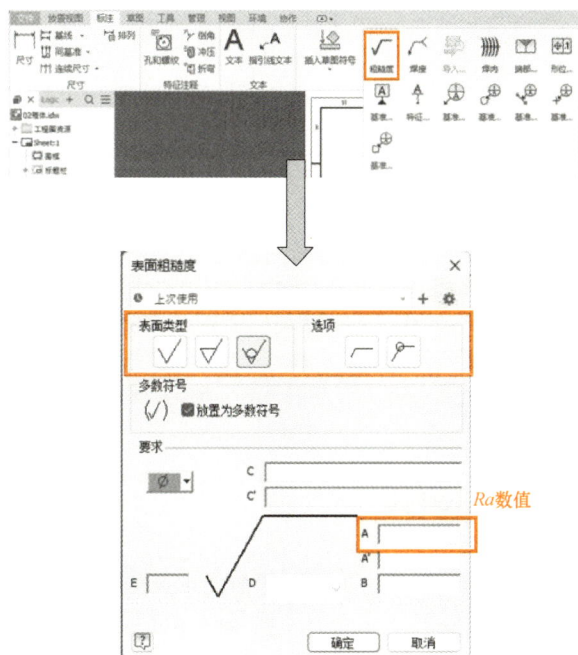

图 1-117 表面粗糙度符号添加方式

最终完成用 Inventor 绘制传动轴零件图。

用Inventor
绘制输出
轴零件图

活动评价 （表 1-14）

表 1-14　活动评价表

完 成 日 期			工时	40min	总 耗 时		
任务环节	评 分 标 准			所占分数	考核情况	扣分	得分
用 Inventor 绘制传动轴零件图	1. 为完成本次活动是否做好课前准备（充分得 5 分，一般得 3 分，没有准备得 0 分） 2. 本次活动完成情况（好得 10 分，一般得 6 分，不好得 3 分） 3. 完成任务是否积极主动，并有收获（满分 5 分，积极但没收获得 3 分，不积极但有收获得 1 分）			20	自我评价： 学生签名		
	1. 准时参加各项任务（5 分）（迟到者扣 2 分） 2. 积极参与本次任务的讨论（10 分） 3. 为本次任务的完成，提出了自己独到的见解（10 分） 4. 团结、协作性强（5 分）			30	小组评价： 组长签名		
	1. 工作页填错一处扣 2 分 2. 工作页漏填一处扣 2 分 3. 图幅、图框、标题栏、文字、图线每错一处扣 2 分 4. 一个视图表达有误扣 10 分 5. 图线设置样式，每错一处扣 2 分 6. 中心线超出轮廓线 3~5mm，超出或不足每处扣 1 分 7. 绘图前检查硬件完好状态，使用完毕整理回准备状态，没检查、没整理，每项扣 5~10 分 8. 工作全程保持场地清洁，如有脏乱扣 5~10 分			50	教师评价： 教师签名		
总　　分							

小提示

只有通过以上评价，才能继续学习哦！

活动六　总结、评价与反思

能力目标

1）能对学习任务的完成过程及学业成果进行总结、汇报。

2）能对学习任务的完成过程及完成效果进行客观公正的综合评价。

素质目标

根据总结反思，及时进行笔记整理，制订改进方案。

学习过程

一、工作总结

1. 学习引导

1）什么是工作总结？

（小组讨论）_____

_____。

2）为什么要撰写工作总结？
（小组讨论）_____

_____。

3）工作总结有哪些表达形式？
（小组讨论）_____

_____。

2. 总结

以小组为单位，撰写工作总结，并选用适当的表现方式向全班展示、汇报学习成果。

3. 评价（表1-15）

表1-15　工作总结评分表

评价指标	评分标准	分值（分）	评价方式及得分		
			个人评价（10%）	小组评价（20%）	教师评价（70%）
参与度	小组成员能积极参与总结活动	5			
团队合作	小组成员分工明确、合理，遇到问题不推诿责任，协作性好	15			
规范性	总结格式符合规范	10			
总结内容	内容真实、针对存在问题有反思和改进措施	15			
总结质量	对完成学习任务的情况有一定的分析和概括能力	15			
	结构严谨、层次分明、条理清晰、语言顺畅、表达准确	15			
	总结表达形式多样	5			
汇报表现	能简明扼要地阐述总结的主要内容，能准确流利地表达	20			
学生姓名		小计			
评价教师		总分			

二、学习任务综合评价（表1-16）

表1-16　学习任务综合评价

评价内容	评价标准	评价等级			
		A	B	C	D
学习活动1	A. 学习活动评价成绩为90~100分 B. 学习活动评价成绩为75~89分 C. 学习活动评价成绩为60~74分 D. 学习活动评价成绩为0~59分				
学习活动2	A. 学习活动评价成绩为90~100分 B. 学习活动评价成绩为75~89分 C. 学习活动评价成绩为60~74分 D. 学习活动评价成绩为0~59分				
学习活动3	A. 学习活动评价成绩为90~100分 B. 学习活动评价成绩为75~89分 C. 学习活动评价成绩为60~74分 D. 学习活动评价成绩为0~59分				
学习活动4	A. 学习活动评价成绩为90~100分 B. 学习活动评价成绩为75~89分 C. 学习活动评价成绩为60~74分 D. 学习活动评价成绩为0~59分				

（续）

评价内容	评价标准	评价等级			
		A	B	C	D
学习活动 5	A. 学习活动评价成绩为 90~100 分 B. 学习活动评价成绩为 75~89 分 C. 学习活动评价成绩为 60~74 分 D. 学习活动评价成绩为 0~59 分				
工作总结	A. 工作总结评价成绩为 90~100 分 B. 工作总结评价成绩为 75~89 分 C. 工作总结评价成绩为 60~74 分 D. 工作总结评价成绩为 0~59 分				
小计					
学生姓名		综合评价等级			
评价教师		评价日期			

学习任务二

测绘减速器齿轮与三维建模

任务情境

　　某企业接到客户订单要求，对减速器中的齿轮进行批量生产，需现场取齿轮、测绘、分析，形成加工图样。部门主管将该任务交给技术员小张，要求小张在一天内完成。

　　该技术员接受任务后，查找资料，了解齿轮的结构及工艺要求，并与工程师进行沟通，确定工作方案，制订工作计划；领取相关工具，领取齿轮，绘制草图；选择合适的工、量具对齿轮进行测量并计算相应尺寸参数、标注尺寸；分析、选择材料，制订必要的技术要求，用计算机绘制图样、文件保存归档、图样打印。测绘、分析过程中适时检查，确保图形的正确性。绘制完毕，主管审核正确后签字确认，图样交相关部门归档，填写工作记录。整个工作过程应遵循 7S 管理规范。

学习内容

1. 《机械设计手册》的使用方法。
2. 机械传动的常用类型、特点及作用。
3. 齿轮几何要素的名称和代号。
4. 齿轮的规定画法。
5. 剖视图的表达方法。
6. 齿轮的测量方法。
7. 尺寸标注。
8. 合金材料的性能。
9. 齿轮常见的失效形式。
10. 图样的技术要求（公差、表面粗糙度、热处理要求）。
11. 绘图软件的使用方法。
12. 7S 管理知识。
13. 工作任务记录的填写方法。
14. 归纳总结方法。

活动一　接受任务并制订方案

能力目标

1）根据任务单专业术语，识读任务单。
2）熟悉传动的类型及特点，并能正确选择。
3）熟悉齿轮传动的工作原理、特点、类型和应用。
4）查阅资料（包括工作页、参考书、机械手册、互联网等），学习测绘流程，团队协作，在教师指导下编写任务方案。

素质目标

通过任务要求能制订条理清晰的测绘计划，根据任务目标逐步制订工作内容及流程，培养善于思考、勇于创新、团结协作，争创一流的优良品质。

活动地点

机械产品测量实训室。

学习过程

你要掌握以下资讯，才能顺利完成任务

一、接受任务单（表2-1）

表 2-1　测绘任务单

单号：_____　开单部门：_____　开单人：_____

开单时间：___年___月___日___时___分

接单部门：_____部_____组

任务概述	客户要求批量生产减速器齿轮,因技术资料遗失,现提供减速器实物一台,需测绘形成零件图
任务完成时间	
接单	（签名：）　　　　　　　　　　　　　　　　　　　　　　年　　月　　日

请查找资料，将不懂的术语记录下来。

_____

_____

_____

小提示

信息采集源：1)《机械基础》

　　　　　　2)《机械设计手册》

　　　　　　其他：_____

二、传动的分类

传动的分类如下：

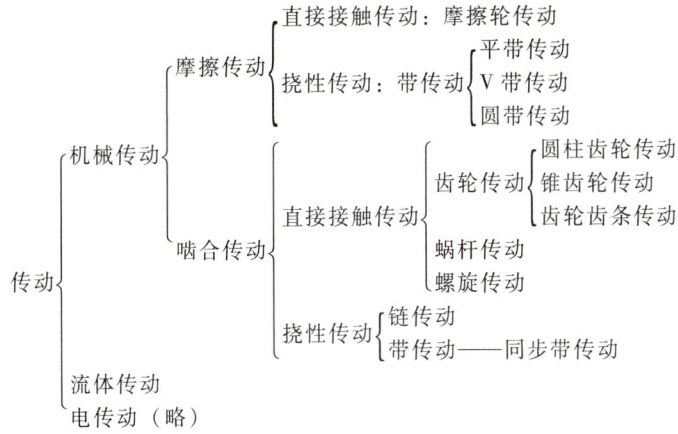

$$传动 \begin{cases} 机械传动 \begin{cases} 摩擦传动 \begin{cases} 直接接触传动：摩擦轮传动 \\ 挠性传动：带传动 \begin{cases} 平带传动 \\ V带传动 \\ 圆带传动 \end{cases} \end{cases} \\ 啮合传动 \begin{cases} 直接接触传动 \begin{cases} 齿轮传动 \begin{cases} 圆柱齿轮传动 \\ 锥齿轮传动 \\ 齿轮齿条传动 \end{cases} \\ 蜗杆传动 \\ 螺旋传动 \end{cases} \\ 挠性传动 \begin{cases} 链传动 \\ 带传动——同步带传动 \end{cases} \end{cases} \end{cases} \\ 流体传动 \\ 电传动（略） \end{cases}$$

三、齿轮传动

齿轮传动是利用齿轮副来传递运动和动力的一种机械传动，齿轮传动属于啮合传动。

1. 齿轮传动的常见类型（表2-2）

表2-2　齿轮传动的常见类型

分类方法		类　型	图　例
两轴平行	按轮齿方向	直齿圆柱齿轮传动	
		斜齿圆柱齿轮传动	
		人字齿圆柱齿轮传动	
	按啮合情况	外啮合齿轮传动	
		内啮合齿轮传动	
		齿轮齿条传动	

（续）

分类方法	类　型	图　　例
两轴不平行 相交轴 齿轮传动	锥齿轮传动	 直齿 曲齿
交错轴 齿轮传动	交错轴斜齿轮传动	
	蜗杆传动	

2. 传动比

对于齿轮传动，传动比用下式计算：

$$i = \frac{\omega_1}{\omega_2} = \frac{n_1}{n_2} = \frac{z_2}{z_1}$$

式中　i——传动比；

ω_1、ω_2——主、从动轮的角速度；

n_1、n_2——主、从动齿轮的转数；

z_1、z_2——主、从动齿轮的齿数。

3. 应用特点

齿轮传动的优点如下：

1）能保证瞬时传动比恒定，工作可靠性高，传递运动准确。

2）传递功率和圆周速度范围较宽。

3）结构紧凑，可实现较大的传动比。

4）传动效率高，使用寿命长，维护简便。

其缺点如下：

1）运转过程中有振动、冲击和噪声。

2）齿轮安装要求较高。

3）不能实现无级变速。

4）＿＿＿（A. 适用　B. 不适用）于中心距较大的场合。

齿轮传动的基本要求是：传动＿＿＿（A. 平稳　B. 不平稳）、承载能力＿＿＿（A. 强　B. 弱）。

4. 斜齿圆柱齿轮传动

（1）啮合对比　直齿圆柱齿轮与斜齿圆柱齿轮的接触线如图 2-1 所示。

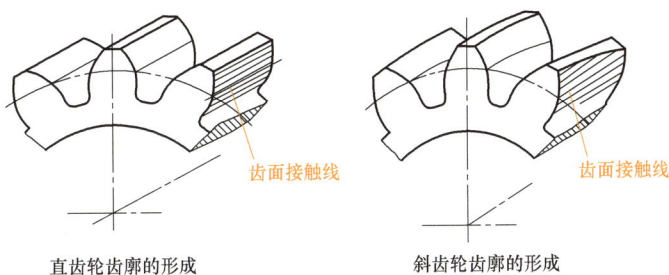

齿面接触线　　　　　齿面接触线

直齿轮齿廓的形成　　　　　斜齿轮齿廓的形成

图 2-1　直齿圆柱齿轮与斜齿圆柱齿轮的接触线

（2）斜齿轮传动的啮合性能

1）两轮齿由一端面进入啮合，接触线先由短变长，再由长变短，到另一端面脱离啮合，重合度大，承载能力高，可用于大功率传动。

2）轮齿上的载荷逐渐增加，逐渐卸掉，承载和卸载平稳，冲击、振动和噪声小。

3）由于轮齿倾斜，传动中会有轴向力。

4）斜齿轮在高速、大功率传动中应用十分广泛。

活动实施　各小组写出测绘流程

分组教学，以 6 人一小组为单位，进行讨论。

一、工具、仪器

减速器中的齿轮、机械设计手册。

二、工作流程

1. 分析减速器中齿轮的种类

减速器中的齿轮属于_____（A. 平面齿轮　B. 空间齿轮）中的_____（A. 直齿圆柱齿轮 B. 斜齿圆柱齿轮），是_____（A. 外啮合齿轮　B. 内啮合齿轮）。

2. 分析减速器中的齿轮所起的作用，分析轮系的种类

齿轮在减速器中的作用是_____。

此轮系的类型是_____。

3. 写出测绘流程

评价	各组选出优秀成员在全班讲解制订的测绘流程 小组互评、教师点评	小组名次

活动二　绘制减速器齿轮

能力目标

1）通过查阅机械设计手册，确定直齿圆柱齿轮的基本参数。
2）能叙述直齿圆柱齿轮几何要素的名称和代号。
3）会查表寻找计算公式。
4）能运用计算公式计算齿轮的齿顶圆、分度圆等几何尺寸。
5）能运用计算公式计算定轴轮系的传动比，判断末轮的旋转方向。
6）熟悉剖视图的分类。
7）会查找国家相关标准，熟悉剖视图的画法。
8）根据直齿圆柱齿轮规定画法，能够拓展学习其他齿轮的规定画法。

素质目标

绘制零件图时确保图线清晰，粗细分明，剖面线分布均匀，培养持之以恒、苦练技能、攻坚克难、勇担重任、奉献国家的优良品质与情怀。

活动地点

机械产品测量实训室。

学习过程

你要掌握以下资讯，才能顺利完成任务

2.2.1　认识齿轮几何要素的名称和代号

一、渐开线齿廓

1. 渐开线的形成

如图 2-2a 所示，在某平面上，动直线 AB 沿一固定的圆作纯滚动，此动直线 AB 上任一点 K 的运动轨迹 CK 称为该圆的渐开线。这个圆称为渐开线的基圆，直线 AB 称为渐开线的发生线。

采用渐开线作为齿廓曲线的齿轮称为渐开线齿轮，如图 2-2b 所示。

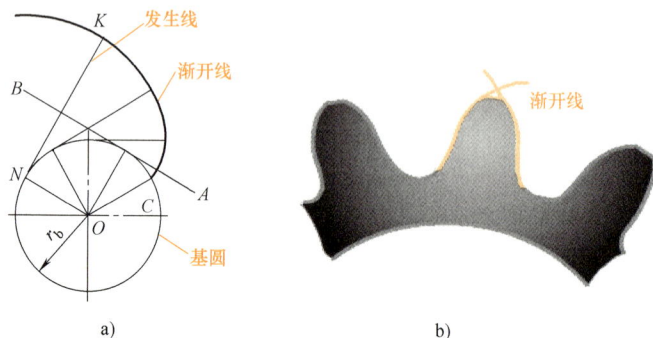

a)　　　　　　　　　　　　b)

图 2-2　渐开线的形成

2. 渐开线的性质

1）发生线沿基圆滚过的线段长度 NK 等于基圆上被滚过的相应弧长 NK_0，如图 2-3a 所示。

2）渐开线上任意一点的法线必然与基圆相切。发生线、基圆的_____（A. 切线　B. 法线）、渐开线的法线三线合一。

3）渐开线上各点的曲率半径不相等。K 点离基圆越远，曲率半径就越_____（A. 大　B. 小），渐开线越趋于_____（A. 平直　B. 弯曲）；K 点离基圆越近，曲率半径越小，渐开线越弯曲。

图 2-3　渐开线的性质

4）渐开线的形状取决于基圆的大小。基圆相同，渐开线形状_____（A. 相同　B. 不相同）；基圆越小，渐开线越_____（A. 弯曲　B. 平直）；基圆越大，渐开线越趋于平直。当基圆半径趋于无穷大时，渐开线成直线，即成为齿条的齿廓曲线，如图 2-3b 所示。

5）渐开线上各点的压力角不相等，如图 2-3c 所示。离基圆越远，压力角越大，基圆上的压力角为零。压力角越小，齿轮传动越省力，因此，通常采用基圆_____（A. 附近　B. 远离）的一段渐开线作为齿轮的齿廓曲线。

6）基圆内无渐开线，因为发生线在基圆上作纯滚动。

3. 渐开线齿廓的啮合特点

1）能保持瞬时传动比恒定。

2）具有传动的可分离性，如图 2-4 所示。

实际上，制造、安装误差或轴承磨损常导致中心距的微小改变，但由于其具有可分离性，仍能保持良好的传动性能。

二、渐开线标准直齿圆柱齿轮的几何要素的名称和代号

渐开线标准直齿圆柱齿轮的几何要素的名称如图 2-5 所示，其定义及代号见表 2-3。

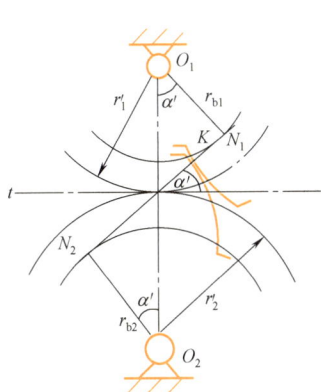

图 2-4　渐开线齿廓传动的可分离性

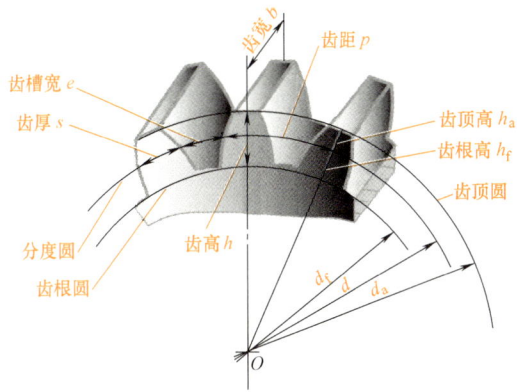

图 2-5　渐开线标准直齿圆柱齿轮各部分名称

表 2-3　渐开线标准直齿圆柱齿轮各部分名称、定义及代号

名　称	定　义	代　号
齿顶圆	通过轮齿顶部的圆周	齿顶圆直径 d_a、齿顶圆半径 r_a
齿根圆	通过轮齿____（A. 顶部　B. 根部）的圆周	齿根圆直径 d_f、齿根圆半径 r_f
分度圆	齿轮上具有标准模数和标准压力角的圆	分度圆直径 d、分度圆半径 r
齿厚	在端平面上，一个齿的两侧端面齿廓之间的分度圆弧长	齿厚 s
齿槽宽	在端平面上，一个齿槽的两侧端面齿廓之间的分度圆弧长	齿槽宽 e
齿距	两个相邻同侧端面齿廓之间的分度圆弧长	齿距 p
齿宽	齿轮的有齿部位沿分度圆柱面的母线方向度量的宽度	齿宽 b
齿顶高	齿顶圆与分度圆之间的径向距离	齿顶高 h_a
齿根高	齿根圆与分度圆之间的径向距离	齿根高 h_f
齿高	齿顶圆与齿根圆之间的径向距离	齿高 h

在标准齿轮的分度圆上，齿厚与齿槽宽相等，且分度圆的齿距 p、齿厚 s、齿槽宽 e 的关系是：

$$p = s + e$$

三、直齿圆柱齿轮的基本参数

1. 齿数

齿轮整个圆周上轮齿的总数，用 z 表示。

2. 模数

规定分度圆上的齿距 p 与 π 的比值称为模数，用 m 表示，即

$$m = \frac{p}{\pi}$$

模数是齿轮的一个重要的基本参数，我国已制订了标准模数系列（表 2-4）。

表 2-4　圆柱齿轮的标准模数系列

系列	模数 m/mm
第一系列	1,1.25,1.5,2,2.5,3,4,5,6,8,10,12,16,20,25,32,40,50
第二系列	1.75,2.25,2.75,(3.25),3.5,(3.75),4.5,5.5,(6.5),7,9,(11),14,18,22,28,36,45

注：1. 对于渐开线圆柱斜齿轮是指法向模数。

　　2. 优先选用第一系列，括号内的模数尽可能不用。

模数直接影响轮齿的大小、齿形和强度大小。对于相同齿数的齿轮，模数越大，齿轮的几何尺寸越大，轮齿____（A. 越大　B. 越小），承载能力也越大。

3. 压力角

渐开线上各点的压力角是不同的，通常所说的压力角指分度圆上的压力角，用 α 表示。国家标准规定齿轮分度圆压力角为标准值。

压力角的大小对轮齿的形状的影响如图 2-6 所示。

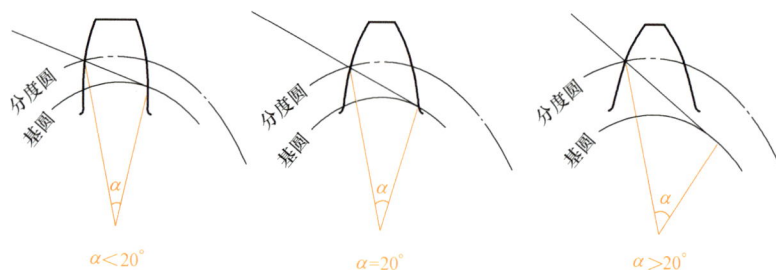

$\alpha < 20°$　　　　$\alpha = 20°$　　　　$\alpha > 20°$

图 2-6　压力角的大小对轮齿形状的影响

当分度圆半径 r 不变时，压力角减小，轮齿的齿顶变＿＿＿（A. 宽　B. 窄），齿根变＿＿＿（A. 宽　B. 窄），其承载能力＿＿＿（A. 降低　B. 提高）。

分度圆上的压力角增大，则轮齿的齿顶变窄，齿根变宽，承载能力增大，但传动费力。

4. 齿顶高系数

对于标准齿轮，规定 $h_a = h_a^* m$。h_a^* 称为齿顶高系数，我国标准规定正常齿制齿轮 $h_a^* = 1$。

5. 顶隙系数

当一对齿轮啮合时，为使一个齿轮的齿顶面不与另一个齿轮的齿槽底面相接触，轮齿的齿根高应大于齿顶高，即应留有一定的径向间隙，此间隙称为顶隙，用 c 表示。

对于标准齿轮，规定 $c = c^* m$。c^* 称为顶隙系数，我国标准规定正常齿制齿轮 $c^* = 0.25$。

活动实施　分析直齿圆柱齿轮的基本参数，辨别几何要素的名称和代号

分组教学，以 6 人一小组为单位，进行讨论。

一、工具、仪器

减速器中的齿轮，机械设计手册。

二、工作流程

1）什么是标准直齿圆柱齿轮？减速器中的齿轮属于标准直齿圆柱齿轮吗？

2）观察如图 2-7 所示的齿轮，指出齿轮的各部分名称。

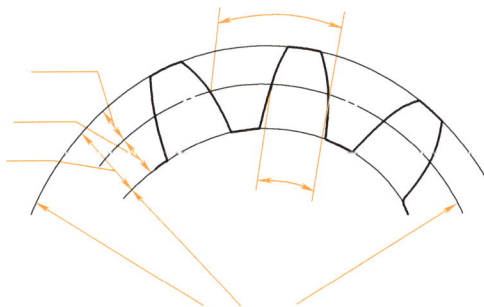

图 2-7　指出齿轮各部分名称

3）测量减速器中任意一个齿轮的基本参数。

齿数是＿＿＿＿＿＿＿＿＿＿＿＿＿。

模数是＿＿＿＿＿＿＿＿＿＿＿＿，＿＿＿＿＿＿＿＿＿＿＿＿＿（A. 是　B. 不是）标准模数。

分度圆上的压力角是＿＿＿＿＿＿＿＿＿＿＿。

活动评价 （表 2-5）

表 2-5　活 动 评 价 表

完 成 日 期			工　时	120min	总 耗 时		
任务环节	评 分 标 准			所占分数	考核情况	扣分	得分
分析直齿圆柱齿轮的基本参数，辨别几何要素的名称和代号	1. 为完成本次活动是否做好课前准备（充分得 5 分，一般得 3 分，没有准备得 0 分） 2. 本次活动完成情况（好得 10 分，一般得 6 分，不好得 3 分） 3. 完成任务是否积极主动，并有收获（满分 5 分，积极但没收获得 3 分，不积极但有收获得 1 分）			20	自我评价： 学生签名		
	1. 准时参加各项任务（5 分）（迟到者扣 2 分） 2. 积极参与本次任务的讨论（10 分） 3. 为本次任务的完成，提出了自己独到的见解（10 分） 4. 团结、协作性强（5 分）			30	小组评价： 组长签名		
	1. 分析齿轮的基本参数错误，扣 2 分 2. 分析齿轮的几何要素错误，扣 2 分 3. 超时扣 3 分 4. 违反安全操作规程扣 5~10 分 5. 工作台及场地脏乱扣 5~10 分			50	教师评价： 教师签名		
总分							

小提示

只有通过以上评价，才能继续学习哦！

2.2.2　计算齿轮的几何参数

一、标准直齿圆柱齿轮的主要几何尺寸计算 （表 2-6）

表 2-6　外啮合标准直齿圆柱齿轮的几何尺寸计算

	名 称	代号	计 算 公 式
五个基本参数	模数	m	通过计算或结构设计确定
	齿数	z	通过传动比计算确定
	压力角	α	标准齿轮为 20°
	齿顶高系数	h_a^*	$h_a^* = 1$
	顶隙系数	c^*	$c^* = 0.25$
四个圆	分度圆直径	d	$d = _____$
	齿顶圆直径	d_a	$d_a = d + 2h_a = \_\_\_ + \_\_\_ = (z+2\_\_\_)m$ $d_a = d - 2h_a = \_\_\_ - \_\_\_ = \_\_\_$（内齿轮）
	齿根圆直径	d_f	$d_f = d - 2h_f = \_\_\_ - \_\_\_ = (z-2.5\_\_\_)m$ $d_f = d + 2h_f = \_\_\_ + \_\_\_ = \_\_\_$（内齿轮）
	基圆直径	d_b	$d_b = mz\cos\alpha$

（续）

名　称		代号	计　算　公　式
四个弧长	齿距	p	$p = s + e = \pi m$
	齿厚	s	$s = \dfrac{p}{2} = \dfrac{\pi m}{2}$
	齿槽宽	e	$e = \underline{\hspace{2cm}}$
	基圆齿距	p_b	$p_b = p\cos\alpha = \pi m\cos\alpha$
四个径向高度	齿顶高	h_a	$h_a = h_a^* m = \underline{\hspace{1.5cm}} m$
	齿根高	h_f	$h_f = (h_a^* + c^*) \times m = \underline{\hspace{1.5cm}}$
	齿高	h	$h = h_a + h_f = (2h_a^* + c^*) m = \underline{\hspace{1.5cm}}$
	顶隙	c	$c = c^* m = \underline{\hspace{1.5cm}}$
一宽	齿宽	b	$b = (6 \sim 12)m$，通常取 $b = 10m$
一比	传动比	i	$i = \dfrac{n_1}{n_2} = \dfrac{z_2}{z_1} = \dfrac{d_2}{d_1} = \dfrac{d_{b2}}{d_{b1}}$
一距	标准中心距	a	$a = r_1 + r_2 = \dfrac{mz_1}{2} + \dfrac{mz_2}{2} = \dfrac{m(z_1 + z_2)}{2}$ $a = r_2 - r_1 = \underline{\hspace{1cm}} = \underline{\hspace{1cm}}$（内啮合）

二、正确啮合条件

1. 标准直齿圆柱齿轮的正确啮合条件（图2-8）

1）两齿轮的模数必须相等，即 $m_1 = m_2$。

2）两齿轮的压力角相等，即 $\alpha_1 = \alpha_2 = 20°$。

2. 斜齿圆柱齿轮的正确啮合条件

1）两齿轮法向模数相等，即 $m_{n1} = m_{n2} = m$。

2）两齿轮法向压力角相等，即 $\alpha_{n1} = \alpha_{n2} = \alpha$。

3）两齿轮螺旋角相等、旋向相反，即 $\beta_1 = -\beta_2$。

3. 直齿锥齿轮传动的正确啮合条件

1）两齿轮的大端端面模数相等，即 $m_{t1} = m_{t2} = m$。

2）两齿轮的大端压力角相等，即 $\alpha_1 = \alpha_2 = \alpha$。

三、连续传动条件

为了保证齿轮传动的连续性，必须在前一对轮齿尚未结束啮合时，后续的一对轮齿已进入啮合状态。

一对齿轮连续传动的条件是重合度 $\varepsilon \geq 1$（图2-9）。重合度越大，说明同时啮合的轮齿对数越多，传动越平稳，也提高了齿轮传动的承载能力。

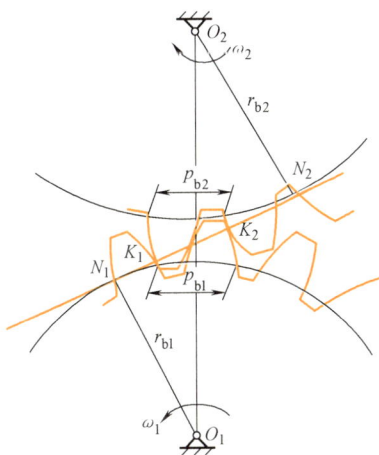

图2-8　渐开线齿轮的正确啮合条件

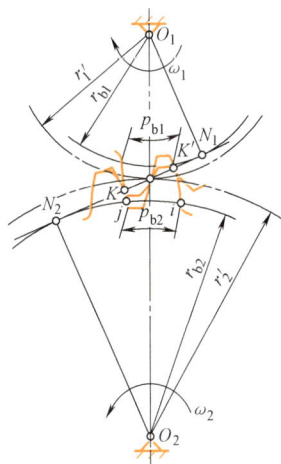

图2-9　齿轮连续传动条件

活动实施 计算齿轮的几何尺寸

分组教学，以 6 人一小组为单位，进行讨论。

一、工具/仪器

机械设计手册。

二、工作流程

1）已知一标准直齿圆柱齿轮的齿数 $z=42$，齿顶圆直径为 264mm。查表计算分度圆直径、齿根圆直径、齿距和齿高。

2）需要一对传动比 $i=3$ 的直齿圆柱齿轮。现从备件库中找到两个压力角 $\alpha=20°$ 的直齿轮，进行测量，齿数 $z_1=20$、$z_2=60$，齿顶圆直径 $d_{a1}=55$mm、$d_{a2}=186$mm。请问这两个齿轮是否能配对使用？为什么？

活动评价 （表 2-7）

表 2-7　活动评价表

完 成 日 期		工 时		120min	总 耗 时	
任务环节	评 分 标 准		所占分数	考核情况	扣分	得分
计算齿轮的几何尺寸	1. 为完成本次活动是否做好课前准备（充分得 5 分，一般得 3 分，没有准备得 0 分） 2. 本次活动完成情况（好得 10 分，一般得 6 分，不好得 3 分） 3. 完成任务是否积极主动，并有收获（满分 5 分，积极但没收获得 3 分，不积极但有收获得 1 分）		20	自我评价： 学生签名		
	1. 准时参加各项任务（5 分）（迟到者扣 2 分） 2. 积极参与本次任务的讨论（10 分） 3. 为本次任务的完成，提出了自己独到的见解（10 分） 4. 团结、协作性强（5 分）		30	小组评价： 组长签名		
	1. 工作页填错一处扣 2 分 2. 计算过程错误扣 2 分 3. 超时扣 3 分 4. 违反安全操作规程扣 5~10 分 5. 工作台及场地脏乱扣 5~10 分		50	教师评价： 教师签名		
总分						

小提示

只有通过以上评价，才能继续学习哦！

2.2.3　绘制标准直齿圆柱齿轮

一、剖视图的基本概念

1. 剖视图的形成

剖视图，简称剖视，是假想地用剖切平面剖开物体，将处在观察者和剖切平面之间的部分移走，而将其余部分向投影面投射所得的图形，如图 2-10 所示。剖视图的画法如图 2-11 所示。

图 2-10　剖视图的形成

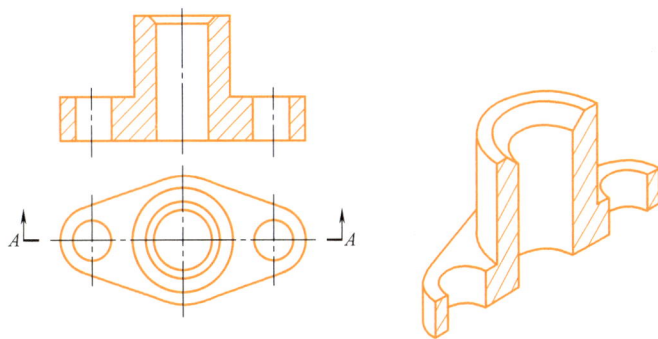

图 2-11　剖视图的画法

2. 剖面符号（表2-8）

表 2-8　不同材料的剖面符号

材料类别	图例	材料类别	图例	材料类别	图例
金属材料		木质胶合板 （不分层数）		线圈绕组元件	
基础周围的泥土		转子、电枢、变压器和电抗器等叠钢片		非金属材料	
型砂、填砂、粉末冶金、砂轮、陶瓷刀片、硬质合金刀片等		玻璃及供观察用的其他透明材料		格网 （筛网、过滤网等）	
混凝土		砖		钢筋混凝土	
木材纵断面		木材横断面		液体	

金属材料的剖面线一般与水平方向成 45°，当剖视图中的主要轮廓线与水平方向成 45°或接近 45°时，剖面线的角度可画成 90°、0°、30°、60°，如图 2-12 所示。

二、剖视图的种类

1. 全剖视图

用剖切平面（一个或几个）完全地剖开机件所得的剖视图称为全剖视图，用于内形比较复杂、外形比较简单或外形已在其他视图上表达清楚的零件，如图 2-13 所示。

图 2-12　特殊情况剖面线的画法

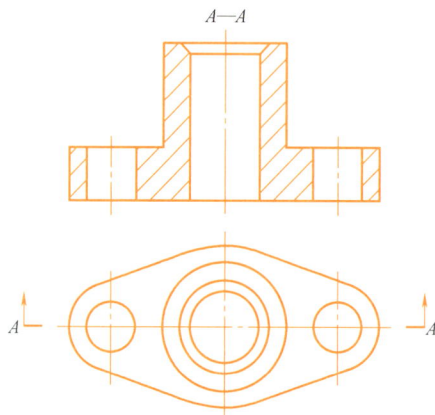

图 2-13　全剖视图

2. 半剖视图

半剖视图用于外部有形状需要表达，内部有孔、槽，且在这个方向上为对称图形的零件，如图 2-14 所示。半剖视图的优点是既可表达外部结构，又可看清内部结构。

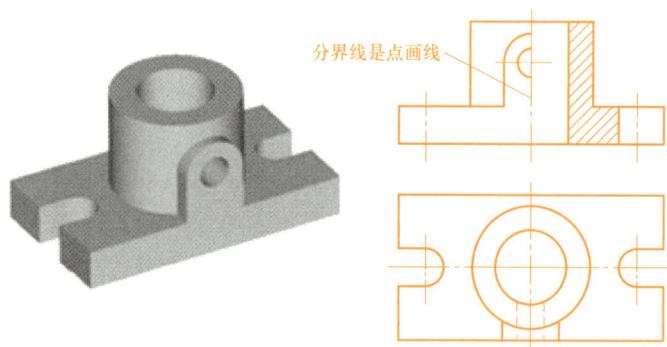

分界线是点画线

图 2-14　半剖视图

🔅 注意

1）半剖视图中，剖视图和视图的分界线应是_____（A. 对称中心线　B. 轮廓线），画_____（A. 细点画线　B. 粗实线），不能是其他任何图线，也不应与轮廓线重合。

2）在半个剖视图中已表达清楚的内部结构，在另半个视图中其虚线_____（A. 画　B. 不画），但应画出孔或槽的中心线。

3）有些机件虽然对称，但对称面的外形上有轮廓线时，_____（A. 适合　B. 不适合）作半剖，如图 2-15 所示。

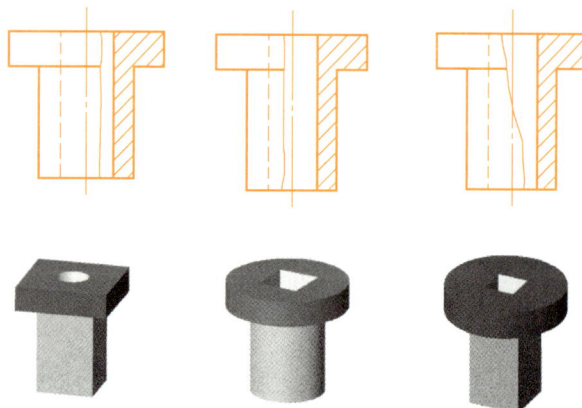

3. 局部剖视图

用剖切平面局部地剖开机件所得的剖视图称为局部剖视图。其优点是既能把物体局部的内部形状表达清楚，又能保留物体的某些外形，其剖切的位置和范围可根据需要而定，是一种极其灵活的表达方法。

图 2-15　不能作半剖的机件

⊙ **注意**

1）局部剖视图（图 2-16）用＿＿＿＿（A. 波浪线　B. 细实线）分界，＿＿＿＿（A. 波浪线　B. 细实线）不应和图样上的其他图线重合，也不能画在其他图线上，如图 2-17a 所示。

2）波浪线是机件的断裂线，有实体的地方才画（图 2-17b）。

图 2-16　局部剖视图

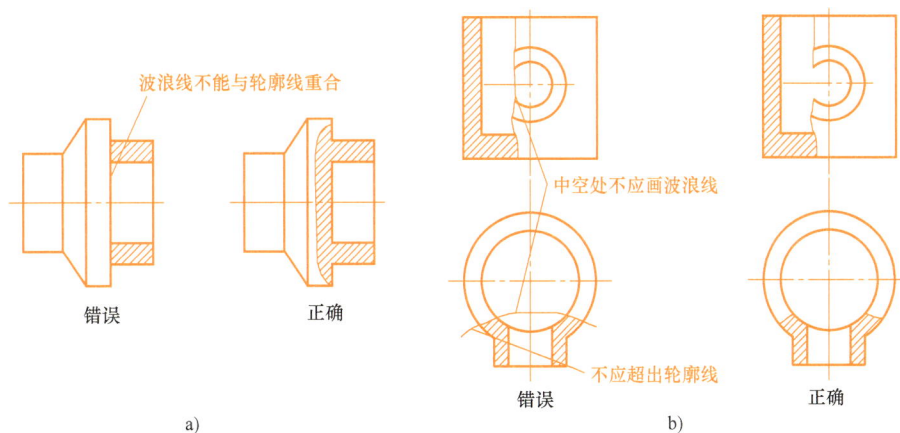

图 2-17　局部剖视图中波浪线的画法

三、剖切面的种类及剖切方法

1. 单一剖切面剖切

1）用平行于某一基本投影面的平面剖切，如图 2-18 所示。

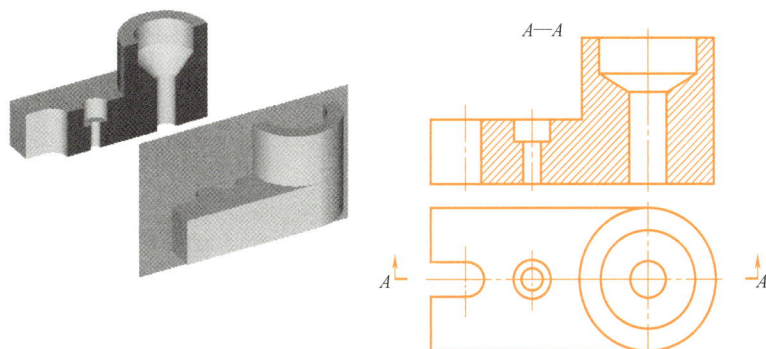

图 2-18　单一剖切面剖切（一）

77

2）用不平行于任何基本投影面的平面剖切，如图2-19所示。

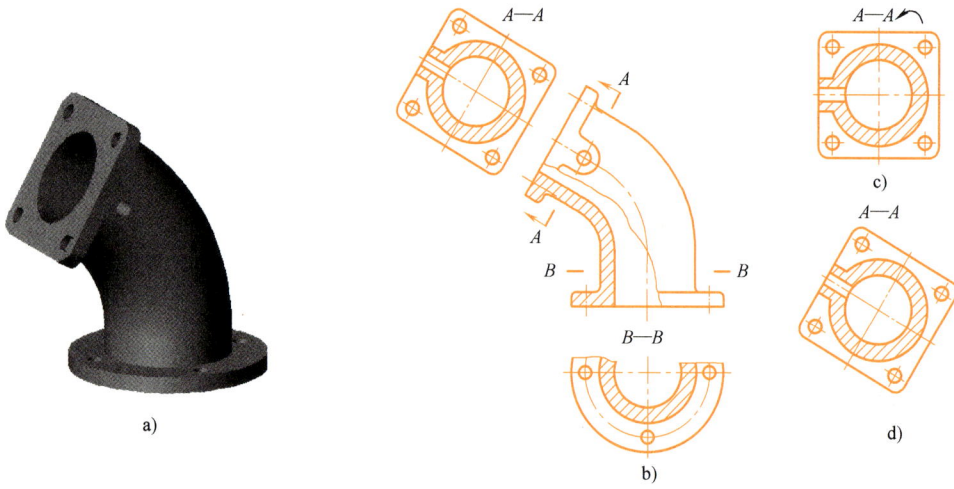

图 2-19　单一剖切面剖切（二）

2. 用几个平行的剖切平面剖切

用几个平行的剖切平面剖切，如图2-20所示，注意事项如图2-21所示。

图 2-20　用几个平行的剖切平面剖切

图 2-21　平行剖切平面剖切时的注意事项

3. 用几个相交的剖切平面剖切

1）用两个相交的剖切平面剖切，如图2-22所示。

仍按原来位置投影

肋板按不剖处理

图 2-22　用两个相交的剖切平面剖切

2）用组合的剖切平面剖切，如图 2-23 所示。

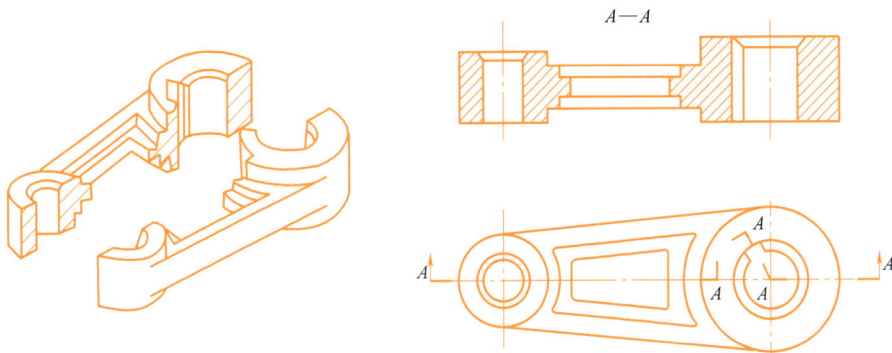

图 2-23　用组合的剖切平面剖切

4. 单个齿轮的画法

单个齿轮的画法如图 2-24 所示。

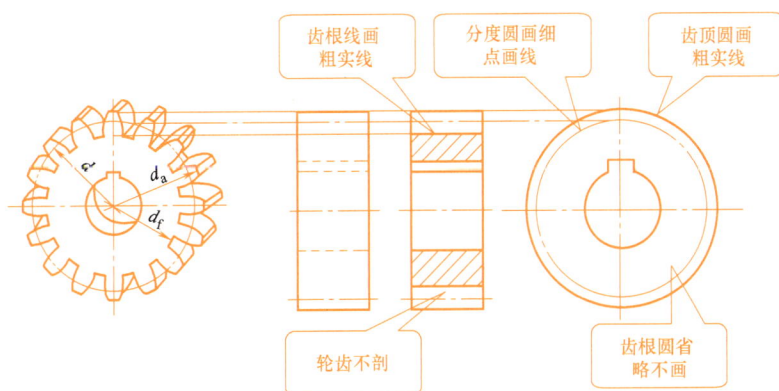

齿根线画粗实线

分度圆画细点画线

齿顶圆画粗实线

轮齿不剖

齿根圆省略不画

图 2-24　单个齿轮的画法

5. 两齿轮啮合的画法

两齿轮啮合的画法如图 2-25 所示。

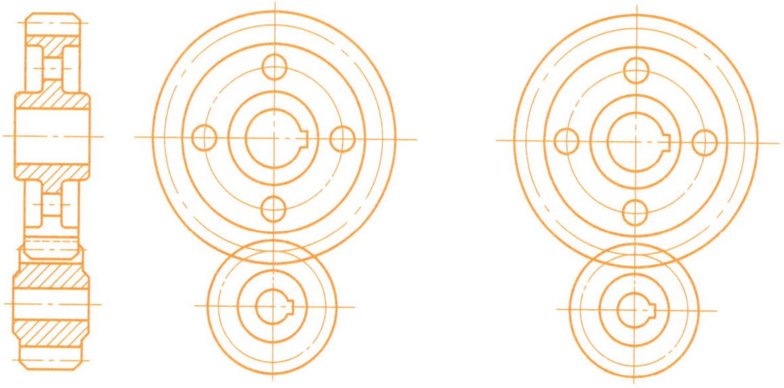

图 2-25　两齿轮啮合的画法

活动实施　绘制减速器齿轮

分组教学，以 4 人一小组为单位，进行练习。

一、工具/仪器

图板、绘图铅笔、橡皮、三角板、图纸、胶带纸、丁字尺。

二、工作流程

1. 计算大齿轮的相关参数

1）数出齿轮（图 2-26）的齿数为_____。

2）测量齿顶圆直径 d_a 为_____。

图 2-26　齿轮

3）计算模数 m，公式为 $m =$ _____；计算模数为_____。查表，根据标准模数校核，取接近的标准模数 m 为_____。

4）计算分度圆直径 d，公式为 $d =$ _____；分度圆直径 d 为_____。

5）计算齿顶圆直径 d_a，公式为 $d_a =$ _____；齿顶圆直径 d_a 为_____。

6）计算齿根圆直径 d_f，公式为 $d_f =$ _____；齿根圆直径 d_f 为_____。

2. 计算小齿轮的相关参数

1）数出小齿轮的齿数为_____。

2）模数为_____。

3）计算分度圆直径 d，公式为 $d =$ _____；分度圆直径 d 为_____。

4）计算齿顶圆直径 d_a，公式为 $d_a =$ _____；齿顶圆直径 d_a 为_____。

5）计算齿根圆直径 d_f，公式为 $d_f =$ _____；齿根圆直径 d_f 为_____。

3. 绘制大齿轮的零件图

1）绘制三视图中心线。

2）绘制分度圆和分度线，用_____线表示。

3）绘制齿根圆，用_____线表示或_____。

在剖视图中，轮齿按_____（A. 剖　B. 不剖）处理，齿根线用_____线表示。

4. 绘制小齿轮的零件图

略。

5. 绘制减速器中的齿轮及两齿轮的啮合图

1）在投影为圆的视图中，啮合区的齿顶圆用_____（A. 粗实线　B. 细实线）绘制，也可以_____（A. 画　B. 不画）。

2）在投影为非圆的视图中，如画外形视图，啮合区画_____（A. 一条　B. 两条）粗实线。

3）当采用剖视图时，将啮合区一个轮齿的齿顶圆画成_____（A. 粗实线　B. 细实线），另一个轮齿的齿顶线画成_____（A. 虚线　B. 细实线）。

6. 检查、描深

略。

活动评价 （表 2-9）

表 2-9　活动评价表

完 成 日 期			工时	120min	总 耗 时	
任务环节	评 分 标 准		所占分数	考核情况	扣分	得分
绘制减速器齿轮	1. 为完成本次活动是否做好课前准备（充分得 5 分，一般得 3 分，没有准备得 0 分） 2. 本次活动完成情况（好得 10 分，一般得 6 分，不好得 3 分） 3. 完成任务是否积极主动，并有收获（满分 5 分，积极但没收获得 3 分，不积极但有收获得 1 分）		20	自我评价： 学生签名		
	1. 准时参加各项任务（5 分）（迟到者扣 2 分） 2. 积极参与本次任务的讨论（10 分） 3. 为本次任务的完成，提出了自己独到性的见解（10 分） 4. 团结、协作性强（5 分）		30	小组评价： 组长签名		
	1. 图幅设置错误扣 2 分 2. 工作页填错一处扣 2 分 3. 线型使用错误一处扣 2 分 4. 字体书写不认真，一处扣 2 分 5. 图面不干净、整洁，扣 2~5 分 6. 超时扣 3 分 7. 违反安全操作规程扣 5~10 分 8. 工作台及场地脏乱扣 5~10 分		50	教师评价： 教师签名		
	总分					

小提示

只有通过以上评价，才能继续学习哦！

活动三　测量并标注减速器齿轮尺寸

能力目标

1）理解齿轮误差含义及其评定指标。
2）理解齿轮尺寸公差含义并正确选用。
3）能查表确定齿轮主要误差评定指标的检测方法。
4）阅读使用说明书，明确常用齿轮测量器具的使用方法。

素质目标

通过实施检测任务，熟悉几何量检测的基本步骤，逐步建立分析问题的大局观。

活动地点

机械产品测量实训室。

学习过程

你要掌握以下资讯与决策，才能顺利完成任务

一、对齿轮传动的基本要求（表 2-10）

表 2-10　齿轮传动的基本要求及应用

齿轮传动的基本要求	含　义	应用举例
传递运动的准确性	要求齿轮在一转内，最大转角误差限制在一定范围内，以保证从动件与主动件的运动协调一致	百分表、分度头中的齿轮
传动的平稳性	要求齿轮传动的瞬时传动比的变化尽量小，以防止瞬时传动比的变化引起齿轮传动的冲击、振动和噪声	高速传动的齿轮，机床、汽车中的齿轮
载荷分布的均匀性	要求齿轮啮合时，齿面应接触良好，以免引起应力集中，造成齿面局部磨损，影响齿轮使用寿命	矿山机械中的齿轮，机床、汽车中的齿轮
传动侧隙的合理性	要求齿轮啮合时，非工作齿面间应有一定的间隙，用于储存润滑油，补偿弹性变形和热变形，以及齿轮的制造和装配误差等	经常正反转的齿轮，为减小回程误差，应适当减小侧隙

上述四项要求中，前三项是对齿轮传动的精度要求。不同用途的齿轮及齿轮副对每项精度要求的侧重点是＿＿＿＿＿＿＿＿（A. 同　B. 不同）的。

二、齿轮的精度等级及公差组

GB/T 10095.1—2022《圆柱齿轮精度制　第 1 部分：轮齿同侧齿面偏差的定义和允许值》对轮齿同侧齿面公差规定了 11 个精度等级，其中 1 级的精度最高，11 级的精度最＿＿＿＿＿＿（A. 高　B. 低）。

GB/T 10095.2—2023《圆柱齿轮　ISO 齿面公差分级制　第 2 部分：径向综合偏差的定义和允许值》对径向综合公差的轮齿精度规定了 9 个精度等级，其中 4 级的精度最高，12 级的精度最低。径向综合公差体系中将径向综合总偏差和一齿径向综合偏差划分为 21 个公差等级，其中 R30 精度，R50 精度最低。

各类机械传动中所应用的齿轮精度等级见表 2-11。

表 2-11　各类机械传动中所应用的齿轮精度等级

产品类型	精度等级	产品类型	精度等级	产品类型	精度等级
测量齿轮	2~5	透平齿轮	3~6	金属切削机床	3~8
内燃机车	6~7	汽车底盘	5~8	轻型汽车	5~8
通用减速器	6~9	起重机械	7~10	农业机械	8~11

按齿轮各项误差对传动性能的主要影响，齿轮公差分成 Ⅰ、Ⅱ、Ⅲ 三个公差组（表 2-12）。在生产中，同一个公差组内的各项指标分为若干个检验组，根据齿轮副的功能要求和生产规模，在各公差等级中选定一个检验组来检查齿轮的精度。

表 2-12　齿轮的公差组

公差组	对传动的主要影响	偏差特性	公差与极限偏差项目
I	传动的准确性	一转内转角偏差	F_{is}、F_p、F_{pk}、F_{id}、F_r、F_w
II	传动的平稳性	齿轮一个周节内的转角偏差	f_{is}、f_{id}、f_f、$\pm f_{pt}$、$\pm f_{pb}$、$f_{f\beta}$
III	载荷分布的均匀性	齿线的偏差	F_β、F_b、$\pm F_{px}$

根据使用要求的不同，各公差组可选相同或不同的精度等级，但在同一公差组内，各项公差与极限偏差应保持相同的精度等级。

精度等级的标注形式如下：

$$7\text{-}6\text{-}6 \quad G \quad M \quad GB\ 10095.1-2022$$

- 齿厚下偏差
- 齿厚上偏差
- 第Ⅲ公差组精度等级
- 第Ⅱ公差组精度等级
- 第Ⅰ公差组精度等级

影响传动准确性第 I 公差组的检验组见表 2-13，影响齿轮传动平稳性的第 II 公差组的检验组见表 2-14。

表 2-13　影响传动准确性第 I 公差组的检验组

检验组	公差代号	检验内容
1	F_{is}	切向综合偏差为综合指标
2	F_p 或 F_{pk}	齿距累积偏差或 k 个齿距累积偏差（ΔF_{pk} 仅在必要时检验）
3	F_{id} 和 F_w	径向综合总偏差和公法线长度变动偏差
4	F_r 和 F_w	齿圈径向圆跳动偏差和公法线长度变动偏差
5	F_r	齿圈径向圆跳动偏差

表 2-14　影响齿轮传动平稳性的第 II 公差组的检验组

检验组	公差代号	检验内容
1	f_{is}	切向综合偏差，为综合指标（特殊需要时加检 ΔF_{pb}）
2	f_{id}	一齿径向综合偏差，它也是综合指标
3	f_f 和 f_{pt}	齿形偏差和齿距极限偏差
4	f_f 和 f_{pb}	齿形偏差和基节偏差
5	f_{pt} 和 f_{pb}	齿距偏差和基节偏差

三、齿轮的测量

齿轮测量分为单项测量（表 2-15）和综合测量。

在生产过程中进行的工艺测量一般采用＿＿＿＿＿＿＿＿（A. 单项测量　B. 综合测量），目的是确定工艺加工过程中产生误差的原因，以便及时调整工艺过程。综合测量在齿轮加工后进行，目的是判断齿轮各项精度指标是否达到图样上规定的要求。

表 2-15　齿轮单项测量项目

测量项目	符号	说　明	测量器具	对传动影响
齿厚偏差	E_{sn}	在分度圆柱面上，法向齿厚的实际值与公称值之差	齿厚游标卡尺	侧隙的合理性
单个齿距偏差	f_{pt}	分度圆上实际齿距与公称齿距之差	齿轮周节检查仪	传动的平稳性

（续）

测量项目	符号	说明	测量器具	对传动影响
k 个齿距累积偏差	F_{pk}	在分度圆上，任意 k 个同侧齿面间的实际弧长与公称弧长的最大差值	齿轮周节检查仪	运动的准确性
基节偏差	f_{pb}	实际基节与公称基节之差	基节检查仪	传动的平稳性
公法线变动量	E_{bn}	齿轮一转内，实际公法线长度的最大值与最小值之差	公法线千分尺	运动的准确性
齿圈径向圆跳动误差	F_r	齿轮一转内，测头在齿槽内齿高中部双面接触，测头相对于齿轮轴线的最大变动量	径向圆跳动检查仪、偏摆检查仪、万能测齿仪	运动的准确性

四、齿轮尺寸公差和几何公差的标注

齿轮尺寸公差和几何公差的标注如图 2-27 所示。

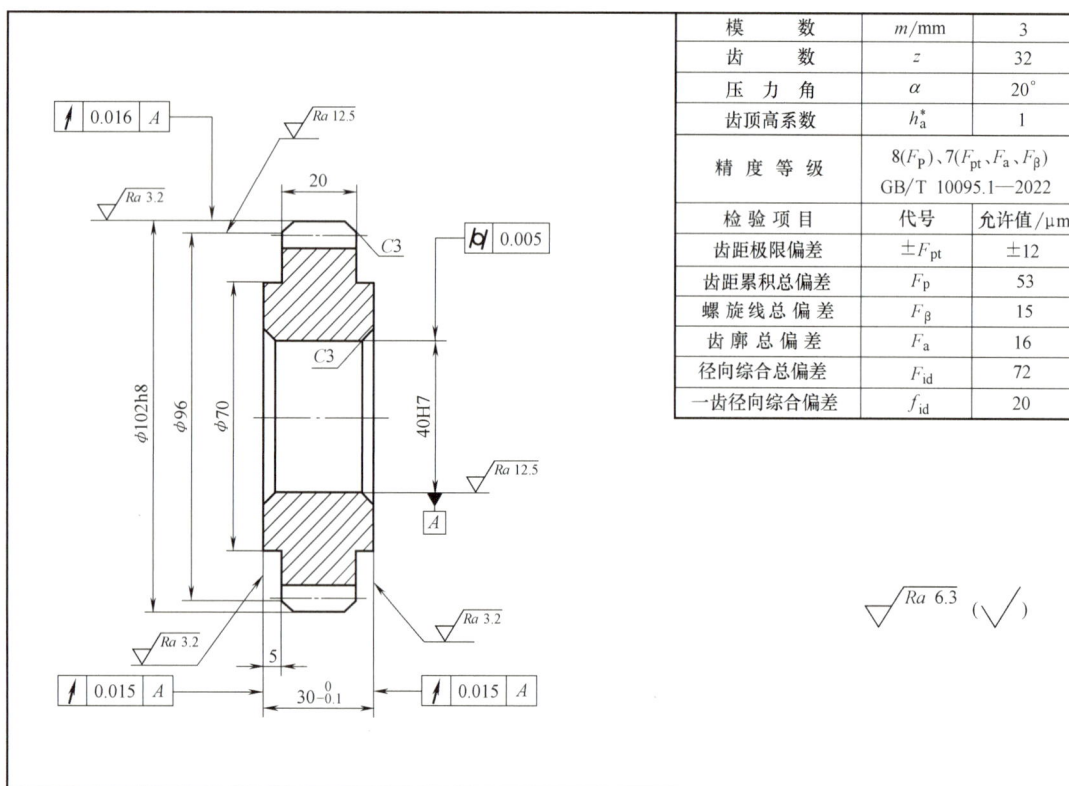

模　　　数	m/mm	3
齿　　　数	z	32
压　力　角	α	20°
齿顶高系数	h_a^*	1
精　度　等　级		8(F_p)、7(F_{pt}、F_a、F_β) GB/T 10095.1—2022
检　验　项　目	代号	允许值/μm
齿距极限偏差	$\pm F_{pt}$	± 12
齿距累积总偏差	F_p	53
螺旋线总偏差	F_β	15
齿廓总偏差	F_a	16
径向综合总偏差	F_{id}	72
一齿径向综合偏差	f_{id}	20

图 2-27　标注举例

活动实施　测量并标注齿轮尺寸

任务一：确定并标注齿轮尺寸公差及几何公差

分组教学，以 6 人一小组为单位进行。

一、工具/仪器

绘图工具 1 套/人，齿轮径向圆跳动检查仪 2 套/组，公法线千分尺 2 套/组。

二、工作流程

1）根据齿轮的使用要求，减速器直齿圆柱齿轮属于＿＿＿＿＿＿＿＿齿轮。

A. 一般动力齿轮　　　　　　　B. 动力齿轮

C. 高速齿轮　　　　　　　　　D. 读数、分度用齿轮

通常对＿＿＿＿＿＿＿和＿＿＿＿＿＿＿有所要求。

A. 传递运动的准确性　　　　B. 传递运动的平稳性

C. 载荷分布的均匀性　　　　D. 侧隙

2）根据齿轮的使用要求，查阅常用齿轮精度等级的适用范围表、各类机械中的齿轮精度等级表，确定减速器直齿圆柱齿轮的精度等级为_____。

3）齿轮内孔与传动轴的的配合是固定齿轮与轴的配合，配合公差代号为_____。

4）根据公差代号、齿轮直径等查出齿顶圆的尺寸公差为_____，齿轮内孔的配合公差为_____。

5）根据使用要求确定键槽的尺寸与几何公差为_____。

6）确定齿轮各表面粗糙度值。齿顶圆表面粗糙度值为_____，齿端面表面粗糙度值为_____。

7）标注齿轮。

任务二：检测减速器传动齿轮齿圈的径向圆跳动

分组教学，以6人一小组为单位进行。

一、工具/仪器

绘图工具1套/人、齿轮径向圆跳动检查仪2套/组、公法线千分尺2套/组。

二、工作流程

1）齿轮径向圆跳动检查仪如图2-28所示。

2）检测方法如图2-29所示。

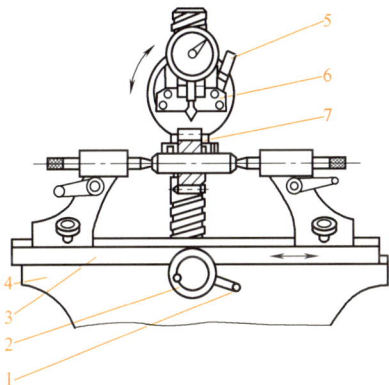

图 2-28　齿轮径向圆跳动检查仪

1—手柄　2—手轮　3—滑板　4—底座　5—转动手柄
6—千分表架　7—升降螺母

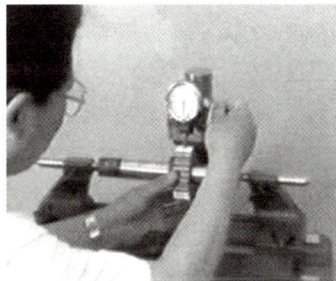

图 2-29　用齿轮径向圆跳动检查仪
检测齿圈径向圆跳动

3）检测步骤如下：

① 根据不同模数的齿轮，从表2-16中选用测头直径为_____，装入指示表测量杆的下端。

表 2-16　测头推荐值

模数/mm	0.3	0.5	0.7	1	1.25	1.5	1.75	2	3	4	5
测头直径/mm	0.5	0.8	1.2	1.7	2.1	2.5	2.9	3.3	5.0	6.7	8.3

② 将被测齿轮和心轴装在仪器的两顶尖之间，锁紧两头的螺钉。

③ 旋转手柄1，调整滑板3的位置，使指示表测头位于齿宽的中部。调整升降螺母7，使指示表指针压缩1~2圈，将指示表对零。

④ 依次测量一圈，并记录指示表读数。其中最大读数与最小读数之差即为 ΔF_r。

⑤ 判断该齿轮齿圈径向圆跳动的合格性。

⑥ 填写实验报告（表2-17）。

表 2-17　实验报告

被测齿轮	模数	齿数	压力角	编号	公差标准
	齿轮径向圆跳动公差				
计量器具	名称与型号		测量范围		分度值

<table>
<thead>
<tr><th colspan="6">测量结果</th></tr>
<tr><th>测量序号</th><th>读数</th><th>测量序号</th><th>读数</th><th>测量序号</th><th>读数</th></tr>
</thead>
<tbody>
<tr><td>1</td><td></td><td></td><td></td><td></td><td></td></tr>
<tr><td>2</td><td></td><td></td><td></td><td></td><td></td></tr>
<tr><td>3</td><td></td><td></td><td></td><td></td><td></td></tr>
<tr><td>4</td><td></td><td></td><td></td><td></td><td></td></tr>
<tr><td>5</td><td></td><td></td><td></td><td></td><td></td></tr>
<tr><td>6</td><td></td><td></td><td></td><td></td><td></td></tr>
<tr><td>7</td><td></td><td></td><td></td><td></td><td></td></tr>
<tr><td>8</td><td></td><td></td><td></td><td></td><td></td></tr>
<tr><td>9</td><td></td><td></td><td></td><td></td><td></td></tr>
<tr><td>10</td><td></td><td></td><td></td><td></td><td></td></tr>
<tr><td colspan="2">实测齿圈径向跳动</td><td colspan="4"></td></tr>
<tr><td colspan="2">合格性判断</td><td colspan="4"></td></tr>
<tr><td>姓名</td><td></td><td>班级</td><td></td><td>学号</td><td></td></tr>
<tr><td></td><td></td><td></td><td></td><td>成绩</td><td></td></tr>
</tbody>
</table>

活动评价 （表 2-18）

表 2-18　活动评价表

完成日期			工时	120min	总耗时	
任务环节	评分标准		所占分数	考核情况	扣分	得分
测量并标注齿轮尺寸	1. 为完成本次活动是否做好课前准备（充分得 5 分，一般得 3 分，没有准备得 0 分） 2. 本次活动完成情况（好得 15 分，一般得 8 分，不好得 3 分） 3. 完成任务是否积极主动，并有收获（满分 10 分，积极但没收获得 5 分，不积极但有收获得 3 分）		30	自我评价： 学生签名		
	1. 准时参加各项任务（10 分）（迟到者扣 2 分） 2. 积极参与本次任务的讨论（15 分） 3. 为本次任务的完成，提出了自己独到的见解（10 分） 4. 团结、协作性强（5 分）		40	小组评价： 组长签名		
	1. 确定减速器直齿圆柱齿轮的精度等级，选错一次扣 2 分 2. 齿轮内孔与传动轴的的配合代号错一处扣 2 分 3. 确定键槽的尺寸与几何公差，错一处扣 2 分 4. 确定齿轮各表面粗糙度值，错一处扣 2 分 5. 齿轮标注，错一处扣 2 分 6. 实验报告少写或错一处扣 2 分 7. 超时扣 3 分 8. 违反安全操作规程扣 2~5 分 9. 工作台及场地脏乱扣 2~5 分		30	教师评价： 教师签名		
	总分					

小提示

只有通过以上评价，才能继续学习哦！

活动四　用 Inventor 绘制齿轮零件图

❮ 能力目标

1）能确定零件的表达方案。
2）能绘制箱体零件图。
3）拓展学习软件"设计加速器"工具的使用。

❮ 素质目标

掌握软件项目管理的特性，培养条理清晰的项目管理素质。

❮ 活动地点

机械产品测量实训室、计算机室。

❮ 学习过程

齿轮建模

一、减速器齿轮建模

减速器齿轮工程图如图 2-30 所示。在 Inventor 中齿轮等零件的创建可以通过"Standard.iam"部件环境使用"设计加速器"实现。通过新建文件→选择模板"Standard.iam"，进行一次保存进入齿轮设计。

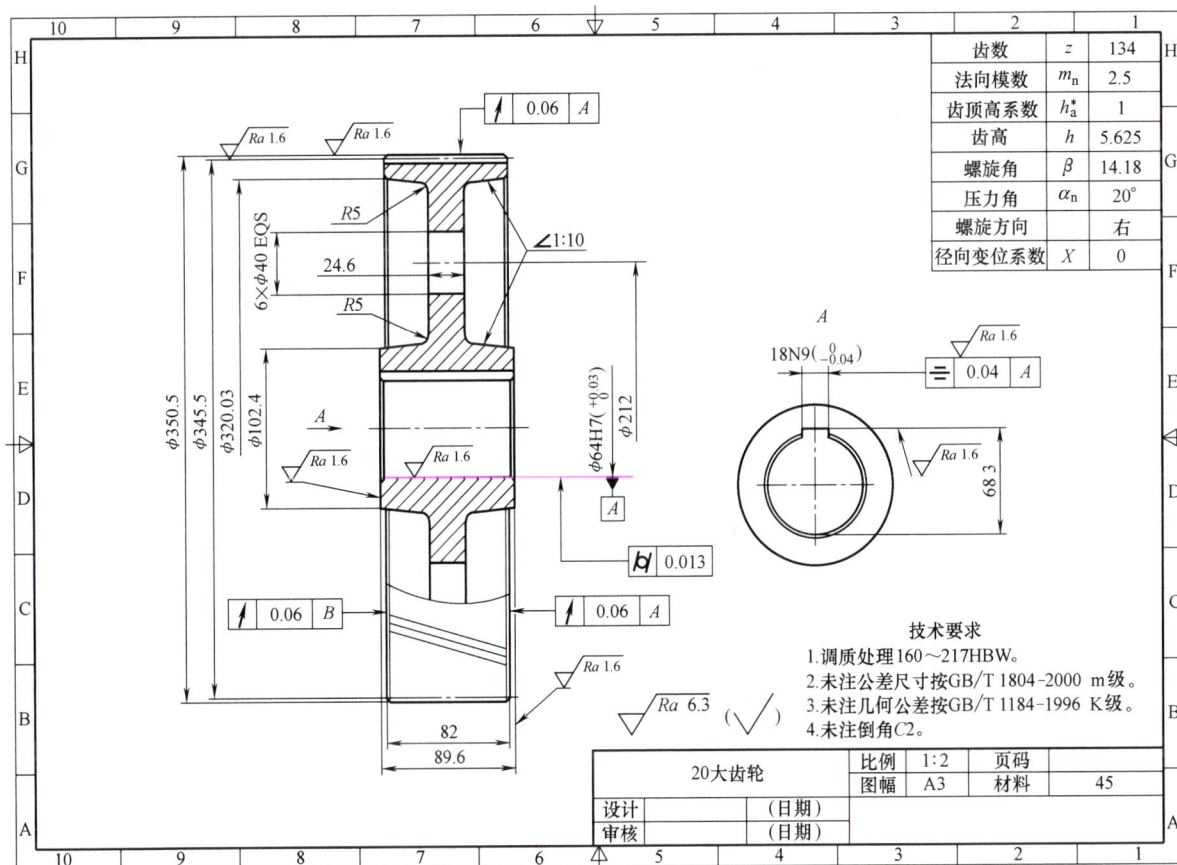

齿数	z	134
法向模数	m_n	2.5
齿顶高系数	h_a^*	1
齿高	h	5.625
螺旋角	β	14.18
压力角	α_n	20°
螺旋方向		右
径向变位系数	X	0

技术要求
1.调质处理160～217HBW。
2.未注公差尺寸按GB/T 1804-2000 m级。
3.未注几何公差按GB/T 1184-1996 K级。
4.未注倒角C2。

20大齿轮		比例	1:2	页码	
		图幅	A3	材料	45
设计		（日期）			
审核		（日期）			

图 2-30　减速器齿轮工程图

1. 创建传动轴基本模型

激活"设计"→"动力传动面板"→"正齿轮"功能，如图 2-31 所示设置齿轮设计参数，完成齿轮齿形的设计。

齿数	z	134
法向模数	m_n	2.5
齿顶高系数	h_a^*	1
齿高	h	5.625
螺旋角	β	14.18
压力角	α_n	20°
螺旋方向		右
径向变位系数	X	0

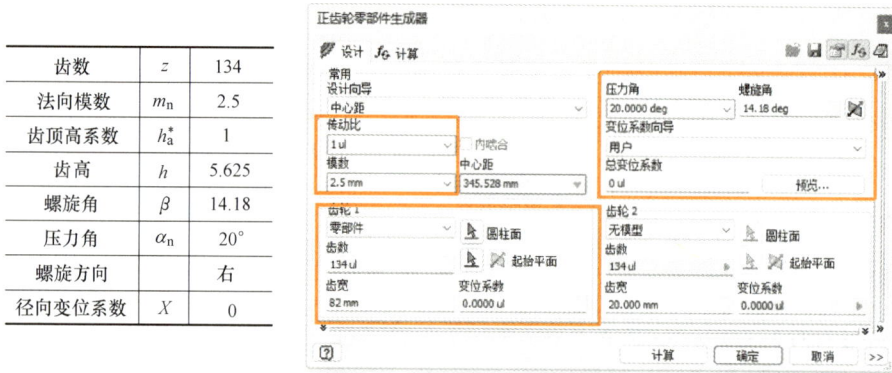

图 2-31　齿轮设计参数

生成的齿轮模型为齿轮的基本外形，需按住<Shift+鼠标右键>，在弹出菜单中将"零部件优先"修改为"零件优先"，并选中齿轮模型，右击打开齿轮模型的零件建模环境。打开后的齿轮零件环境如图 2-32 所示。

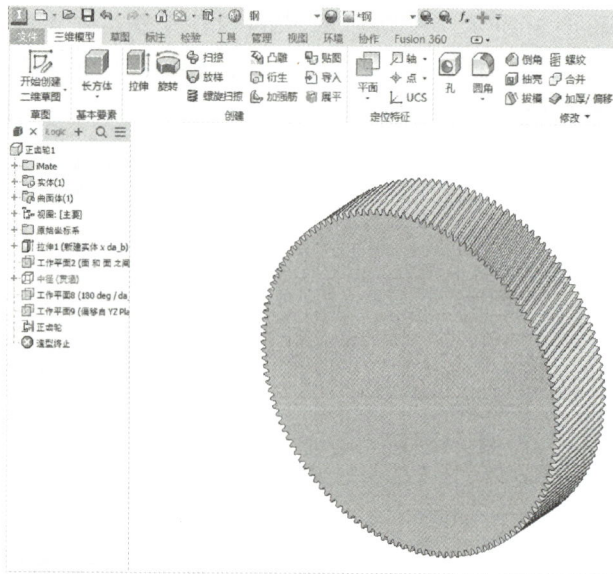

图 2-32　进入齿轮零件环境

此时打开的齿轮模型的零件名称、零件代号、文件名称都为"正齿轮 1"，需要使用软件的"另存为"功能对"正齿轮 1"进行另存，设置名称为"大齿轮"。

2. 创建大齿轮基本特征

创建齿轮齿形的倒角特征，拖动"造型树"中的"造型终止"至第一个"拉伸"后，如图 2-33 所示，可以将齿形暂时取消创建。在此基础上创建齿轮齿形的倒角。

激活"倒角"命令，对基本模型进行倒角的创建，完成倒角的创建后，将"造型树"中的"造型终止"拖至"造型树"最下端，如图 2-34 所示。

在 XY 平面上绘制两个回转草图，并使用 Z 轴作为回转轴对模型进行回转、布尔求差或者求和，生成轮毂特征，如图 2-35 所示。

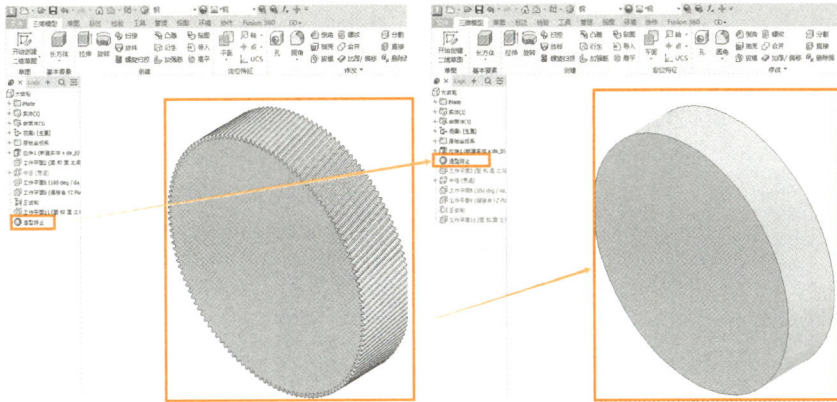

图 2-33　造型效果

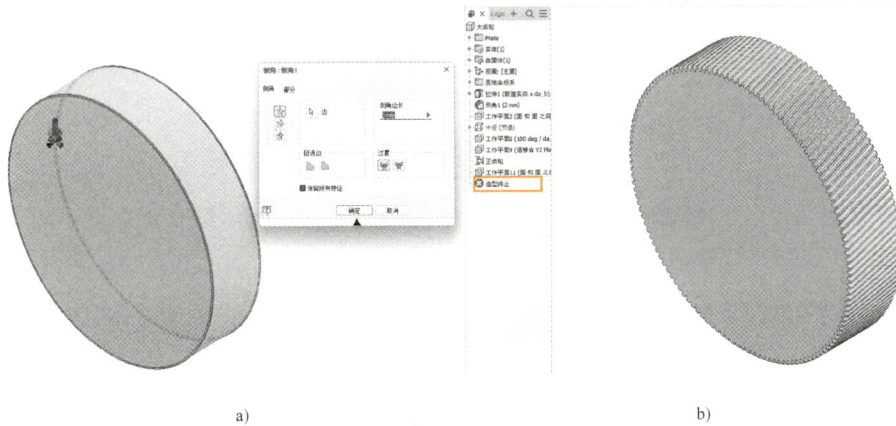

a)

b)

图 2-34　添加倒角

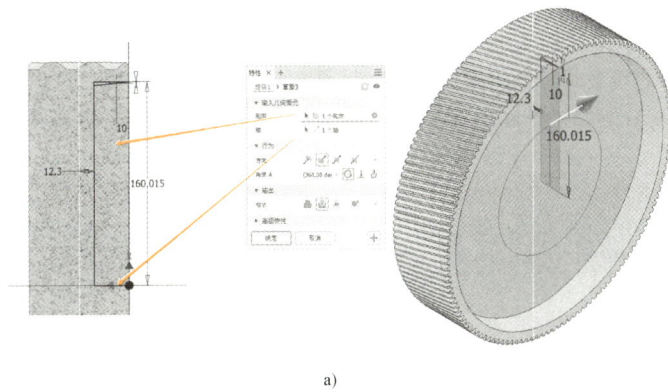

a)

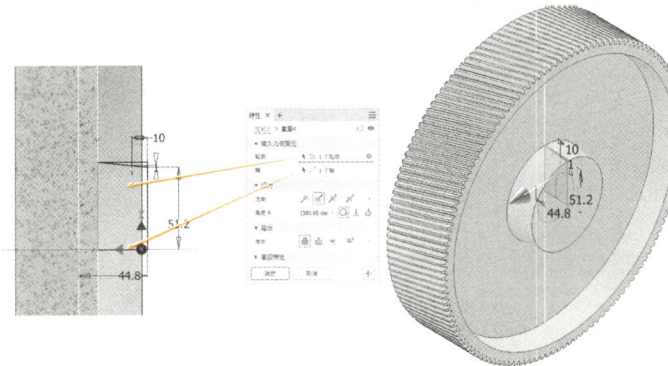

b)

图 2-35　生成轮毂特征

激活"三维模型"→"阵列面板"→"镜像"功能，选中图 2-36a 的两个旋转特征，使用齿轮中心平面作为镜像平面，生成对面的轮毂特征，如图 2-36b 所示。

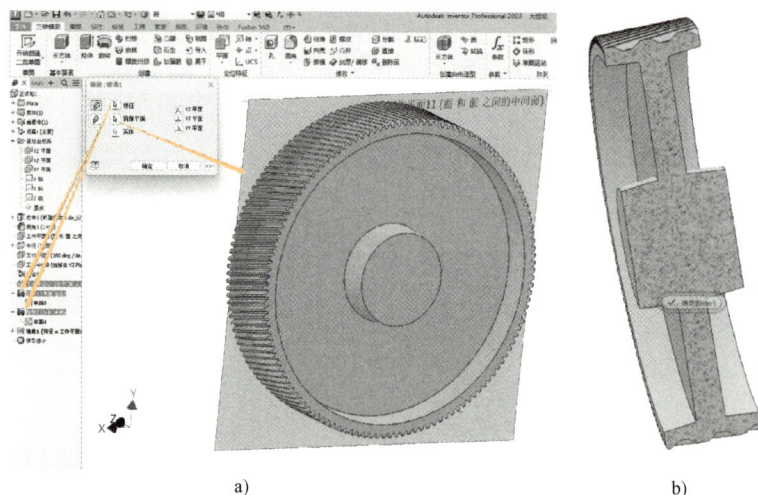

a)   b)

图 2-36   镜像轮毂特征

在第二个旋转特征创建的外表面上新建草图，绘制如图 2-37a 所示的草图图形，使用拉伸命令创建轴安装孔及键槽，如图 2-37b 所示。

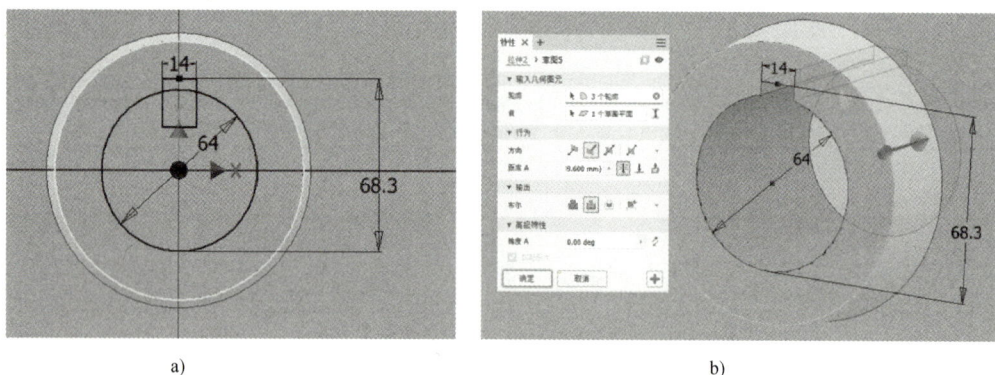

a)   b)

图 2-37   创建键槽特征

在齿轮辐板表面上新建草图，绘制如图 2-38a 所示的草图图形，使用"拉伸"命令创建辐板上的孔特征，如图 2-38b 所示。

a)   b)

图 2-38   创建辐板孔特征

激活"三维模型"→"阵列面板"→"环形阵列"命令，使用图 2-38 中创建的孔特征作为阵列特征，齿轮中心轴作为阵列旋转轴，如图 2-39 所示。

3. 创建大齿轮倒角特征

1）单击"圆角"命令，设置圆角半径为 5mm，选中需要倒圆角的边，生成半径为 5mm 圆角，如图 2-40 所示。

2）单击"倒角"命令，设置倒角尺寸为 2mm，选中需要倒角的边，生成尺寸为 2mm 的倒角，如图 2-41 所示。

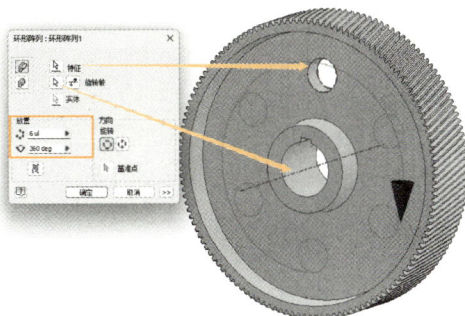

图 2-39　阵列辐板孔特征

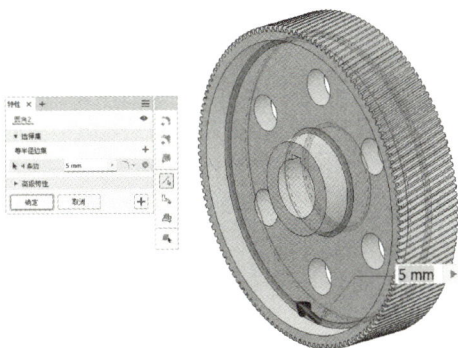

图 2-40　创建圆角

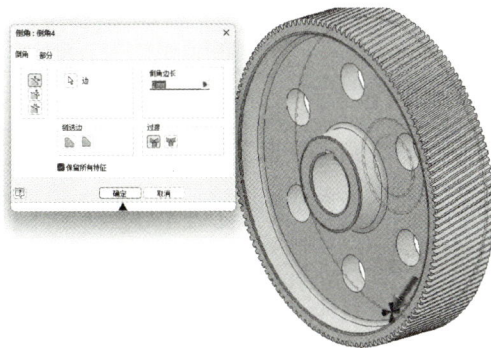

图 2-41　创建倒角

二、创建减速器齿轮工程图

1. 添加传动轴视图

1）单击"新建"命令，创建"Standard. idw"类型新工程图，并命名为"大齿轮"，保存到相应位置。

2）右击"图样 1"编辑图样，修改图样尺寸为 A3。

3）单击"基础视图"命令，选择大齿轮模型，添加视图，如图 2-42 所示。

4）单击需要进行剖切的视图，按快捷键<S>新建草图，在封闭轮廓框中绘制需要进行剖切的位置。单击"局部剖视图"命令，进行剖切视图，如图 2-43所示。

要点：用于创建局部剖视图的草图一定要附着在原始视图上。

右击视图剖面线，选择"隐藏"剖面线，并选中齿形线，右击"可见性"选项。选择视图，进入草图编辑界面，使用"投影几何图元"命令投射所有图线，基于投影图线绘制简化齿轮表达视图，激活"用剖面线填充区域"命令，给视图重新添加剖面线，如图 2-44 所示。

5）激活"斜视图"命令，在主视图

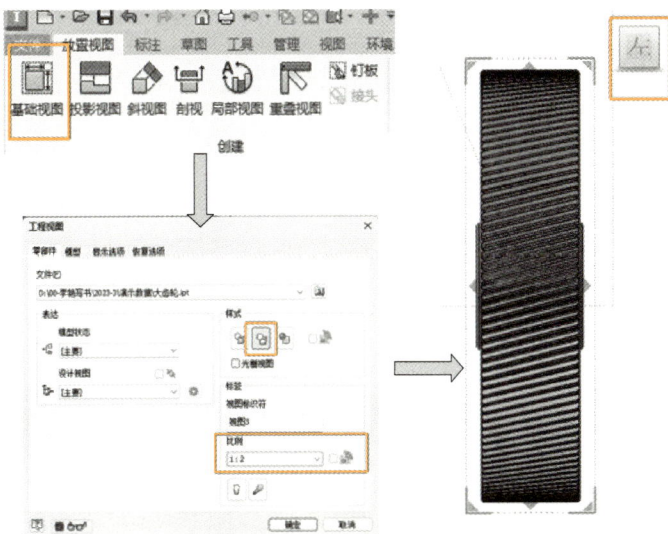

图 2-42　添加基础视图

上投射出键槽的轮廓形状，并激活"修剪"命令，右击切换为"圆心"进行修剪，完成视图多余图线的去除，如图 2-45 所示。

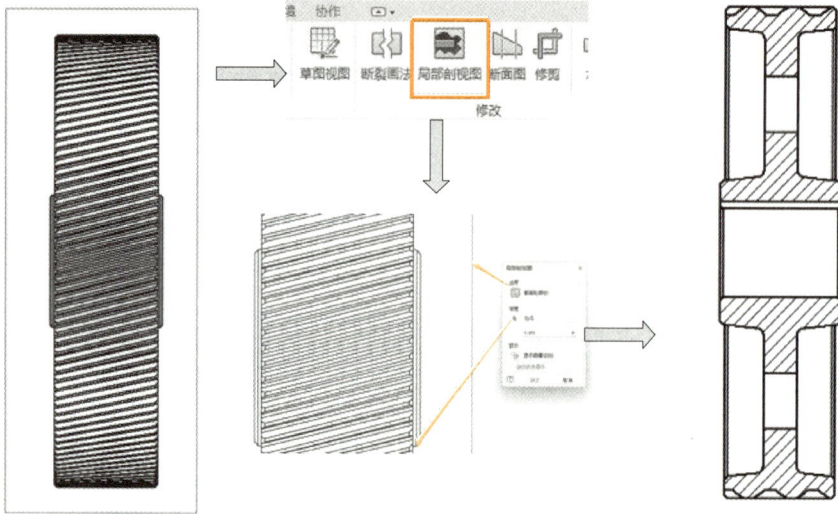

图 2-43　创建局部剖视图

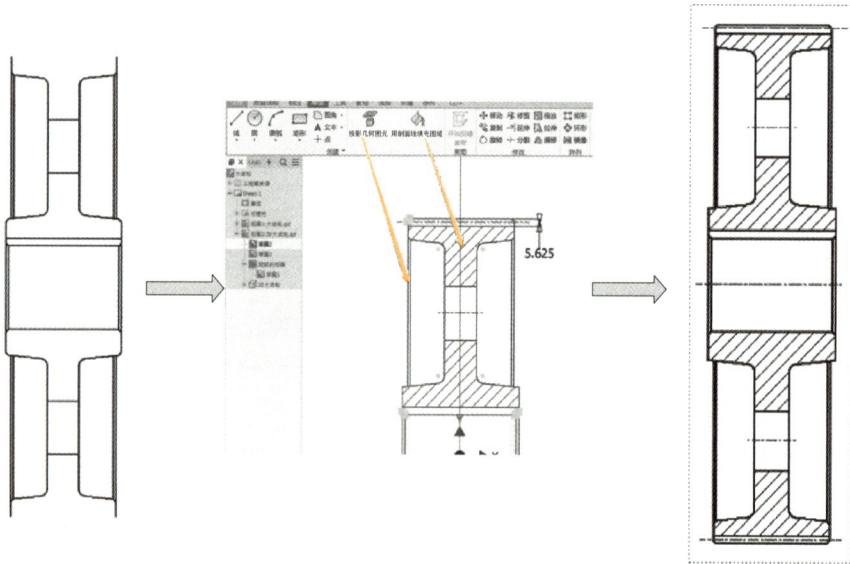

图 2-44　视图完善

图 2-45　创建局部向视图

右击剖切投影出来的断面图，选择"对齐视图"→"打断"命令，断开两视图间的位置关系，并拖动断面图至合适的表达位置，完成两个断面图的创建，并修改为 A 向视图，如图 2-46 所示。

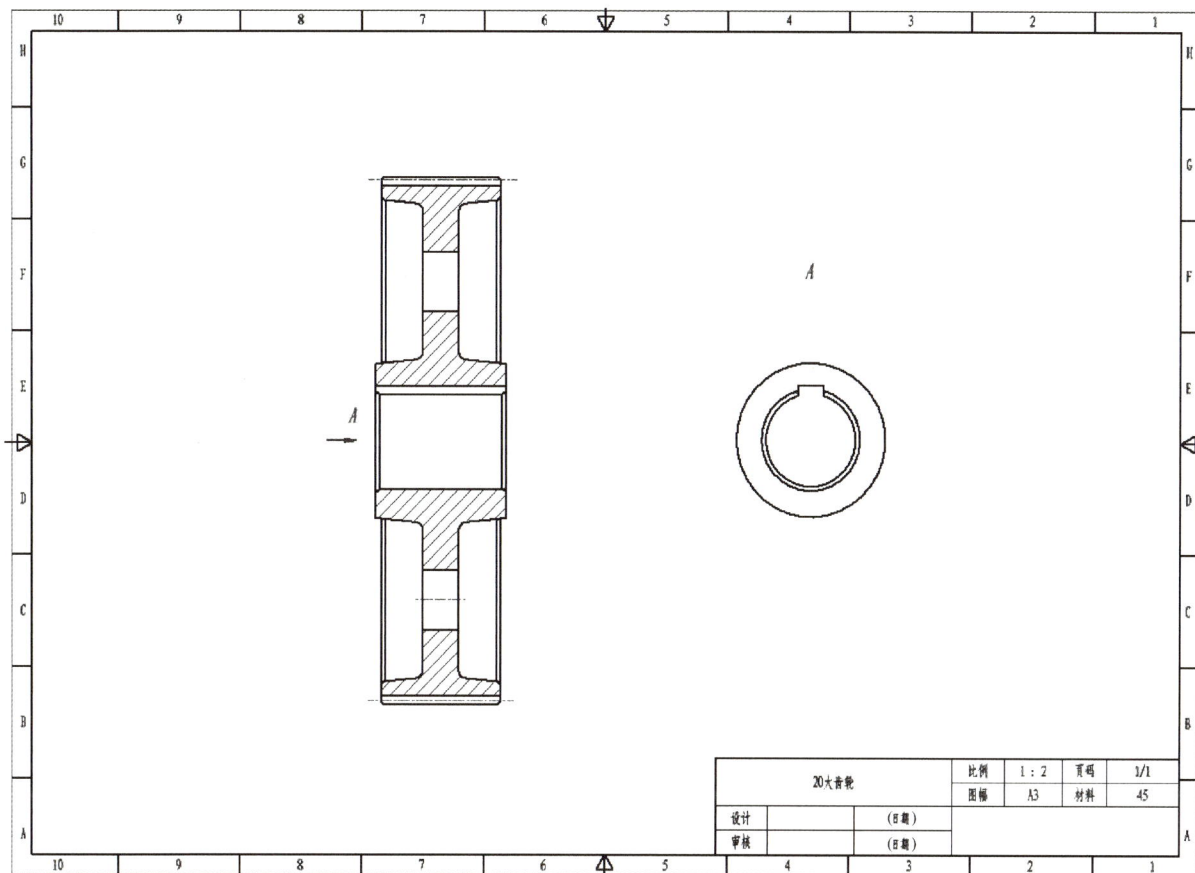

图 2-46　创建向视图

6）使用"中心线""对分中心线""中心标记""中心阵列"等命令添加视图中心线，如图 2-47 所示，结果如图 2-48 所示。

图 2-47　添加视图中心线命令

2. 添加图样要素

1）添加技术要求，如图 2-49 所示。

2）添加未注表面粗糙度符号，如图 2-50 所示。

3）添加表格并填写参数表，如图 2-51 所示。

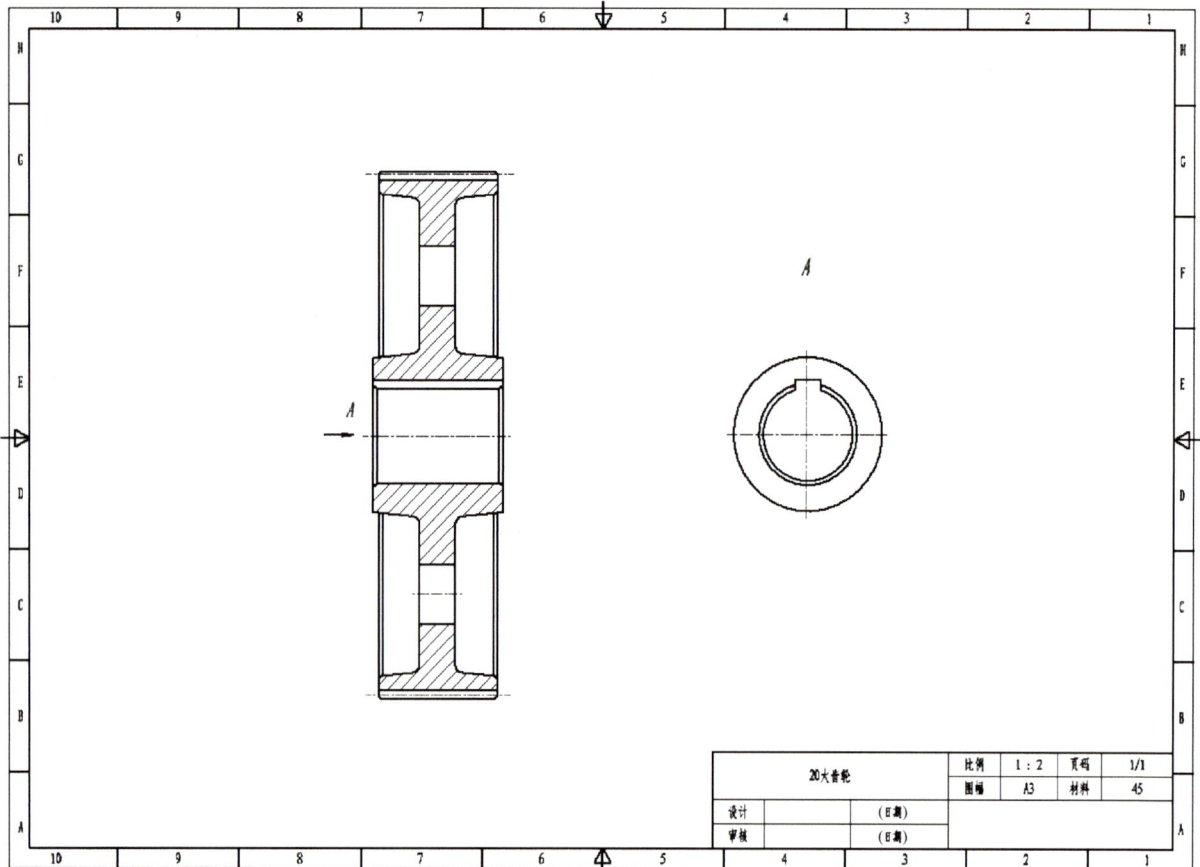

图 2-48　视图结果展示

技术要求
1.调质处理160～217HBW。
2.未注公差尺寸按GB/T 1804-2000 m级。
3.未注几何公差按GB/T 1184-1996 K级。
4.未注倒角C2。

图 2-49　添加技术要求

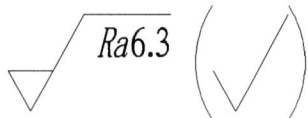

图 2-50　添加未注表面粗糙度符号

齿数	z	134
法向模数	m_n	2.5
齿顶高系数	h_a^*	1
齿高	h	5.625
螺旋角	β	14.18
压力角	α_n	20°
螺旋方向		右
径向变位系数	X	0

图 2-51　添加齿轮参数表

　　使用"标注"→"表格"→"常规"命令，定义表格行数为8行，列数为3列。

　　双击表格，进入布局选项，表头设置为"无"。按参数表内容输入参数名称、代号、数值，如图 2-52 所示。

　　3. 标注模型信息

　　1）单击"标注"→"尺寸"命令，进行尺寸标注。完成外形尺寸标注、孔定位尺寸标注、孔定形尺寸标注、加强肋尺寸标注、阶梯尺寸标注以及其余尺寸标注。

　　尺寸公差设置需双击需要设置的尺寸，进入"编辑尺寸"对话框，切换为"精度和公差"选项卡，设置公差方式为"公差/配合-显示公差"，并调整公差符号及等级即可，如图 2-53 所示。

图 2-52　参数表设置

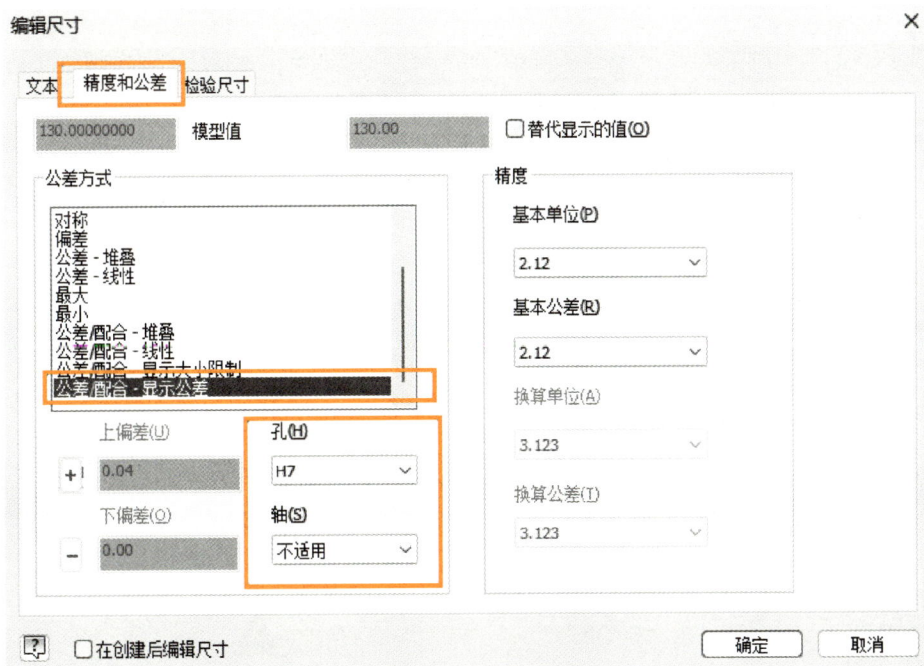

图 2-53　尺寸设置公差

2）几何公差标注。进行基准标注和被测要素标注，如图 2-54 所示。

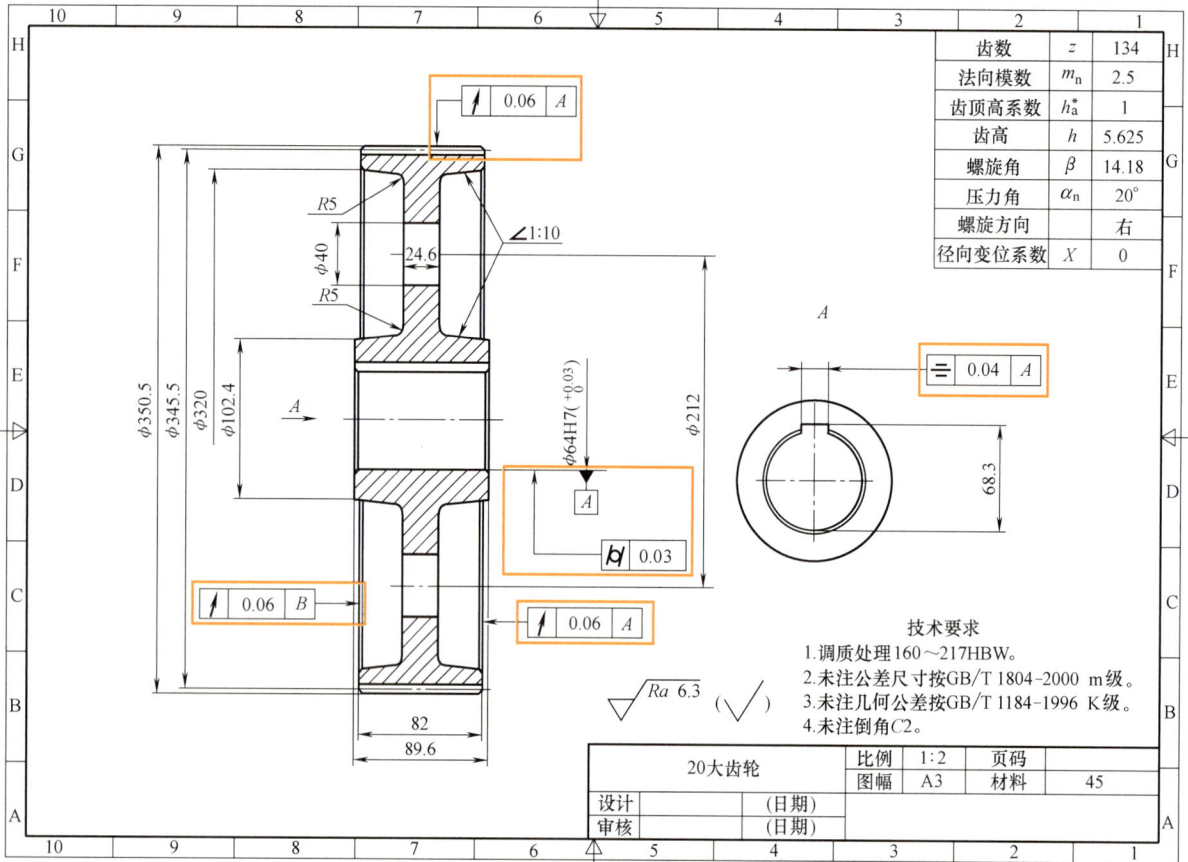

齿数	z	134
法向模数	m_n	2.5
齿顶高系数	h_a^*	1
齿高	h	5.625
螺旋角	β	14.18
压力角	α_n	20°
螺旋方向		右
径向变位系数	X	0

技术要求
1. 调质处理160～217HBW。
2. 未注公差尺寸按GB/T 1804-2000 m级。
3. 未注几何公差按GB/T 1184-1996 K级。
4. 未注倒角C2。

20大齿轮		比例	1:2	页码	
		图幅	A3	材料	45
设计		（日期）			
审核		（日期）			

图 2-54　几何公差标注结果

基准符号添加方式：激活"基准标识符号"命令，选择需要添加的线，进入设置对话框，设置基准符号的字母，如图 2-55 所示。

图 2-55　添加基准符号

几何公差符号添加方式：激活"几何公差符号"命令，选择需要添加的线，进入设置对话框，设置几何公差类型及数值，如图 2-56 所示。

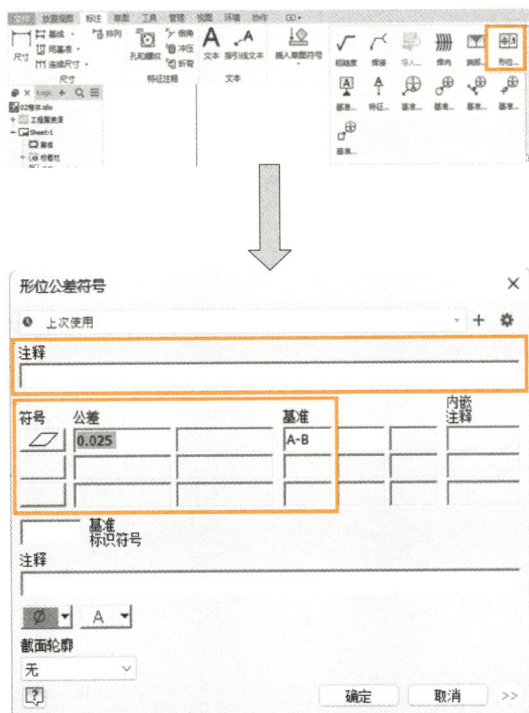

图 2-56　添加几何公差符号

3）表面粗糙度标注。

表面粗糙度符号添加方式：激活"粗糙度"命令，选择需要添加的线，进入设置对话框，设置表面类型及数值，如图 2-57 所示。

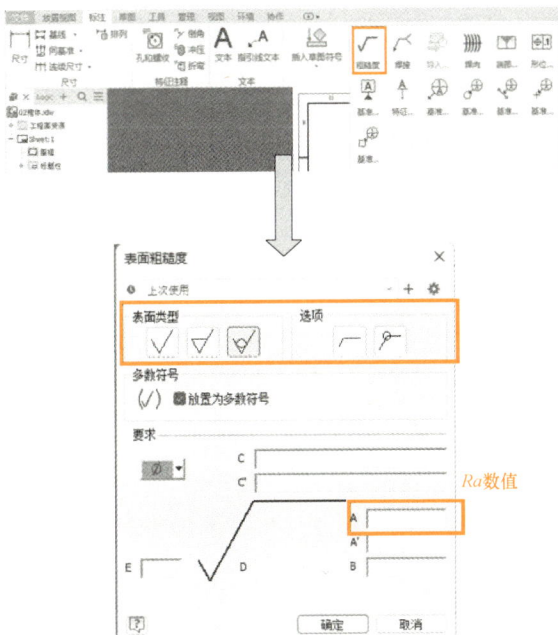

图 2-57　添加表面粗糙度符号

最终完成用 Inventor 绘制齿轮零件图。

用Inventor
绘制齿轮
零件图

活动评价 （表 2-19）

表 2-19 活动评价表

完 成 日 期		工时	120min	总 耗 时	
任务环节	评 分 标 准	所占分数	考核情况	扣分	得分
用 Inventor 绘制齿轮零件图并归档	1. 为完成本次活动是否做好课前准备（充分得 5 分，一般得 3 分，没有准备得 0 分） 2. 本次活动完成情况（好得 10 分，一般得 6 分，不好得 3 分） 3. 完成任务是否积极主动，并有收获（满分 5 分，积极但没收获 3 分，不积极但有收获 1 分）	20	自我评价：	学生签名	
	1. 准时参加各项任务（5 分）（迟到者扣 2 分） 2. 积极参与本次任务的讨论（10 分） 3. 为本次任务的完成，提出了自己独到性的见解（10 分） 4. 团结、协作性强（5 分）	30	小组评价：	组长签名	
	1. 工作页填错一处扣 2 分 2. 工作页漏填一处扣 2 分 3. 图幅、图框、标题栏、文字、图线每错一处扣 2 分 4. 一个视图表达有误扣 10 分 5. 图线设置样式，每错一处扣 2 分 6. 中心线应超出轮廓线 3~5mm，超出或不足每处扣 1 分 7. 绘图前检查硬件完好状态，使用完毕，整理回准备状态，没检查、没整理每一项扣 5~10 分 8. 工作全程保持场地清洁，如有脏乱，扣 5~10 分	50	教师评价：	教师签名	
总分					

活动五　总结、评价与反思

能力目标

1）能对学习任务的完成过程及学业成果进行总结、汇报。

2）能对学习任务的完成过程及完成效果进行客观公正的综合评价。

素质目标

根据学习任务总结反思，及时进行笔记整理，制订改进方案，树立严谨细致、精益求精的工匠精神。

学习过程

一、工作总结

1）以小组为单位，撰写工作总结，并选用适当的表现方式向全班展示、汇报学习成果。

2）评价，完成表 2-20。

表 2-20　工作总结评分表

评价指标	评 价 标 准	分值（分）	评价方式及得分		
			个人评价（10%）	小组评价（20%）	教师评价（70%）
参与度	小组成员能积极参与总结活动	5			
团队合作	小组成员分工明确、合理,遇到问题不推诿责任,协作性好	15			
规范性	总结格式符合规范	10			
总结内容	内容真实,针对存在问题有反思和改进措施	15			
总结质量	对完成学习任务的情况有一定的分析和概括能力	15			
	结构严谨、层次分明、条理清晰、语言顺畅、表达准确	15			
	总结表达形式多样	5			
汇报表现	能简明扼要地阐述总结的主要内容,能准确流利地表达	20			
学生姓名		小计			
评价教师		总分			

二、学习任务综合评价（表 2-21）

表 2-21　学习任务综合评价

评价内容	评 价 标 准	评价等级			
		A	B	C	D
学习活动 1	A. 学习活动评价成绩为 90~100 分 B. 学习活动评价成绩为 75~89 分 C. 学习活动评价成绩为 60~74 分 D. 学习活动评价成绩为 0~59 分				
学习活动 2	A. 学习活动评价成绩为 90~100 分 B. 学习活动评价成绩为 75~89 分 C. 学习活动评价成绩为 60~74 分 D. 学习活动评价成绩为 0~59 分				
学习活动 3	A. 学习活动评价成绩为 90~100 分 B. 学习活动评价成绩为 75~89 分 C. 学习活动评价成绩为 60~74 分 D. 学习活动评价成绩为 0~59 分				
学习活动 4	A. 学习活动评价成绩为 90~100 分 B. 学习活动评价成绩为 75~89 分 C. 学习活动评价成绩为 60~74 分 D. 学习活动评价成绩为 0~59 分				
工作总结	A. 工作总结评价成绩为 90~100 分 B. 工作总结评价成绩为 75~89 分 C. 工作总结评价成绩为 60~74 分 D. 工作总结评价成绩为 0~59 分				
小计					
学生姓名	综合评价等级				
评价教师	评价日期				

学习任务三

测绘减速器箱体与三维建模

任务情境

　　某企业接到客户订单要求，对减速器中的箱体进行批量生产，需现场取箱体、测绘、分析，形成加工图样。技术主管将该任务交给技术员，要求在一天内完成。

　　该技术员接受任务后，查找资料，了解箱体的结构及工艺要求，并与工程师进行沟通，确定工作方案，制订工作计划，交技术主管审核通过后，按计划实施；领取相关工具，取箱体，绘制草图；选择合适的工、量具对箱体进行测量并标注尺寸；分析选择材料，制订必要的技术要求；用计算机绘制图样、文件保存归档、图样打印。测绘、分析过程中应适时检查以确保图形的正确性，绘制完毕，主管审核正确后签字确认，图样交相关部门归档，填写工作记录。整个工作过程应遵循 7S 管理规范。

学习内容

1. 《机械设计手册》的使用方法。
2. 箱体零件的结构及功用。
3. 零件的表达方法（局部视图、简化画法）。
4. 箱体的测量方法。
5. 箱体尺寸的标注。
6. 铸铁的种类、性能和应用。
7. 箱体技术要求。
8. 毛坯的制造工艺。
9. 绘图软件的使用方法。
10. 7S 管理知识。
11. 工作任务记录的填写方法。
12. 归纳总结方法。

活动一　接受任务并制订方案

◎ 能力目标

1）根据任务单专业术语，识读任务单。
2）查阅《机械设计手册》资料，结合教师讲解，填写工作页。
3）编写任务方案。

◎ 素质目标

通过任务要求能制订条理清晰的测绘计划，根据任务目标逐步制订工作内容及流程。

活动地点

机械产品测量实训室。

学习过程

你要掌握以下资讯，才能顺利完成任务

一、接受任务单（表 3-1）

表 3-1　测绘任务单

单号：_____　开单部门：_____　开单人：_____

开单时间：_____年____月____日____时____分

接单部门：_____部_____组

任务概述	客户要求批量生产减速器中的箱体,因技术资料遗失,现提供减速器实物一台,需测绘形成零件图
任务完成时间	
接单人	
	（签名）　　　　　　　　　　　　　　　　　　　年　　月　　日

请查找资料，将不懂的术语记录下来。

_____

_____

_____

小提示

信息采集源：1）《机械制图》

　　　　　　2）《机械设计手册》

　　　　　　其他：_____

二、箱体类零件的功能和结构特点

1. 功能

箱体类零件（图 3-1）一般是机器或部件的主体部分，起支承、容纳、零件定位、密封和保护等作用。

2. 结构特点（图 3-2）

1）主体形状为_____（A. 壳体　B. 实心体　C. 轴）。

2）内外形状较_____（A. 复杂　B. 简单），尤其是内腔表面过渡线较多。

3）箱体上常有支承孔、凸台、放油孔、安装底板、销孔、_____、_____、（A. 螺纹孔　B. 轴　C. 肋板）等。

图 3-1　箱体类零件

4）需要加工的表面较多，且加工难度较大。

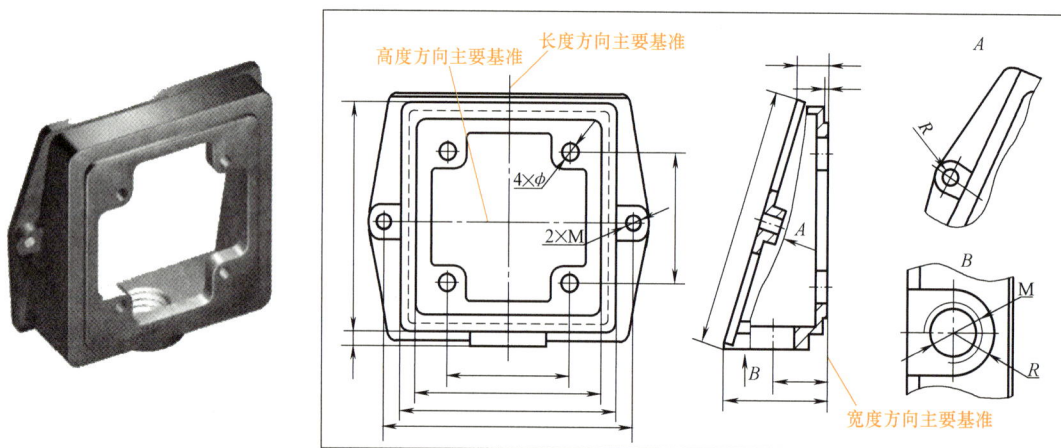

图 3-2　箱体类零件结构

活动实施　各小组写出测绘流程

评价	各组选出优秀成员在全班讲解制订的测绘流程 小组互评、教师点评　　　　　　　　　　小组名次

活动二　绘制减速器箱体

能力目标

1）能确定零件的表达方案。

2）能绘制箱体零件图。

素质目标

手绘零件图时确保图线清晰、粗细分明、剖面线分布均匀，树立严谨细致、精益求精的工匠精神。

活动地点

机械产品测量实训室。

学习过程

你要掌握以下资讯与决策，才能顺利完成任务

一、机件结构的规定画法和简化画法

1. 肋板、轮辐等结构的画法

1）机件上的肋板、轮辐及薄壁等结构，按纵向剖切时，这些结构不画剖面线，而用粗实线将其与相邻部分分开。当这些结构不按纵向剖切时，应画出剖面线，如图 3-3 所示。

2）回转体上均匀分布的肋板、轮辐、孔等结构不处于剖切平面上时，可将这些结构假想地旋转到剖切平面上画出，如图 3-4 所示。

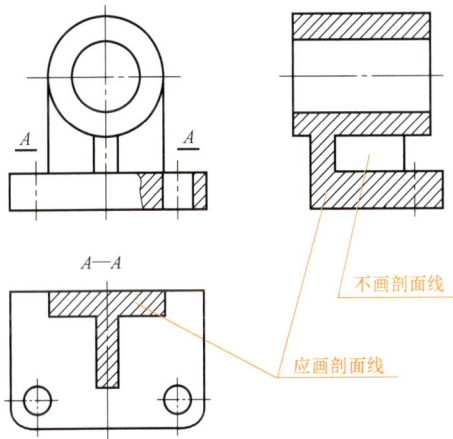

图 3-3　剖视图中肋板的画法

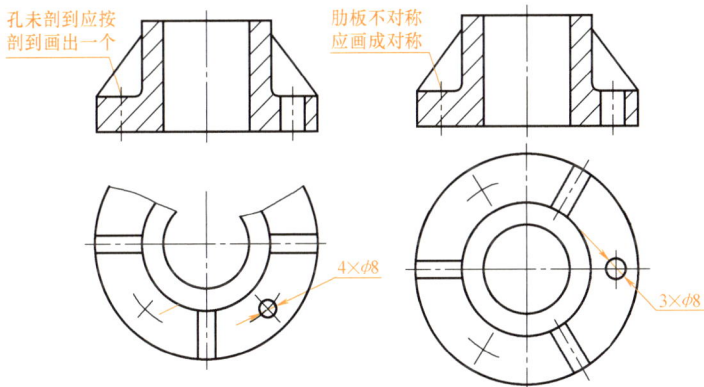

图 3-4　均匀分布的肋板、孔的剖视画法

2. 简化画法

（1）相同结构的简化画法　当机件上具有若干相同结构（如齿、槽、孔等），并按一定规律分布时，只需画出几个完整结构，其余可用细实线相连或标明中心位置，并注明总数，如图 3-5 所示。

（2）对称机件的简化画法　在不致引起误解时，对于对称机件的视图可以只画一半或四分之一，并在对称中心线的两端画出两条与其垂直的平行细实线，如图 3-6 所示。

3. 机件断裂处的画法

机件断裂处边缘常用波浪线画出，圆筒断裂边缘常用花瓣形画出，如图 3-7 所示。

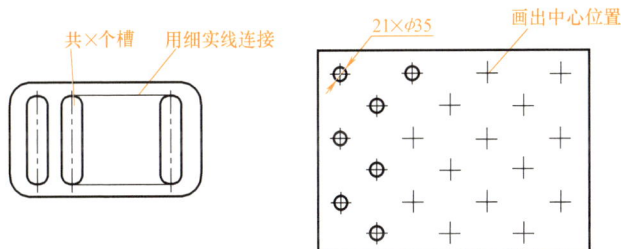

图 3-5　相同结构的简化画法

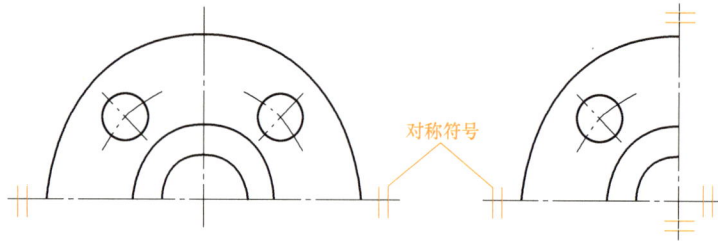

图 3-6　对称机件的简化画法

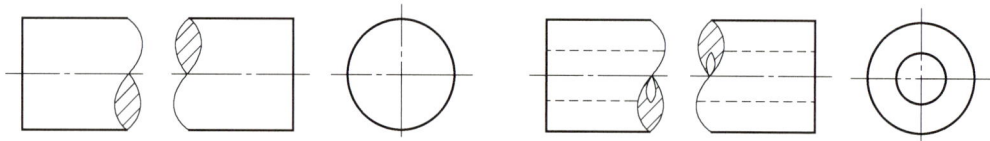

图 3-7　圆柱与圆筒的断裂处画法

二、箱体类零件的常见工艺结构

箱体类零件多为铸造件，具有许多铸造工艺结构，如铸造圆角、拔模斜度、加强肋等，其表达方法见表 3-2。

表 3-2　铸造件的工艺结构及其表达方法

结构名称	作用及特点	图　例
铸造圆角	铸件表面相交处应有圆角，以免铸件冷却时产生缩孔或裂纹，同时防止脱模时砂型落砂，其半径一般取 $R(3\sim5)$ mm	
铸件壁厚	为避免铸件因冷却速度不同而产生缩孔或裂纹，设计时应使铸件壁厚保持均匀，厚薄转折处应逐渐过渡	
拔模斜度	为了造型时起模方便，铸件表面沿拔模方向设计出一定的斜度，拔模斜度一般为 1:20，必要时在技术要求中用文字说明	
铸件上的凸台和凹坑结构	装配时，为了使螺栓、螺母等紧固件或其他零件与相邻铸件表面接触良好，并减少加工面积，或为了避免钻孔偏斜和钻头折断，常制出凸台或凹坑	
两圆柱相贯	由于设计、工艺上的要求，机件的表面相交处常用铸造圆角或锻造圆角进行过渡，而使零件上的表面交线变得不明显，这种不明显的交线称为过渡线。过渡线用细实线画	

（续）

结构名称	作用及特点	图　　例
两圆柱相贯	由于设计、工艺上的要求,机件的表面相交处常用铸造圆角或锻造圆角进行过渡,而使零件上的表面交线变得不明显,这种不明显的交线称为过渡线。过渡线用细实线画	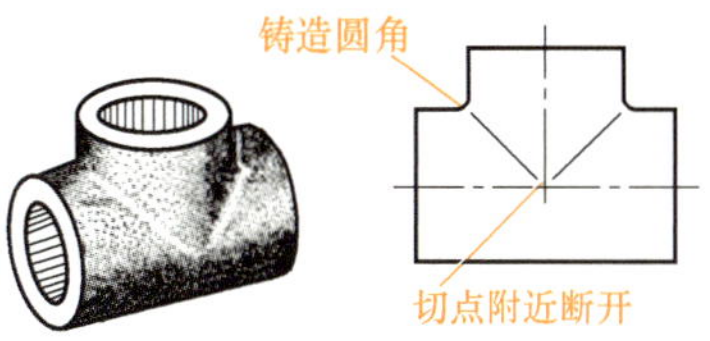
肋板与平面相交、平面与曲面相交	肋板与平面相交、平面与曲面相交时,过渡线在转角处断开,并加画过渡圆弧,其弯向与铸造圆角的弯向一致	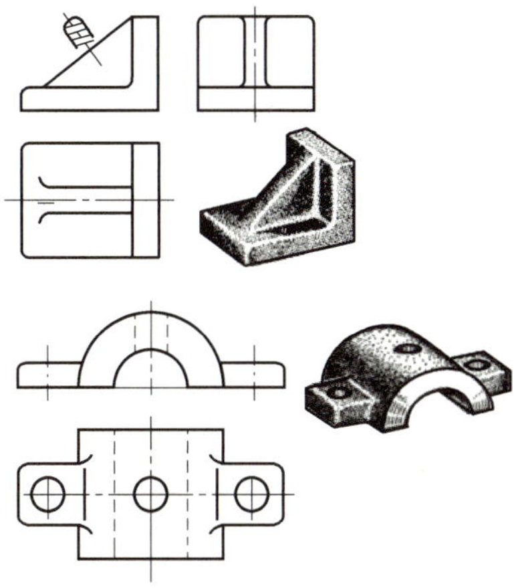
圆柱与肋板相交或相切	圆柱与肋板相交或相切时的过渡线,其形状取决于肋板的断面形状及相交或相切的关系	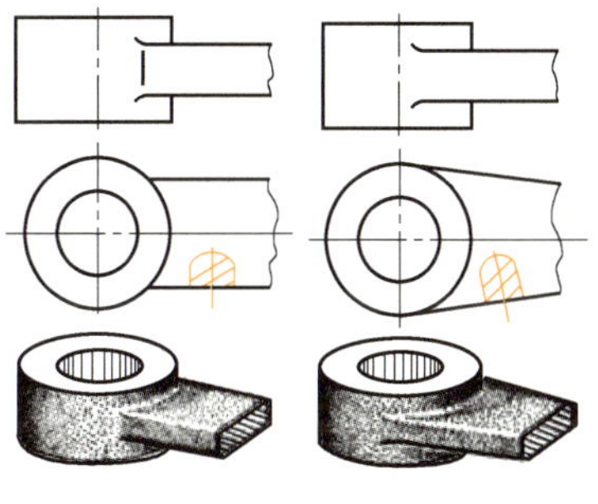 相交　　　相切

三、零件表达方案的选择

1. 主视图的选择

（1）主视图的投射方向　主视图的投射方向应遵循形体特征原则——能清楚地表达主要形体的形状特征。

（2）主视图的摆放位置

1）工作位置原则——尽可能与零件在机器或部件中的工作位置一致。

2）加工位置原则,主要用于_____（A. 轴　B. 盘　C. 箱体）类零件。

3）自然摆放稳定原则,如果零件为_____（A. 运动件　B. 固定件）,工作位置_____（A. 不固定　B. 固定）,或零件的加工工序较多,加工位置多变,应按自然摆放平稳的位置为画主视图的位置。

如图 3-8a 所示的滑动轴承座的摆放位置既是_____位置,也是_____位置。

从 A 向投射得到如图 3-8b 所示的主视图,从 B 向投射得到如图 3-8c 所示的主视图。

比较可知,选择_____向作为主视图投射方向较好。

2. 其他视图的选择

一个零件主视图确定后,在完整、清晰地表达零件的内、外结构形状的前提下,应尽可能使零件的视图数目为最_____（A. 少　B. 多）,应使每一个视图都有其表达的重点内容,具有独立存在的意义。

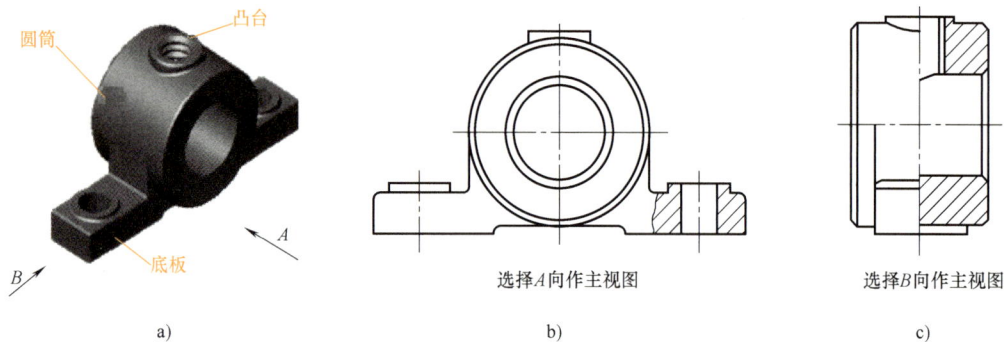

选择A向作主视图　　　　　　　选择B向作主视图

a)　　　　　　　　　　b)　　　　　　　　　　c)

图 3-8　选择主视图

四、举例：蜗轮减速器箱体表达分析

为了反映蜗轮减速器箱体的主要特征，按照零件主视图的选择原则，主视图按工作位置安放，将底板放平，并以反映其各组成部分形状特征及相对位置最明显的方向作为主视图的投射方向，如图 3-9 所示。完成其视图如图 3-10 所示。

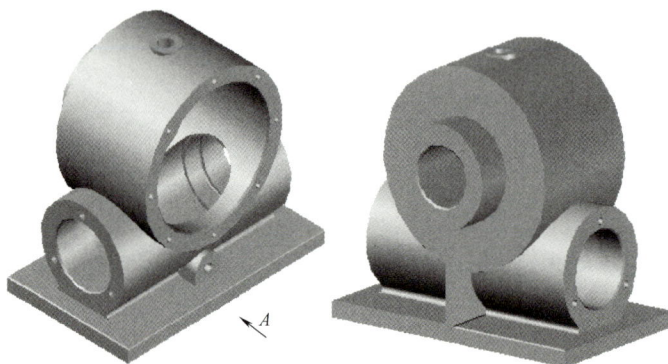

图 3-9　选择主视图

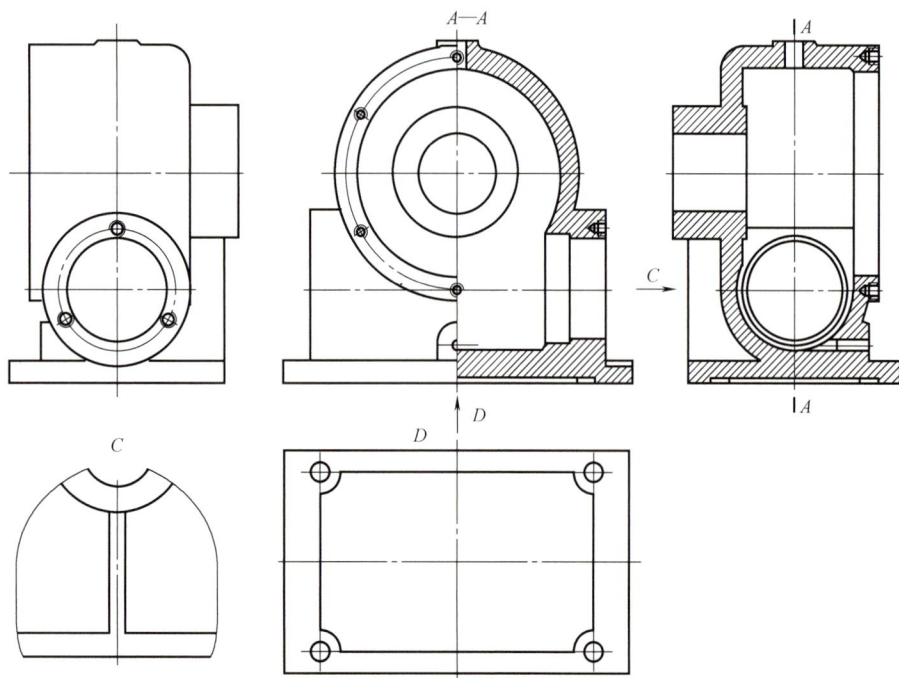

图 3-10　蜗轮减速器箱体的表达方法

活动实施　绘制减速器箱体

分组教学，以 6 人一小组为单位进行练习。

一、工量具和设备

1）一级或二级减速器箱体一个（图 3-11）。

2）绘图工具。

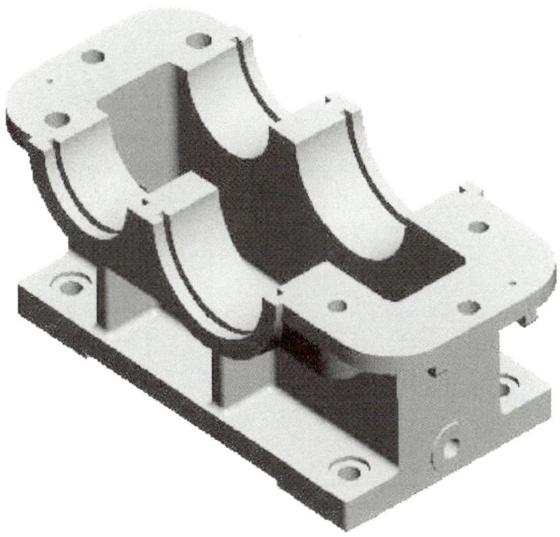

图 3-11　减速器箱体

二、工作流程

1. 分析零件

零件图通过一组图形将零件内、外部的形状和结构正确、完整、清晰、合理地表达出来。

表达减速器箱盖共需要_____个图形来表达，其中_____个_____图，_____个_____图，_____个_____图，还有_____图，是为了表达_____

_____。

2. 选择主视图

选择 A 向为主视方向（请在图 3-11 上标注），因为_____

_____。

3. 选比例，定图幅

本实物采用比例_____；图幅为_____。

4. 绘制图样

图纸横放，不留装订边，绘制标题栏。

5. 画图

1）布置视图，画出_____线，如图 3-12a 所示。

2）绘制主视图，采用_____图，是为了_____

_____。

3）绘制俯视图。

4）绘制左视图，采用_____图，是为了_____

_____。

5）还需要_____图，是为了_____

_____。

完成零件图，如图 3-12b 所示。

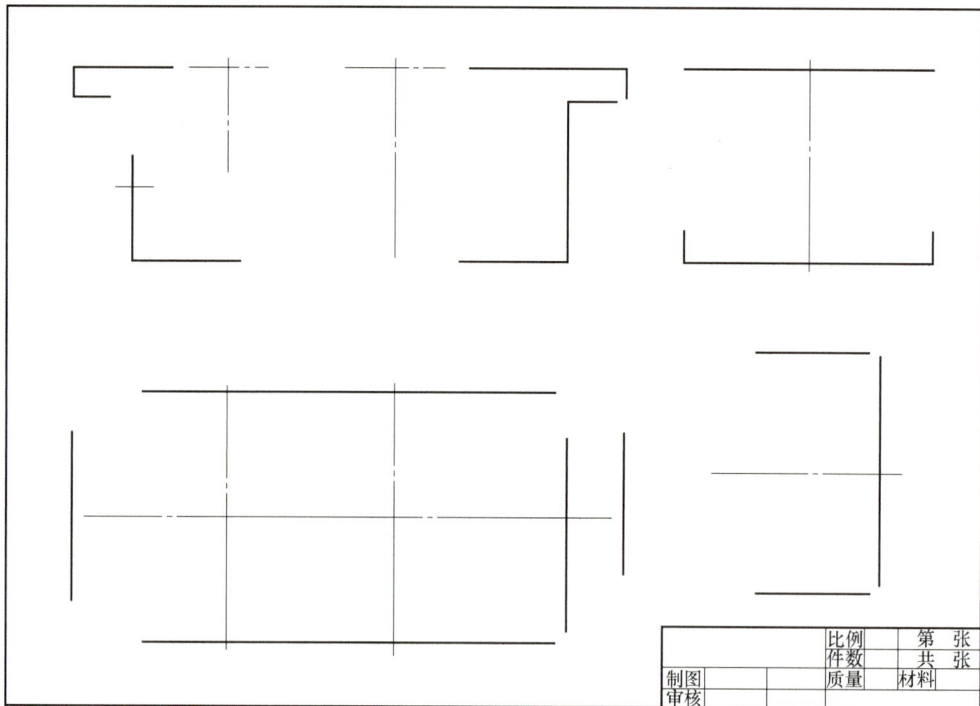

a)

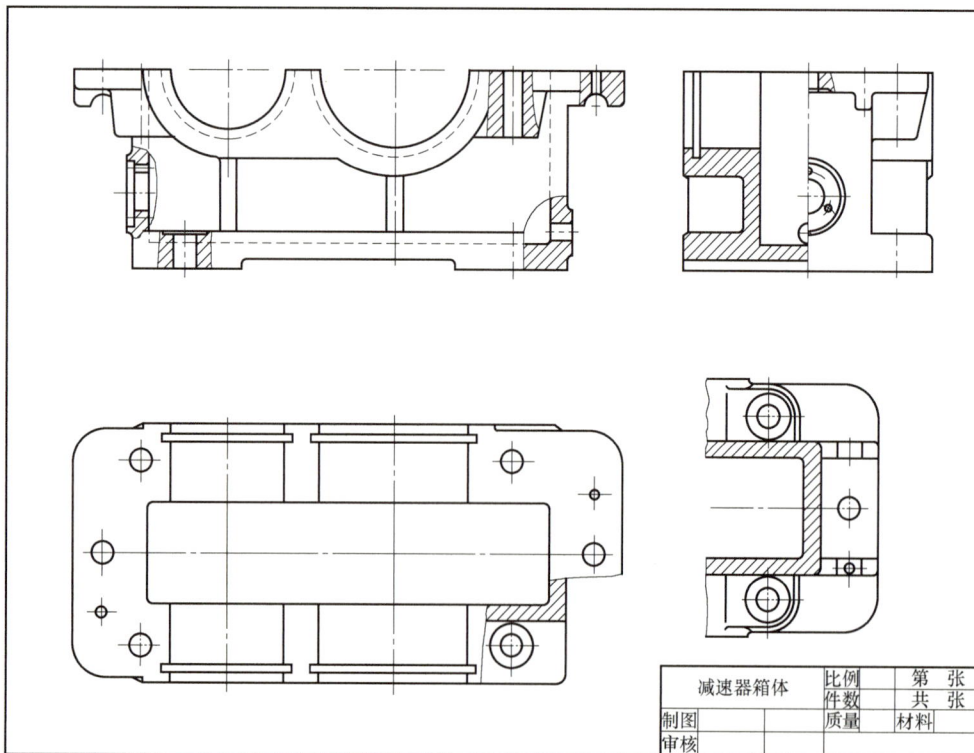

减速器箱体		比例		第 张
		件数		共 张
制图		质量	材料	
审核				

b)

图 3-12　减速器箱体零件图

活动评价 （表 3-3）

表 3-3　活动评价表

完 成 日 期			工时	120min		总 耗 时	
任务环节	评 分 标 准			所占分数	考核情况	扣分	得分
绘制减速器箱体	1. 为完成本次活动是否做好课前准备（充分得 5 分,一般得 3 分,没有准备得 0 分） 2. 本次活动完成情况（好得 10 分,一般得 6 分,不好得 3 分） 3. 完成任务是否积极主动,并有收获（满分 5 分,积极但没收获得 3 分,不积极但有收获得 1 分）			20	自我评价：	学生签名	
	1. 准时参加各项任务（5 分）（迟到者扣 2 分） 2. 积极参与本次任务的讨论（10 分） 3. 为本次任务的完成,提出了自己独到性的见解（10 分） 4. 团结、协作性强（5 分）			30	小组评价：	组长签名	
	1. 零件图表达方案是否合理,缺一视图扣 5 分 2. 视图关系错误一处扣 2 分 3. 工作页填错一处扣 2 分 4. 线型使用错误一处扣 2 分 5. 字体书写不认真,一处扣 2 分 6. 图面不干净、不整洁扣 2~5 分 7. 超时扣 3 分 8. 违反安全操作规程扣 5~10 分 9. 工作台及场地脏乱扣 5~10 分			50	教师评价：	教师签名	
总分							

小提示

只有通过以上评价,才能继续学习哦!

活动三　测量并标注箱体尺寸

能力目标

1）能测量箱体各部位尺寸并标注。
2）能叙述与箱体相关的几何公差符号、公差带含义及标注方法。

素质目标

通过实施检测任务,熟悉几何量检测的基本步骤,逐步建立分析问题的大局观。

活动地点

零件测绘与分析学习工作站。

学习过程

你要掌握以下资讯与决策，才能顺利完成任务

一、箱体类零件的尺寸标注

1）标注基准。长度方向、宽度方向、高度方向的主要基准是采用孔的轴线、对称平面、_____（A. 较大　B. 较小）的加工平面或结合面。

2）定位尺寸多，各孔中心线间距离一定直接标出来。零件上常见孔的尺寸注法见表3-4。

表3-4　零件上常见孔的尺寸注法

结构类型		普通注法	旁注法		说　明
光孔	一般孔				"4×ϕ5"表示四个孔的直径均为5mm
	精加工孔				钻孔深为12mm，钻孔后需精加工至$\phi5^{+0.012}_{0}$mm，精加工深度为10mm
	锥销孔				ϕ5mm为与锥销孔相配的圆锥销小头直径（公称直径）
沉孔	锥形沉孔				"6×ϕ7"表示6个孔的直径均为7mm。锥形部分大端直径为13mm，锥角为90°
	柱形沉孔				四个柱形沉孔的小孔直径为6.4mm，大孔直径为12mm，深度为4.5mm

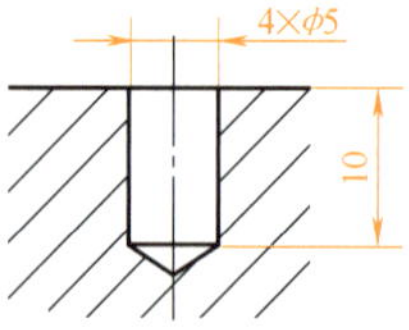

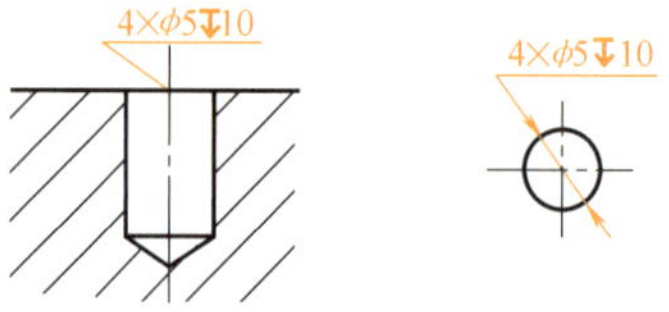

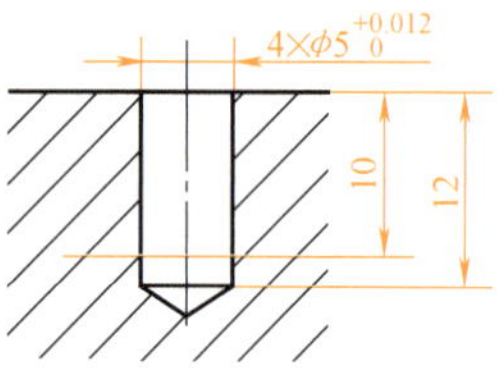

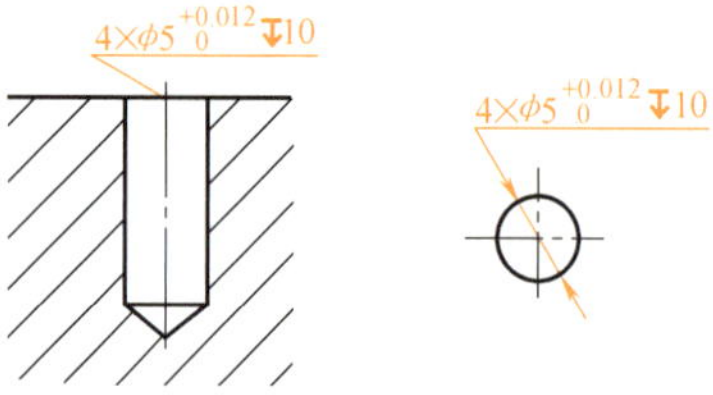

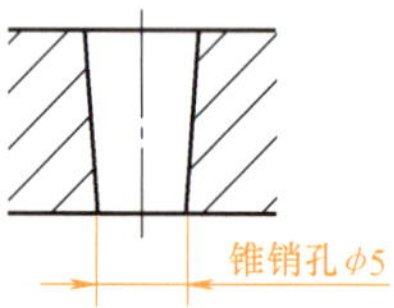

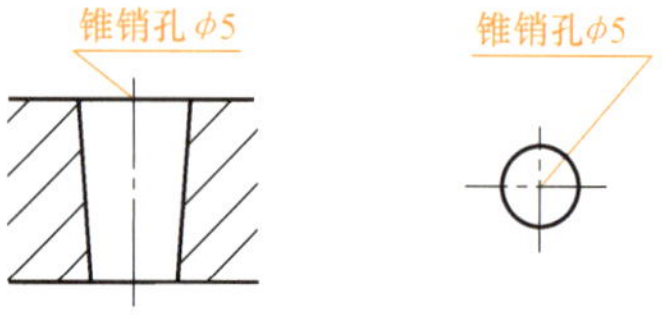

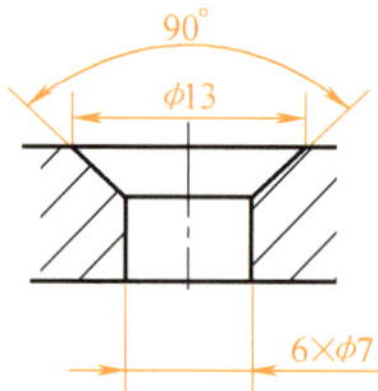

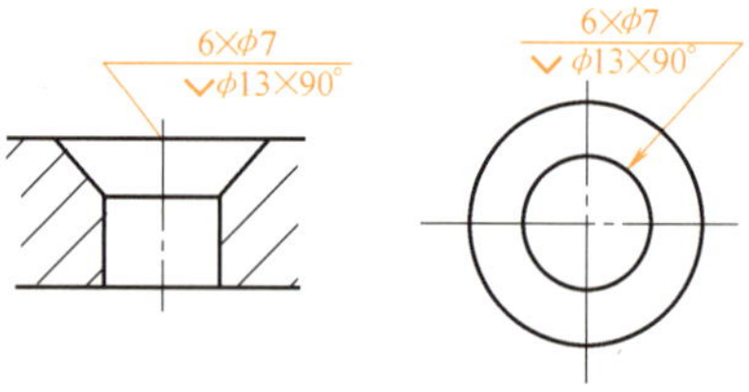

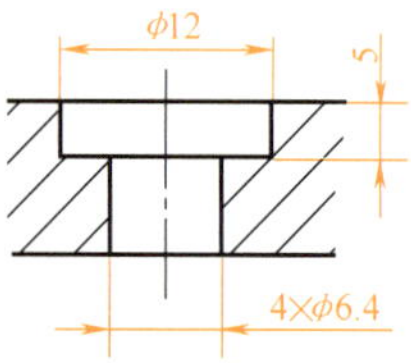

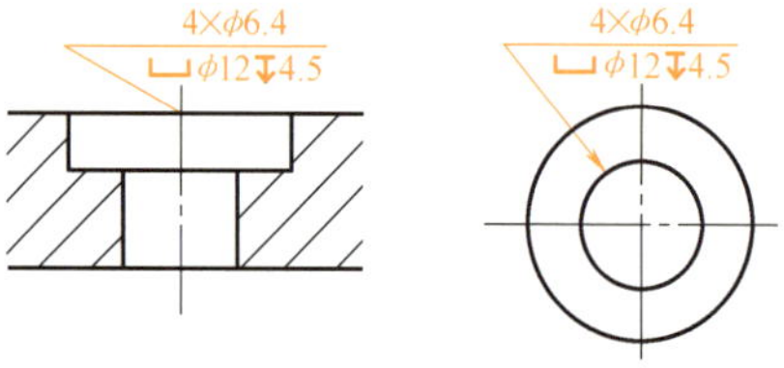

（续）

结构类型		普通注法	旁 注 法	说 明
沉孔	锪平面孔			锪平面 $\phi20$mm，深度不需标注，加工时一般锪平到不出现毛面为止
螺纹孔	通孔			"3×M6-7H"表示3个公称直径为6mm的螺纹中径、顶径公差带为7H的螺纹孔
	不通孔			深度10mm是指螺纹孔的有效深度尺寸为10mm，钻孔深度以保证螺纹孔有效深度为准，也可查有关手册确定
				需要注出钻孔深度时，应明确标注出钻孔深度尺寸

3）尺寸仍用形体分析法标注。

4）对标准结构和要素（如螺纹、键槽、齿轮、倒角等），应把测量结果与标准值核对。

二、箱体零件的技术要求

1. 极限配合及表面粗糙度

1）箱体类零件中，轴承孔、结合面、销孔等表面质量要求较_____（A. 高　B. 低）；其余加工面表面质量要求较_____（A. 高　B. 低）。

2）重要的箱体孔和重要的表面，应有尺寸公差和几何公差的要求。如轴承孔的中心距、孔径，以及一些有配合要求的表面、定位端面一般有尺寸精度要求。

2. 几何公差

1）同轴的轴、孔之间一般有同轴度要求。

2）不同轴的轴、孔之间，轴、孔与底面一般有平行度要求。

3. 其他技术要求

箱体类零件的非加工表面在标题栏附近标注了表面粗糙度，零件图的文字技术要求中常注明其他加工要求，如"箱体需要人工时效处理；铸造圆角为 $R3 \sim R5$；非加工面涂装"等。

三、箱体零件的尺寸标注举例（图 3-13）

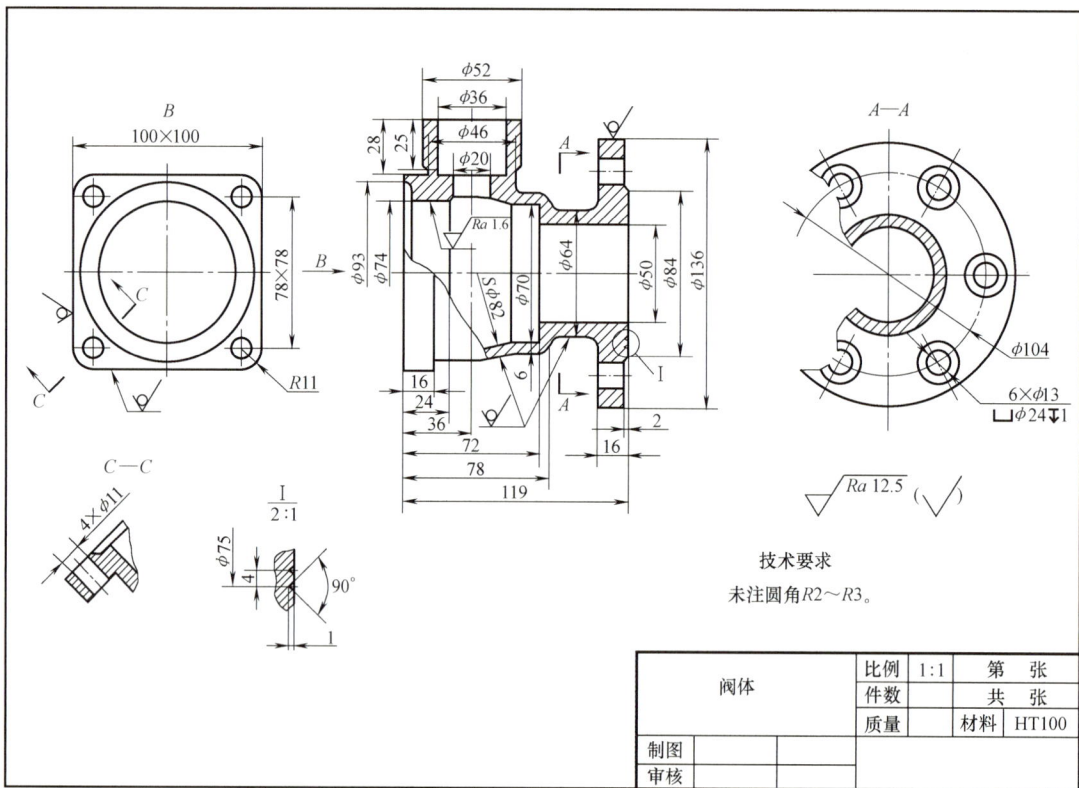

图 3-13　箱体零件的尺寸标注举例

◀ 活动实施　测量并标注减速器箱体

分组教学，以 6 人一小组为单位进行练习。

一、工量具、设备

1）一级或二级减速器箱体一个。

2）绘图工具。

二、工作流程

1. 分析零件，选择尺寸基准

1）长度方向的主要尺寸基准为＿＿＿＿＿＿＿＿（A. 轴线　B. 左端面）所在平面。

2）宽度方向尺寸基准为＿＿＿＿＿＿＿＿（A. 前后对称面　B. 前端面）。

3）高度方向的尺寸基准为箱体的＿＿＿＿＿＿＿＿（A. 底面　B. 上表面）。

2. 根据尺寸基准，按照形体分析法标注定形、定位尺寸及总体尺寸

（1）标注时的注意事项　请选择合理的标注，合理的画"√"，不合理画"×"。

1）应避免注成封闭尺寸链，如图 3-14 所示。

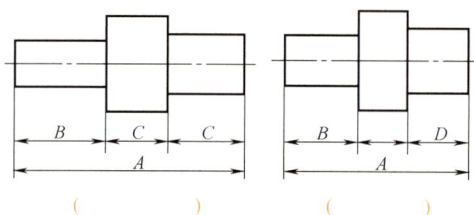

图 3-14　封闭尺寸链

2）重要尺寸必须从设计基准直接注出，如图 3-15 所示。

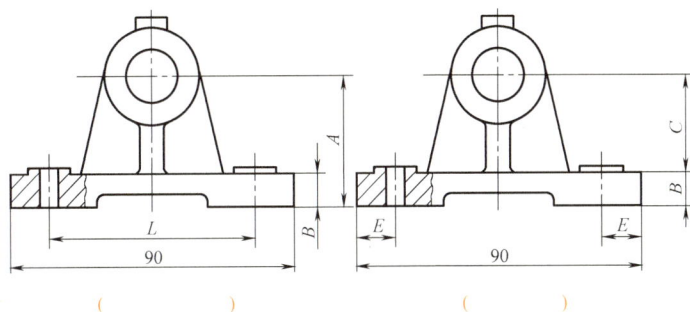

图 3-15 重要尺寸标注

3）考虑测量的方便性与可能性，如图 3-16 所示。

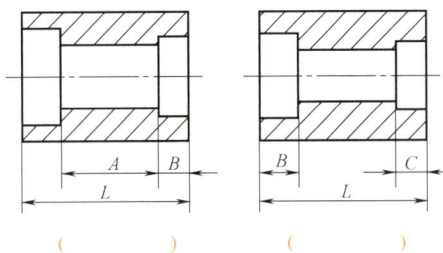

图 3-16 测量的方便性与可能性

4）同工序尺寸宜集中标注，如图 3-17 所示。

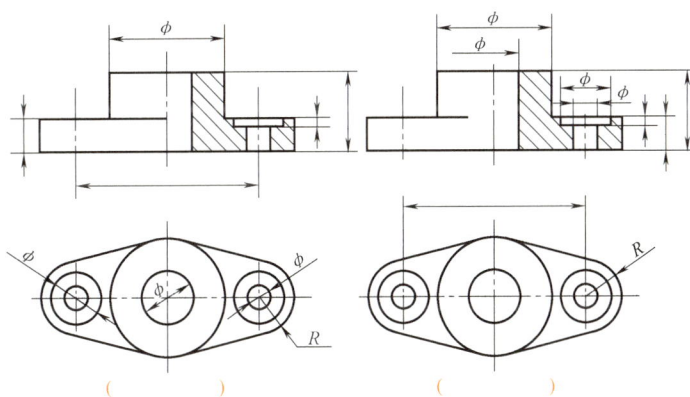

图 3-17 同工序尺寸

（2）标注步骤

1）标注空心圆柱的尺寸。

2）标注底板的尺寸。

3）标注长方形腔体和肋板的尺寸。

4）检查有无遗漏和重复的尺寸。

减速器箱体的尺寸标注如图 3-18 所示。

（3）确定并标注尺寸公差、表面粗糙度和其他技术要求

1）孔（轴承孔）：尺寸精度等级为 IT6～IT7，形状精度应不超过其孔径尺寸公差的一半，表面粗糙度值为 $Ra1.6～Ra0.4\mu m$。

2）孔与孔：同轴线的轴承孔的同轴度公差要求为 $0.01～0.03mm$，各轴承孔之间的平行度公差要

图 3-18　减速器箱体的尺寸标注

求为 0.03~0.06mm，中心距公差为 0.02~0.08mm。

3）箱体装配基准面，定位基准面的精度要求：平面度公差要求为 0.02~0.1mm，表面粗糙度值为 $Ra3.2~Ra0.8\mu m$，主要平面间的平行度或垂直度公差要求为 0.02~0.1mm。轴承孔与装配基准面间的平行度公差要求为 0.03~0.1mm。

完成的零件图如图 3-19 所示。

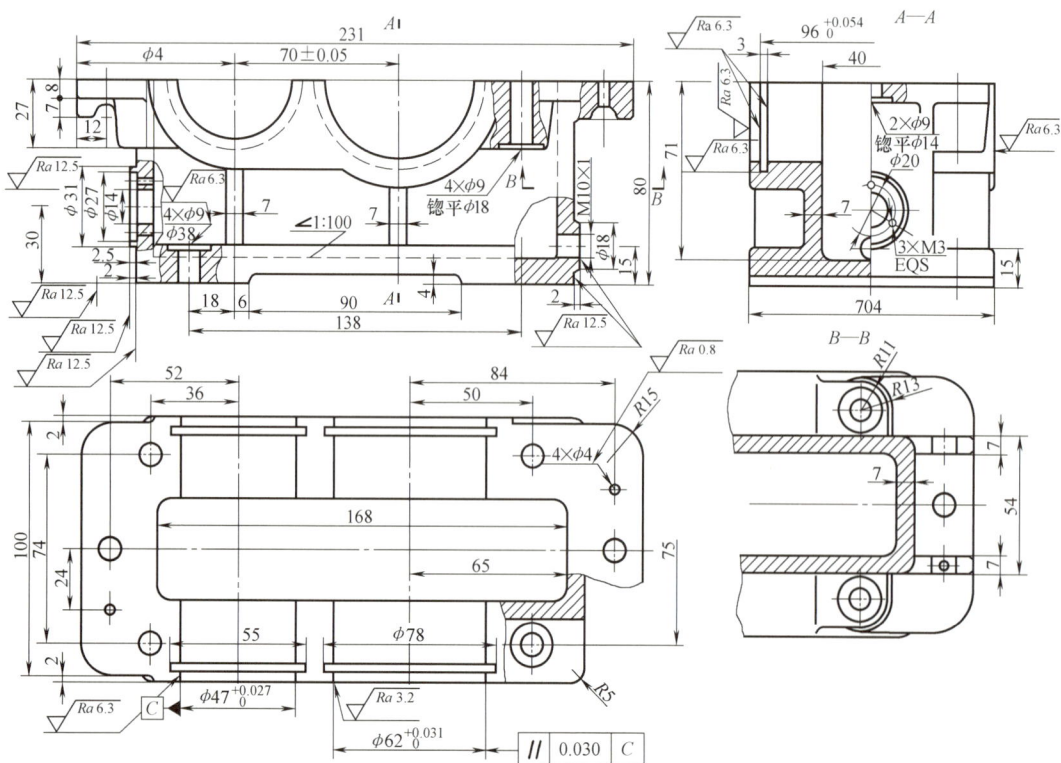

图 3-19　零件图

（4）填写标题栏　填写过程略。

活动评价（表3-5）

表3-5　活动评价表

完成日期		工时	120min		总耗时	
任务环节	评 分 标 准		所占分数	考核情况	扣分	得分
测量并标注减速器箱体	1. 为完成本次活动是否做好课前准备（充分得10分，一般得7分，没有准备得2分） 2. 本次活动完成情况（好得10分，一般得6分，不好得3分） 3. 完成任务是否积极主动，并有收获（满分10分，积极但没收获得5分，不积极但有收获得3分）		30	自我评价：		学生签名
	1. 准时参加各项任务（10分）（迟到者扣2分） 2. 积极参与本次任务的讨论（15分） 3. 为本次任务的完成，提出了自己独到的见解（10分） 4. 团结、协作性强（5分）		40	小组评价：	组长签名	
	1. 确定减速器箱体的尺寸精度等级，选错一次扣2分 2. 确定箱体的尺寸公差与几何公差，错一处扣2分 3. 确定箱体各表面粗糙度值，错一处扣2分 4. 箱体的标注，错一处扣2分 5. 工作页少写或错一处扣2分 6. 超时扣3分 7. 违反安全操作规程扣2~5分 8. 工作台及场地脏乱扣2~5分		30	教师评价：		教师签名
总分						

小提示

只有通过以上评价，才能继续学习哦！

活动四　用 Inventor 绘制箱体零件图

能力目标

1）能确定零件的表达方案。
2）能绘制箱体零件图。

素质目标

掌握软件项目管理的特性，创建条理清晰的项目管理素质。

活动地点

机械产品测量实训室、计算机室。

学习过程

一、减速器箱体建模

箱体零件的建模思路如图3-20所示。箱体零件图如图3-21所示。

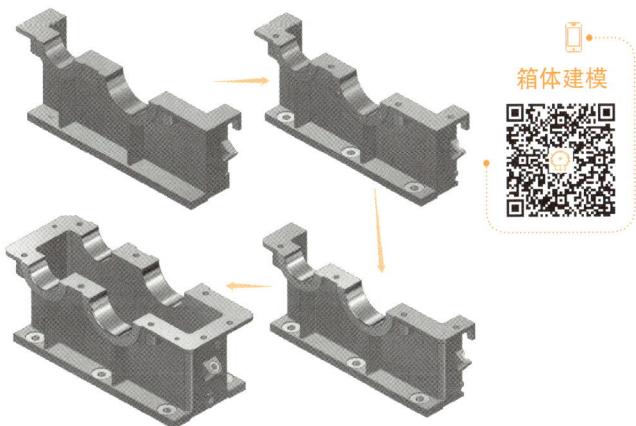

箱体建模

图3-20　箱体零件建模思路

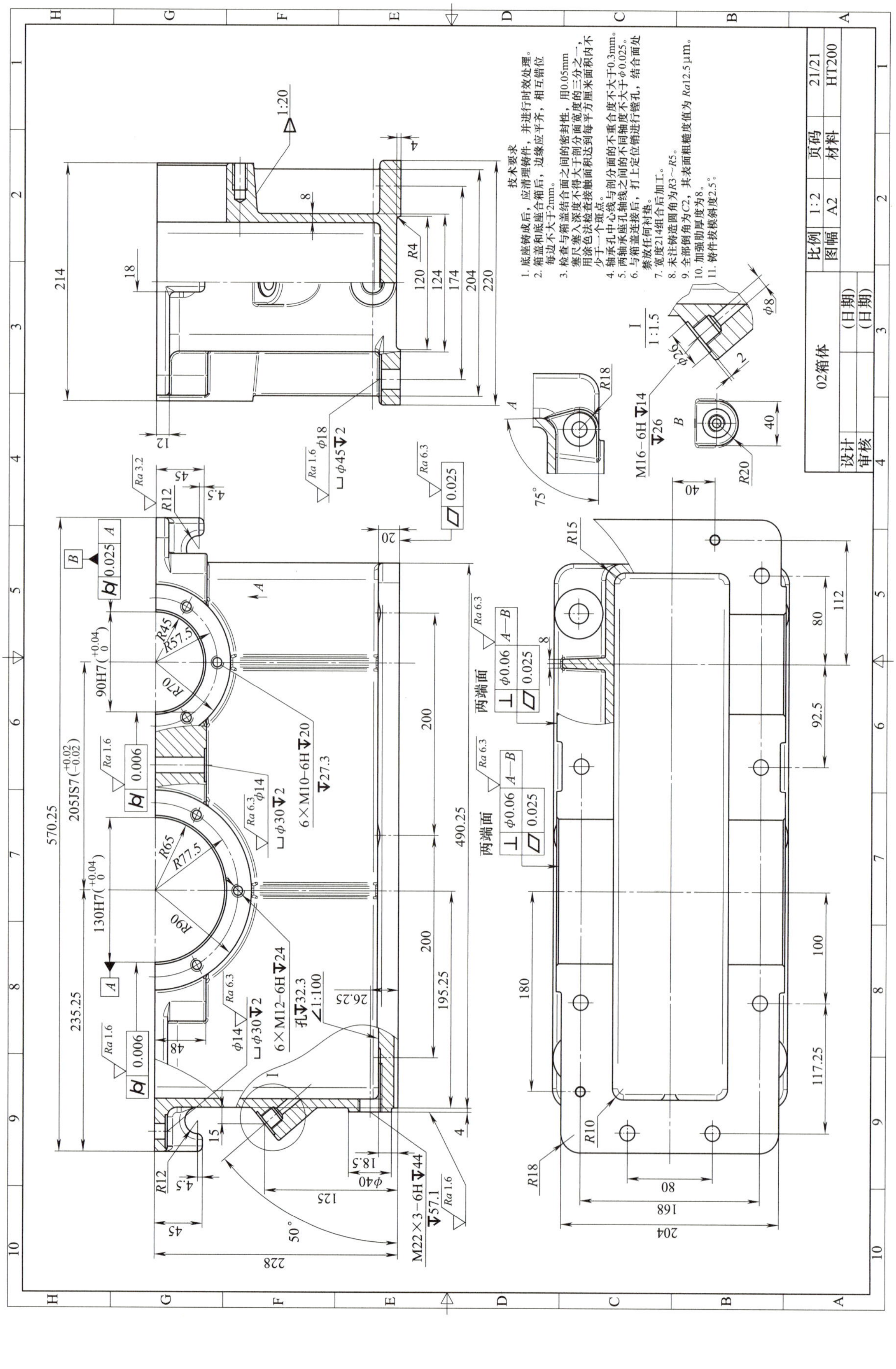

图 3-21 箱体零件图

1. 草图布局及原点确定

利用系统自带的定位特征平面作为初始特征的定位参考，如图 3-22 所示，将箱体零件顶部平面的从动轴圆心与坐标原点重合，绘制箱体的主要轮廓草图。

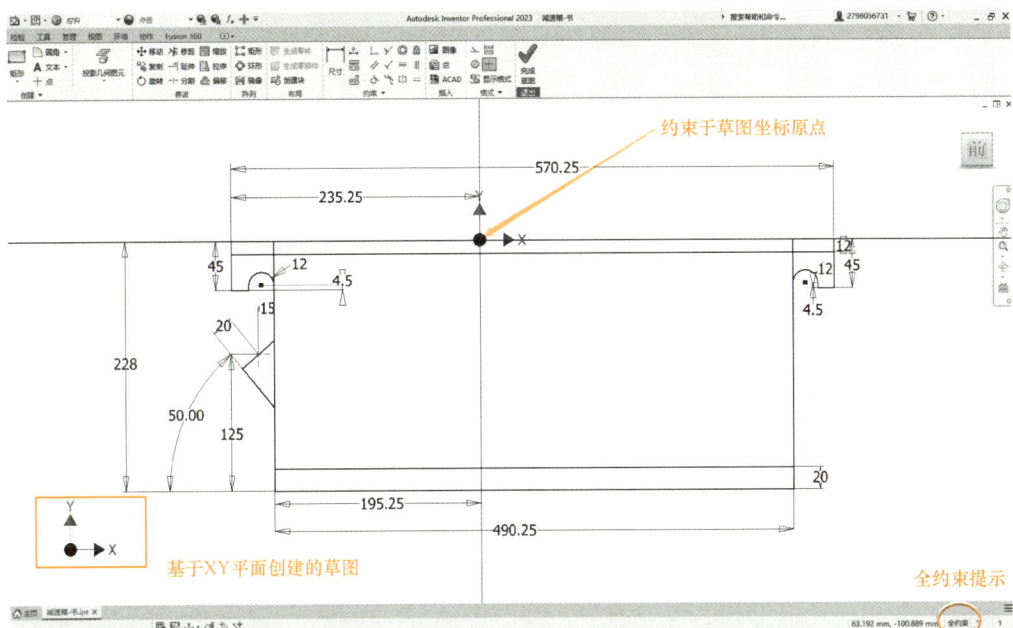

图 3-22　全约束的草图

2. 创建箱体基本模型

图 3-23 所示为基于图 3-22 绘制的草图进行箱体零件第 1 个拉伸特征操作。

图 3-24 所示为基于图 3-22 绘制的草图进行箱体零件第 2 个拉伸特征操作。采用求并方式与第 1 个拉伸特征形成 1 个实体。根据零件图确定其余拉伸特征方向与尺寸，创建出箱体，如图 3-25 所示。

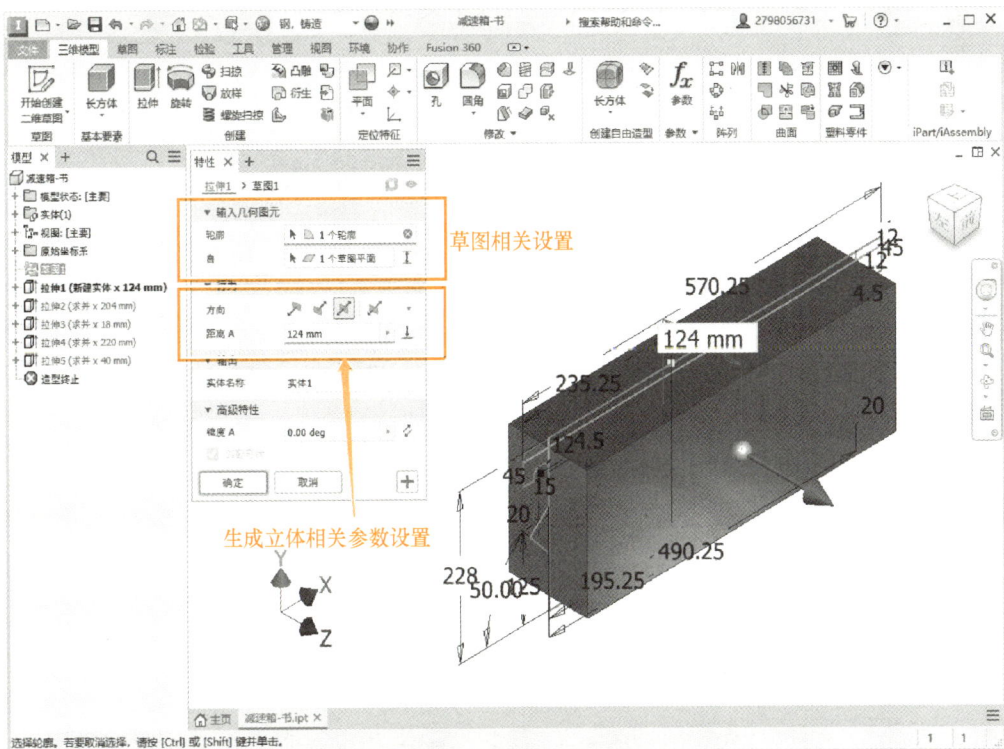

图 3-23　箱体的第 1 个拉伸特征

117

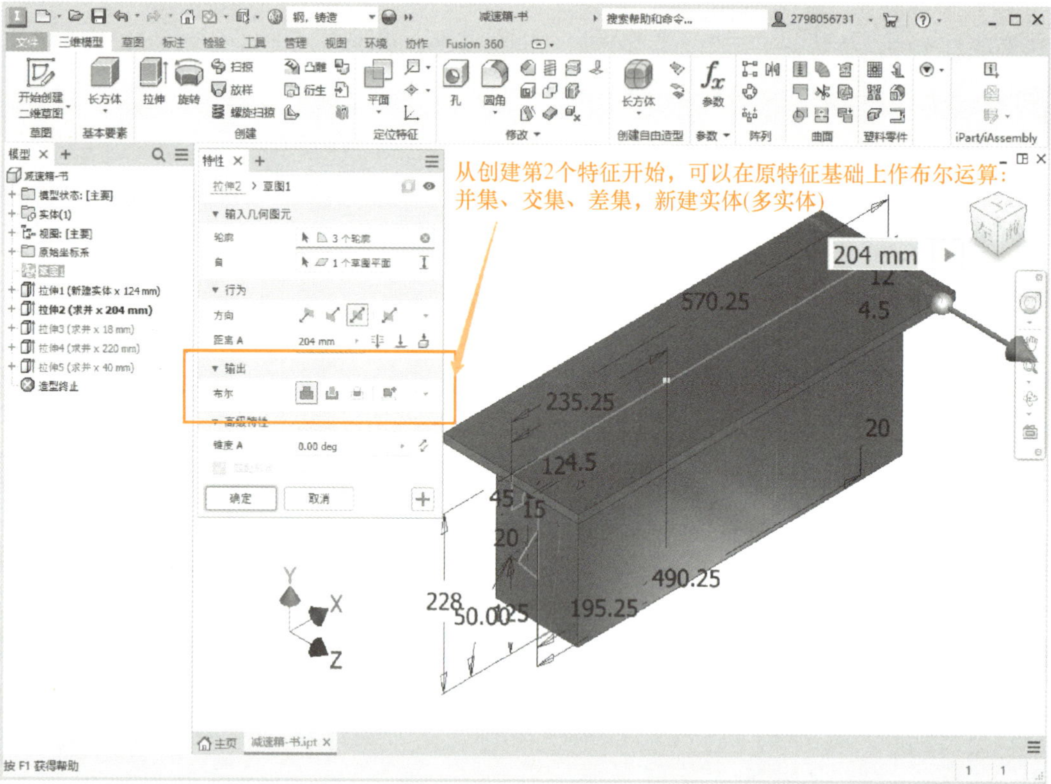

图 3-24　箱体的第 2 个拉伸特征

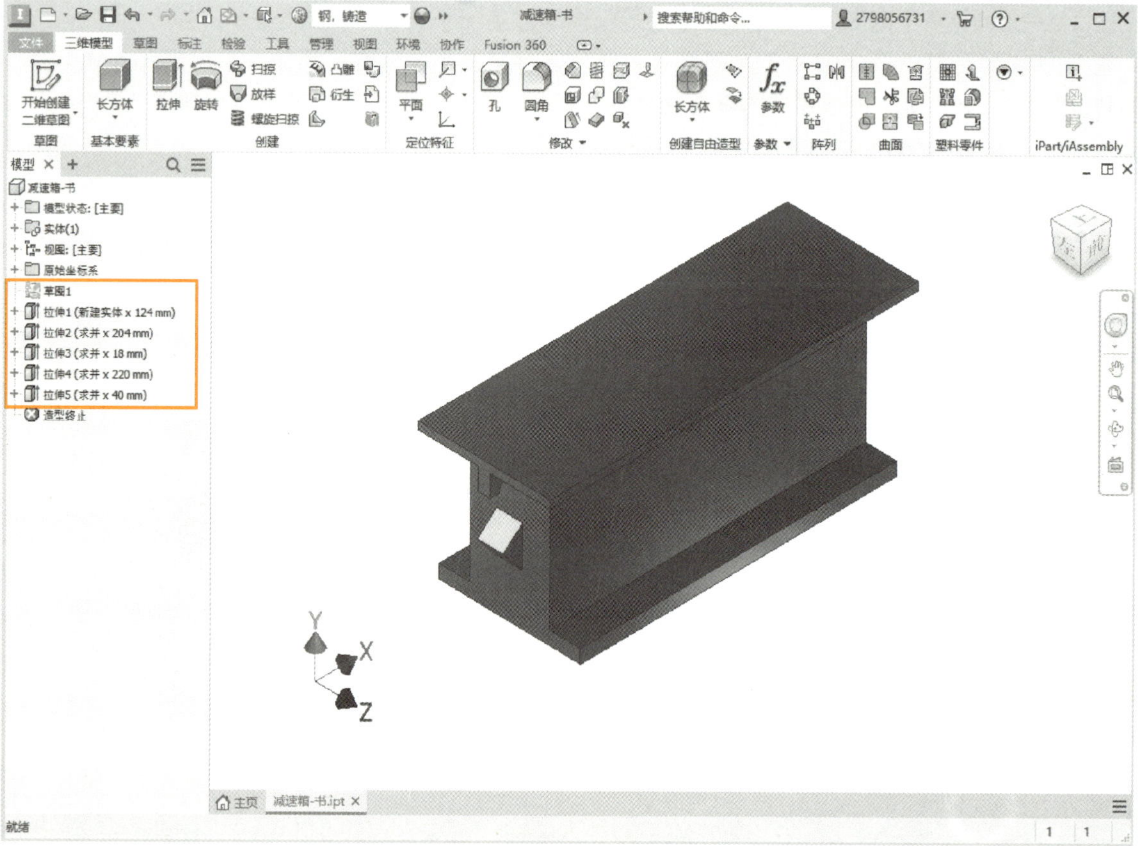

图 3-25　拉伸后的箱体

图 3-26 所示为基于箱体模型上表面创建的草图，使用"旋转"命令创建轴承安装位置的模型特征。图 3-27 所示为使用图 3-26 绘制的草图进行"旋转"特征操作。图 3-28 所示为生成的模型。

图 3-26　在箱体模型上表面创建的草图

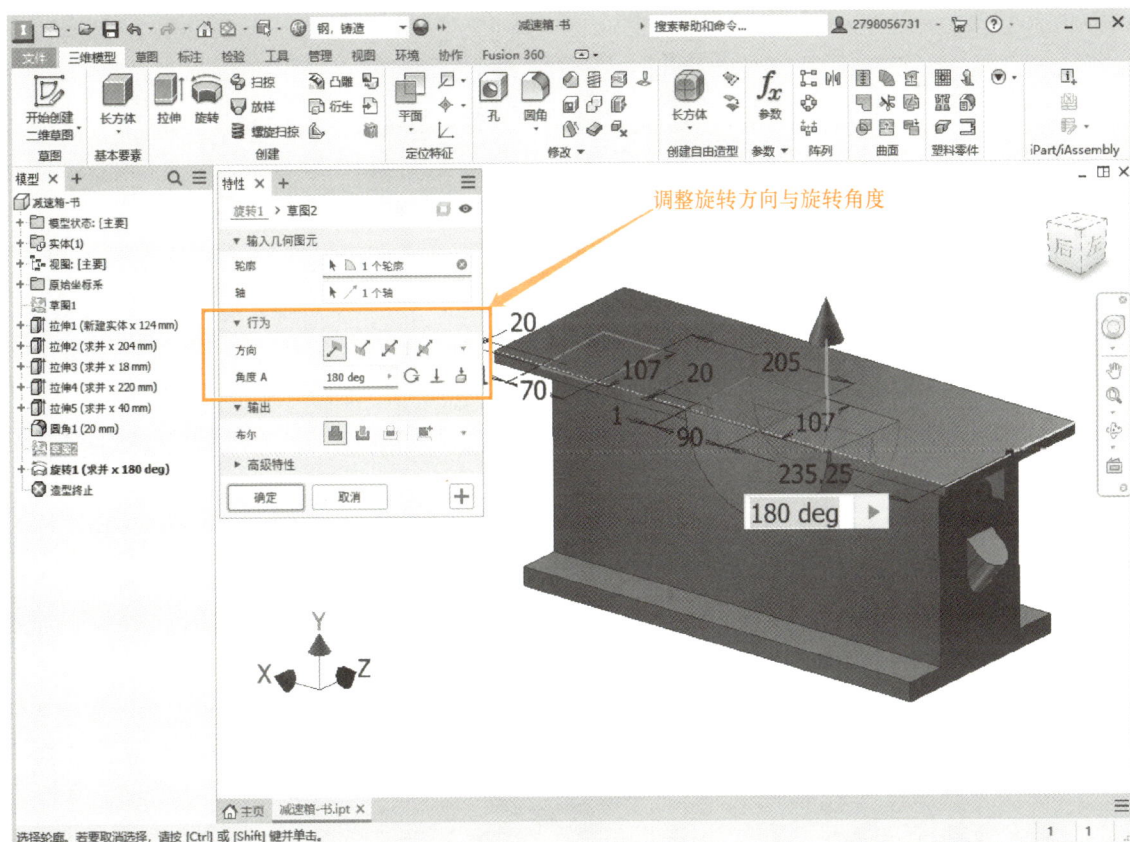

图 3-27　第一个"旋转"特征

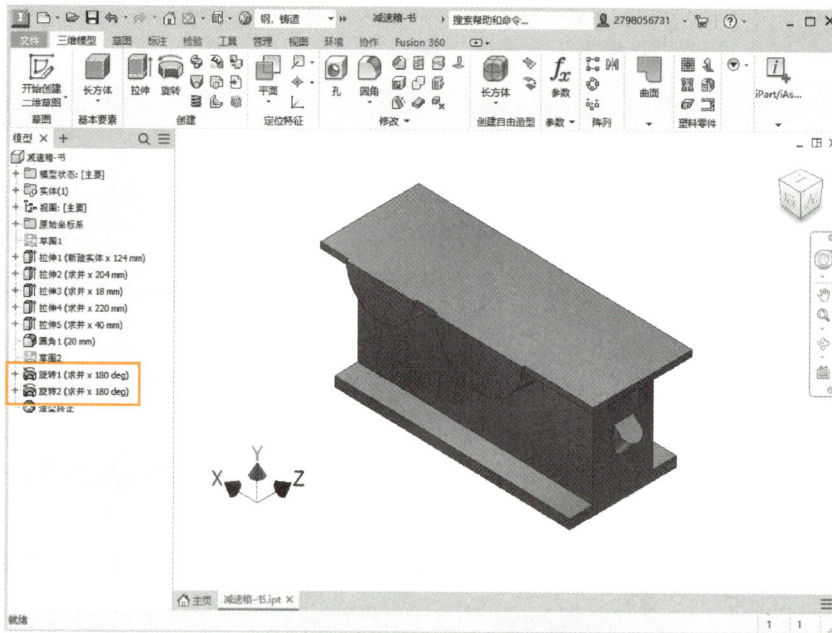

图 3-28　完成草图旋转后的箱体

　　图 3-29 所示为基于箱体模型上表面创建的草图。图 3-30 所示为基于图 3-29 绘制的草图使用"拉伸"命令创建箱体箱盖连接螺栓的安装特征。

图 3-29　在箱体模型上表面创建草图

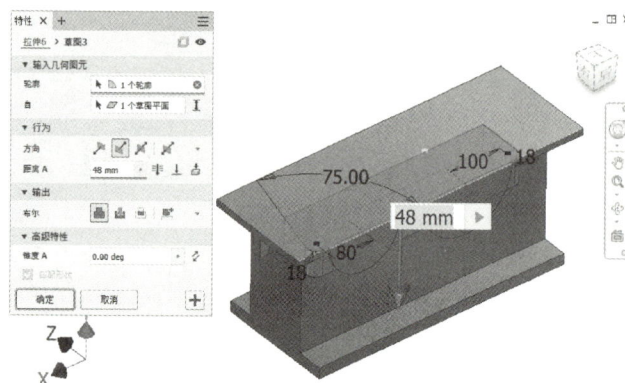

图 3-30　完成连接螺栓的安装特征

图 3-31 为创建其余拉伸特征步骤：

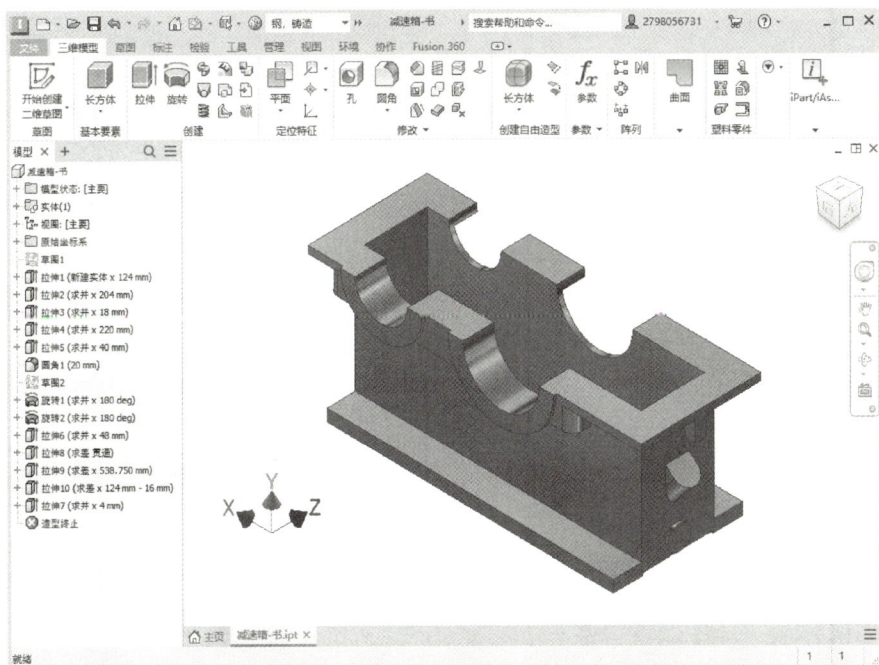

1）在底部侧面位置绘制草图，使用"中心两点矩形"命令绘制长、宽尺寸为 120mm×8mm 的矩形。激活"拉伸"命令，拉伸长度为"贯通"，如图 3-31a 所示。

2）在轴承安装端面绘制草图，使用"圆心圆"命令绘制两直径为 130mm、90mm 的圆。激活"拉伸"命令，拉伸长度为"贯通"，如图 3-31b 所示。

3）在原始坐标系 XY 平面上绘制草图，绘制内部挖空截面。激活"拉伸"命令，拉伸方向设置为"对称"，拉伸距离为 108mm，如图 3-31c 所示。

4）在模型左端平面绘制草图，使用"圆心圆"命令绘制直径为 40mm 且距离模型底面距离为 26.25mm 的圆，激活"拉伸"命令，拉伸方向设置为"向外"，拉伸距离为 4mm，如图 3-31d 所示。结果如图 3-32 所示。

图 3-31　创建其余拉伸特征

图 3-32　完成拉伸特征创建

图 3-33 所示为创建轴承安装特征处加强肋所需草图的位置。图 3-34 所示为绘制加强肋草图。图 3-35 所示为使用图 3-34 绘制的草图进行加强肋创建操作。

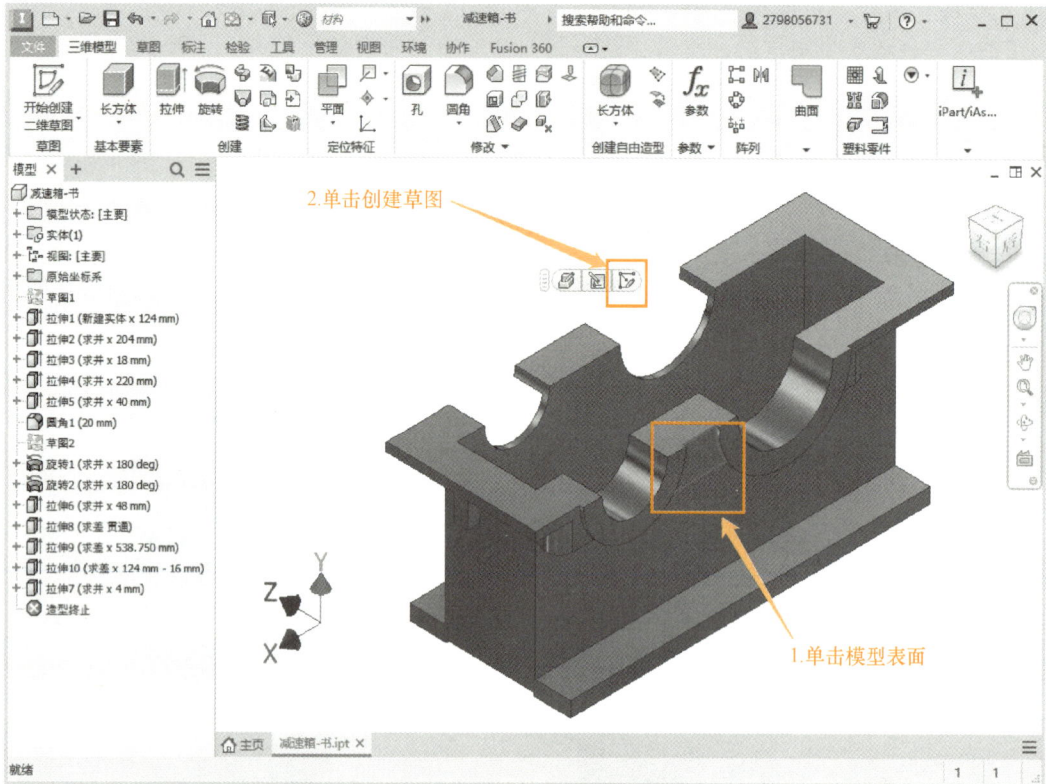

图 3-33　创建加强肋草图位置

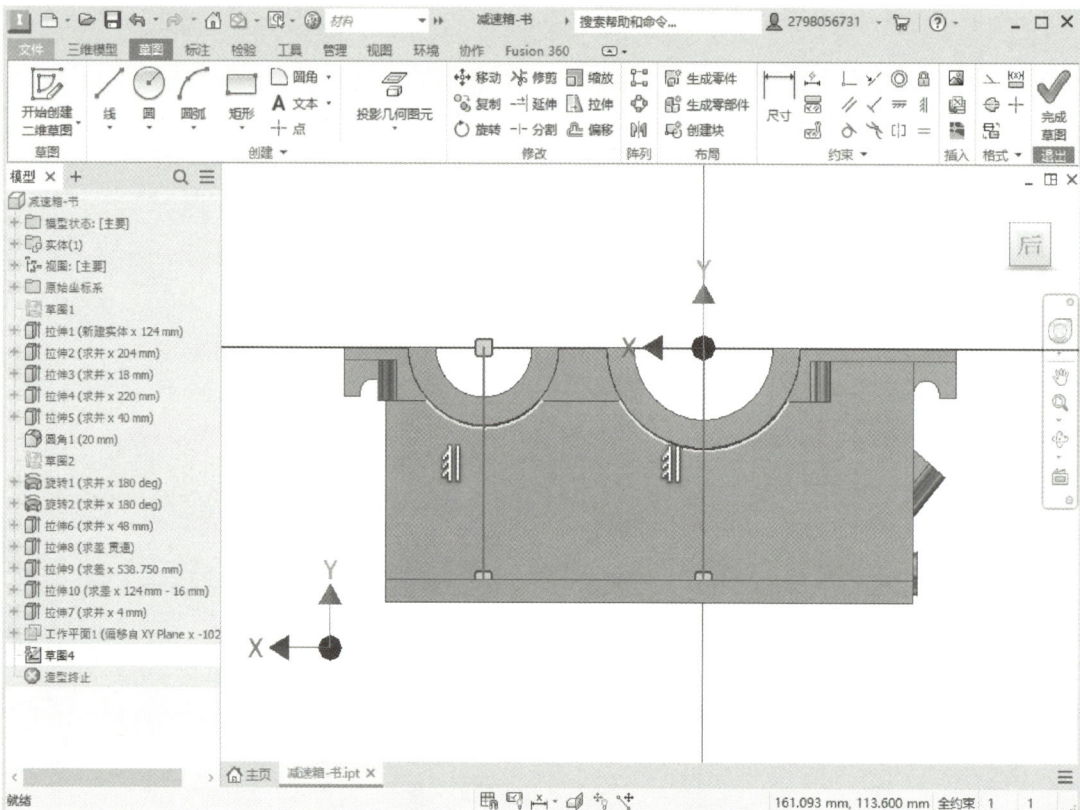

图 3-34　绘制加强肋草图

a)　　　　　　　　　　　　　　　　　　　　b)

图 3-35　创建加强肋

图 3-36 所示为基于已有模型进行一次模型分割，仅保留一半的模型进行后续的特征创建。激活软件"三维模型"→"修改面板"→"分割"命令，使用原始坐标系中的 XY 平面作为分割工具，对模型进行分割，分割后的模型如图 3-37 所示。

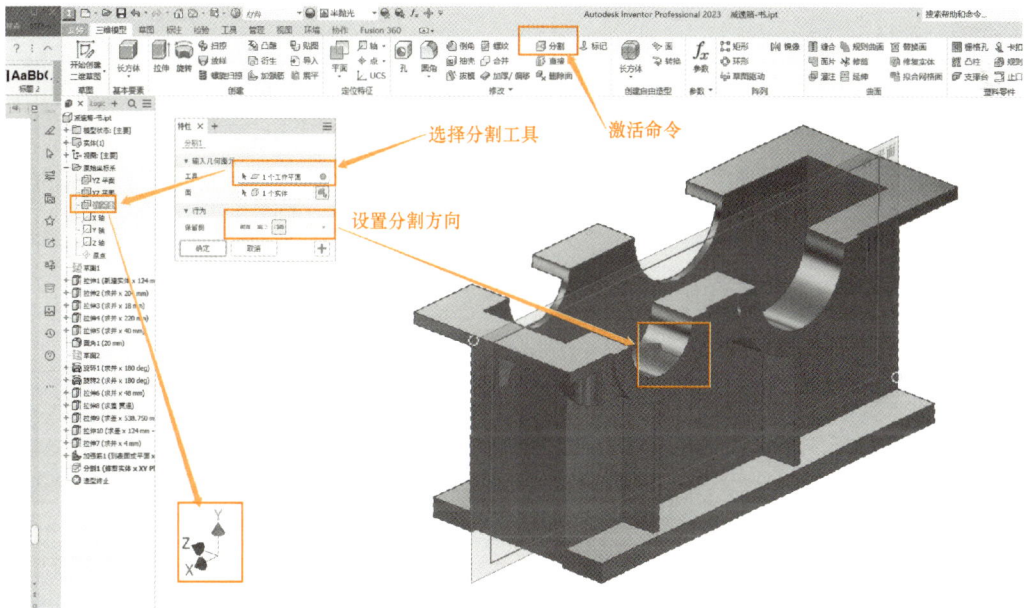

图 3-36　箱体模型对半分割

图 3-37　箱体模型分割后形状

3. 创建箱体孔特征

基于轴承安装特征的外表面创建图 3-38 所示的孔定位草图，仅绘制每组孔的其中一个定位点。X 线段端点也可作为打孔点使用。

图 3-39 所示为激活软件的"三维模型"→"修改面板"→"孔"命令，使用图 3-38 所示的直线端点 作为打孔位置，创建端面螺纹孔。

图 3-38 孔定位草图

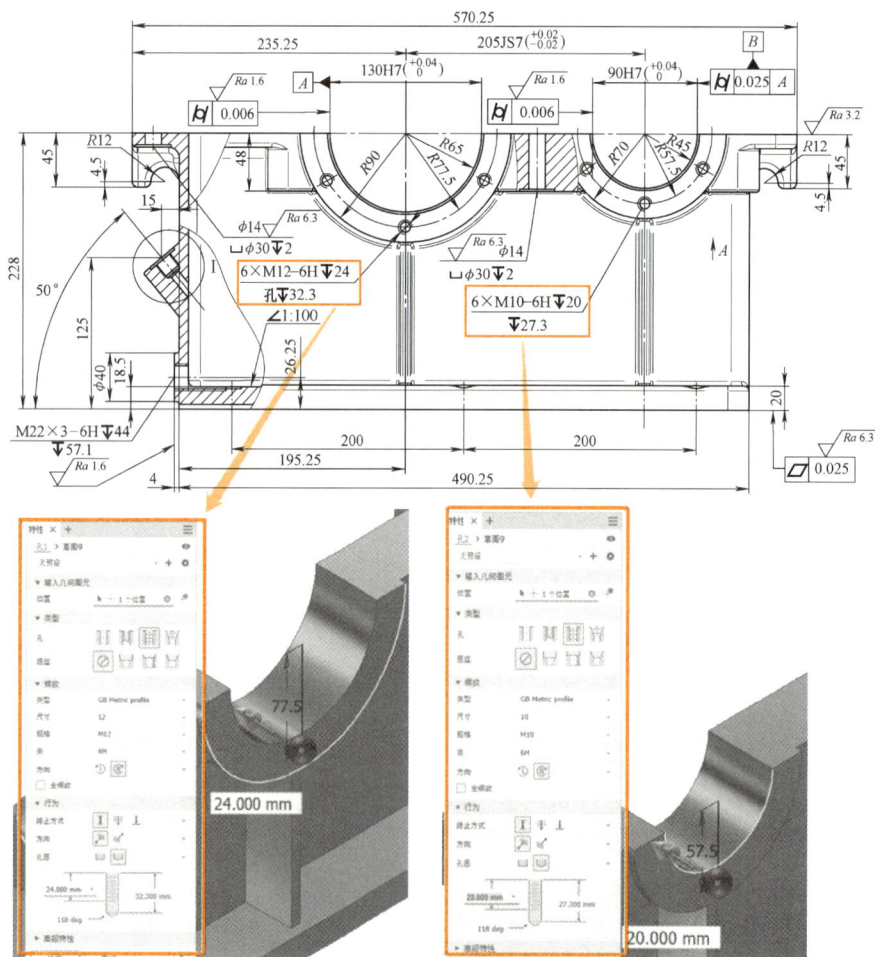

图 3-39 创建端面螺纹孔

图 3-40 所示为激活软件的"三维模型"→"阵列面板"→"环形阵列"命令，使用图 3-39 中创建的 孔特征作为阵列特征，两个轴承孔轴线作为阵列旋转轴，阵列端面螺纹孔。

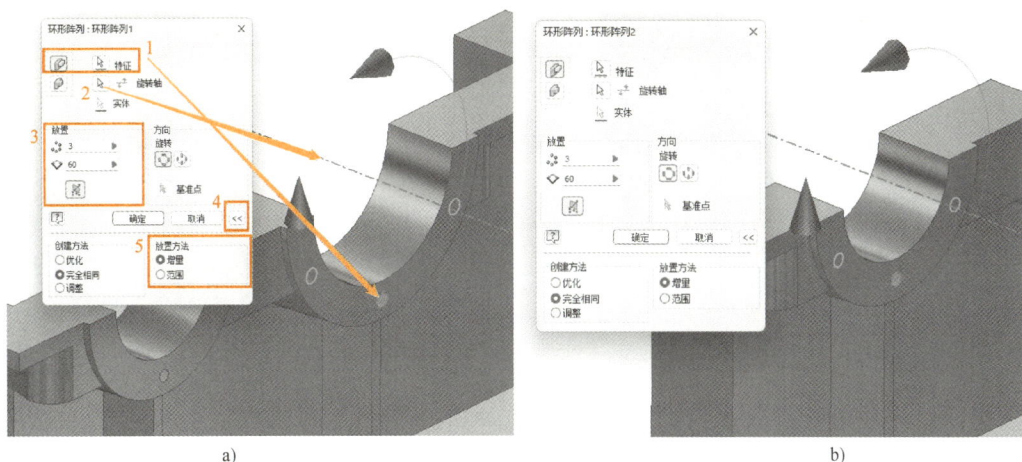

图 3-40 阵列端面螺纹孔

图 3-41 所示为创建其余孔特征步骤：

1）在箱体上螺栓安装特征的下底面上创建草图，投射两圆弧圆心并绘制距离左侧圆心横向距离为 172.5mm 的草图点，如图 3-41a 所示。

2）在箱体上平板下底面上创建草图，投射两圆弧圆心并绘制如图 3-41b 所示的草图点，标注距离尺寸 117.5mm、40mm。

3）在箱体底座的上表面创建草图，平行于 X 轴绘制两相连线段，标注线段长度为 200mm、距离模型中间面距离为 86mm，两线段基于底面居中分布，如图 3-41c 所示。

4）激活软件中的"三维模型"→"修改面板"→"孔"命令，使用箱体油孔圆柱的圆心作为打孔位置，如图 3-41d 所示。

5）激活软件中的"三维模型"→"修改面板"→"孔"命令，使用箱体油标安装特征圆心作为打孔位置，如图 3-41e、f 所示。

图 3-41 创建其余孔特征

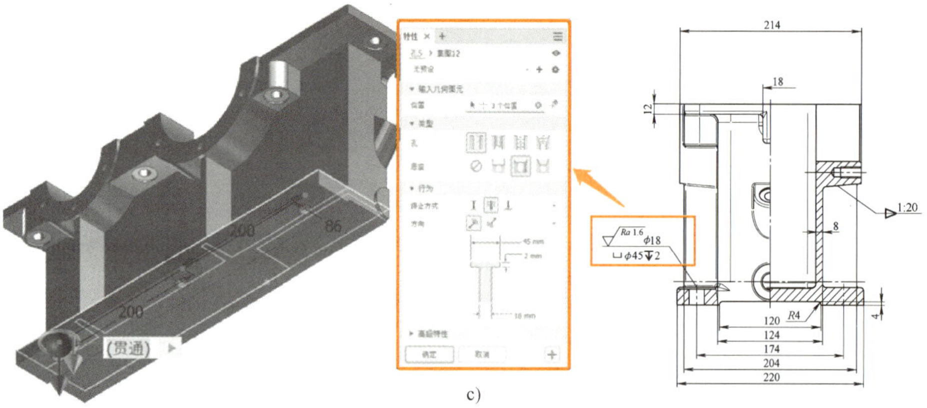

c)

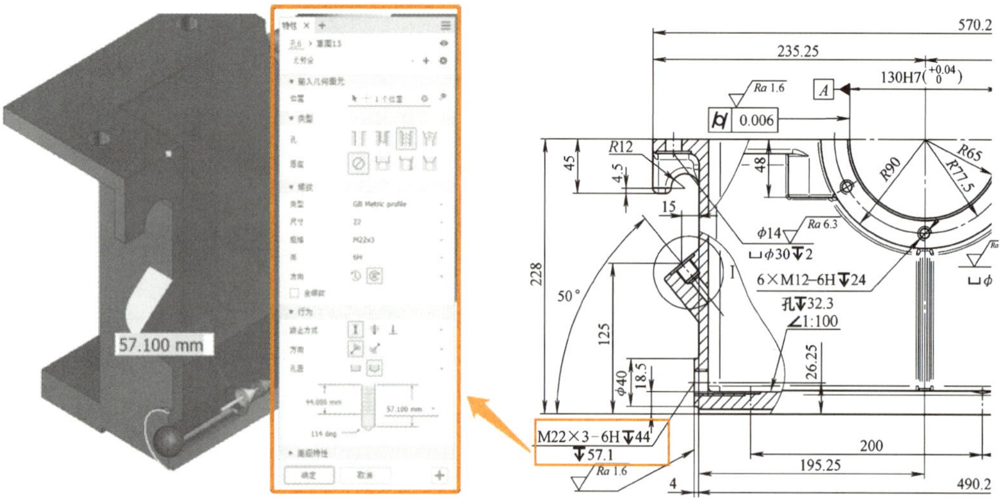

d)

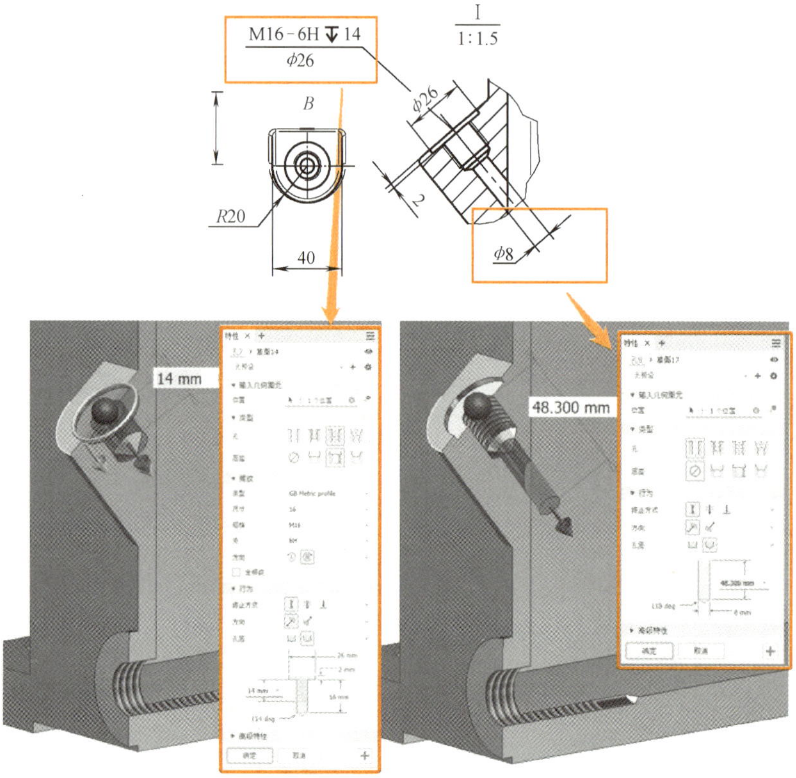

e)   f)

图 3-41 创建其余孔特征（续）

4. 创建箱体倒角特征

1）单击"圆角"命令，分别设置圆角半径为 2mm、18mm、10mm、15mm、2mm 依次选中需要倒圆角的边，如图 3-42 所示。

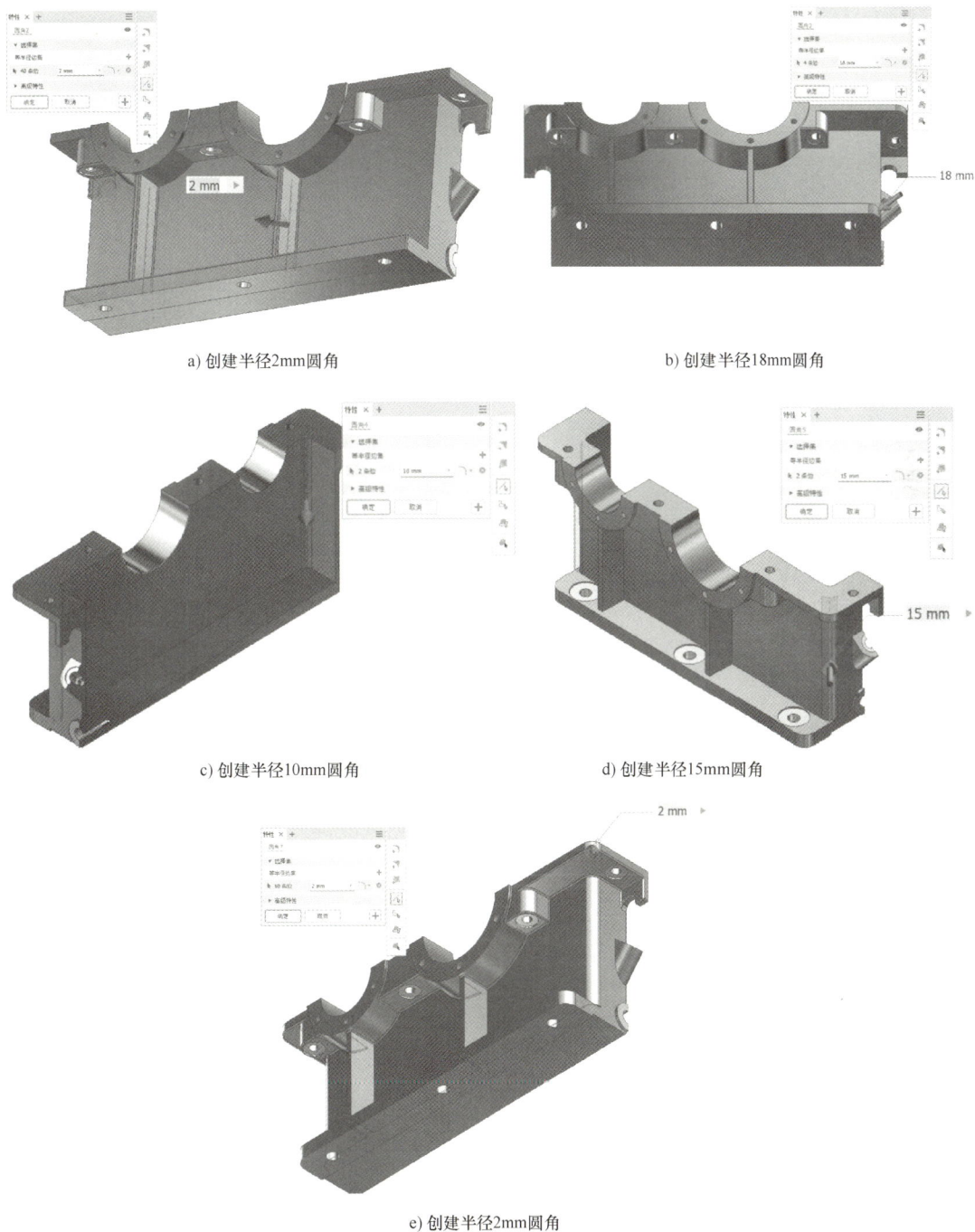

a) 创建半径2mm圆角

b) 创建半径18mm圆角

c) 创建半径10mm圆角

d) 创建半径15mm圆角

e) 创建半径2mm圆角

图 3-42　创建圆角特征

2）如图 3-43 所示创建倒角特征。

5. 创建箱体其余补充特征

1）激活软件中的"三维模型"→"阵列面板"→"镜像"命令，使用"镜像实体"命令，选择镜像平面为中间剖切面。如图 3-44 所示镜像整个实体，完成箱体模型。

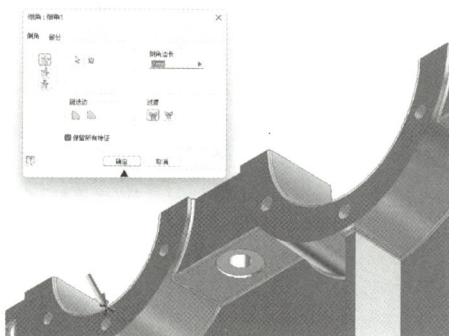

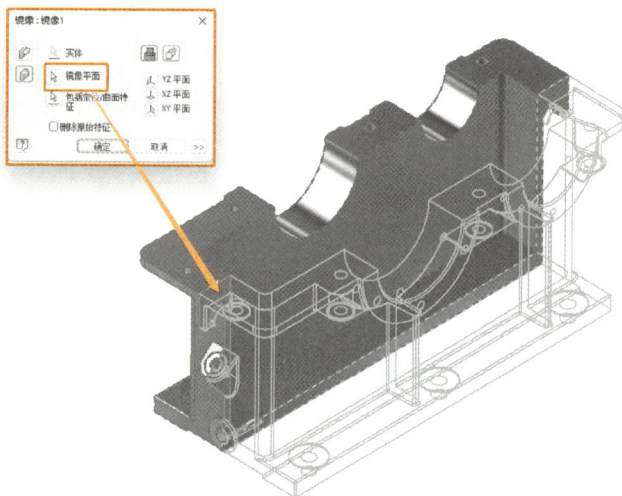

图 3-43　创建倒角特征

图 3-44　镜像实体

2）图 3-45a 所示为基于箱体模型上表面创建的草图。

3）图 3-45b 所示为基于上一步草图使用"拉伸"命令，设置拉伸锥度，创建圆锥销孔特征。

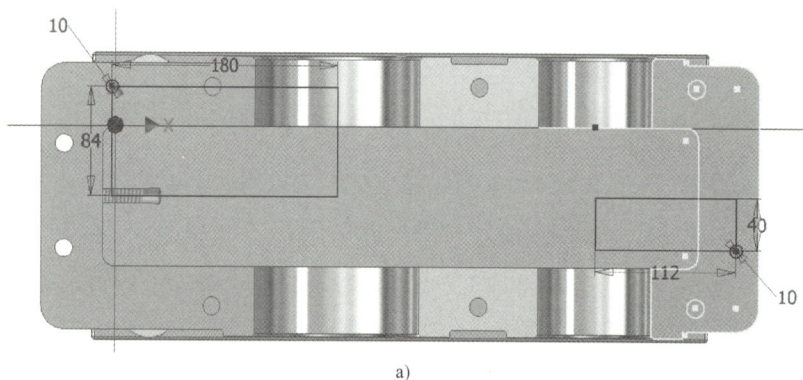

a)

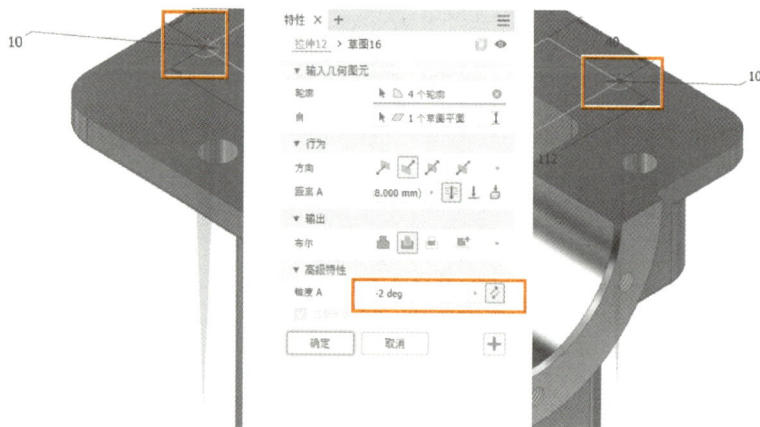

b)

用Inventor
绘制箱体
零件图

图 3-45　创建圆锥销孔特征

二、创建减速器箱体工程图

1. 添加箱体视图

1）单击"新建"命令，创建"Standard.idw"类型新工程图，并命名为"箱体"，保存到相应位置。

2）右击"图样 1"命令编辑图样，修改图纸尺寸为 A2，如图 3-46 所示。

图 3-46 修改图纸尺寸

3）单击"基础视图"命令，选择"箱体"模型，添加基础视图，如图 3-47 所示。然后添加其余视图，结果如图 3-48 所示。

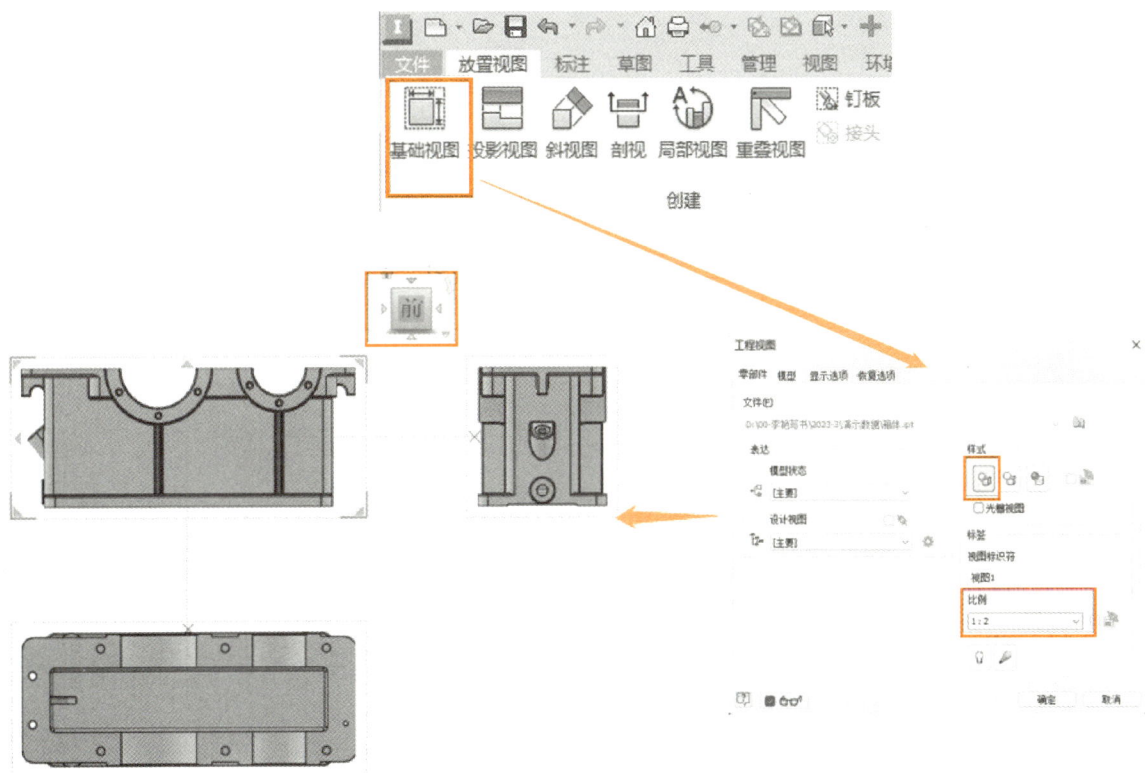

图 3-47 添加基础视图

4）单击需要进行剖切的视图，按快捷键<S>新建草图，在封闭轮廓框中绘制需要进行剖切的位置。单击"局部剖视图"命令，进行视图剖切，如图 3-49 所示。

要点：用于创建局部剖视图的草图一定要附着在原始视图上。

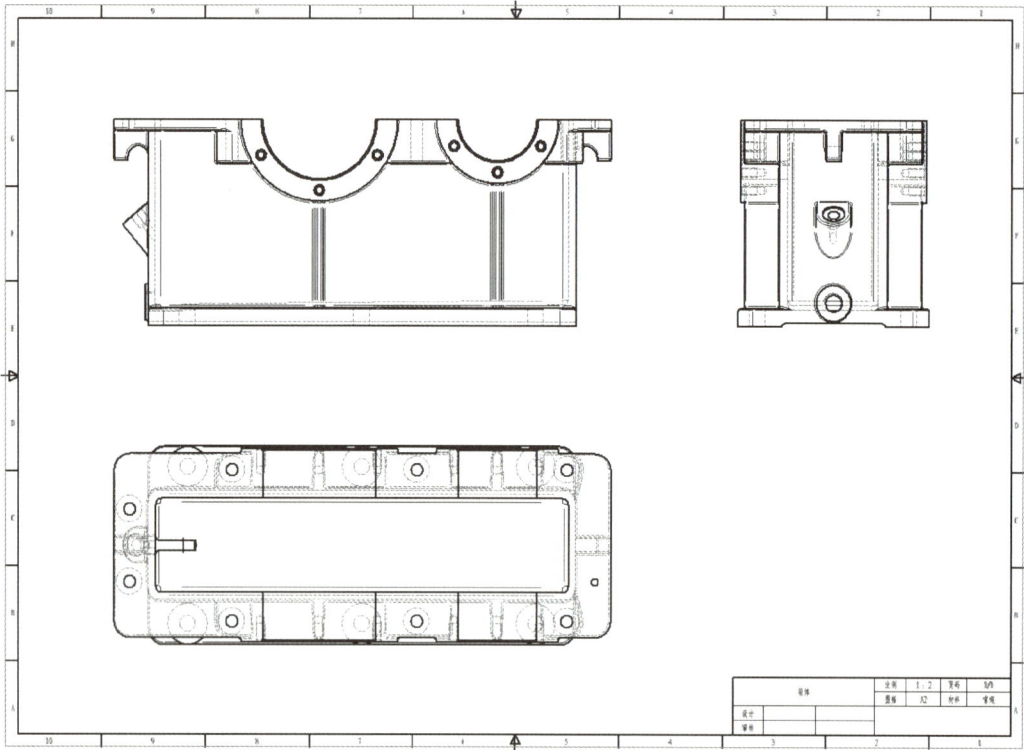

图 3-48　添加其余视图结果

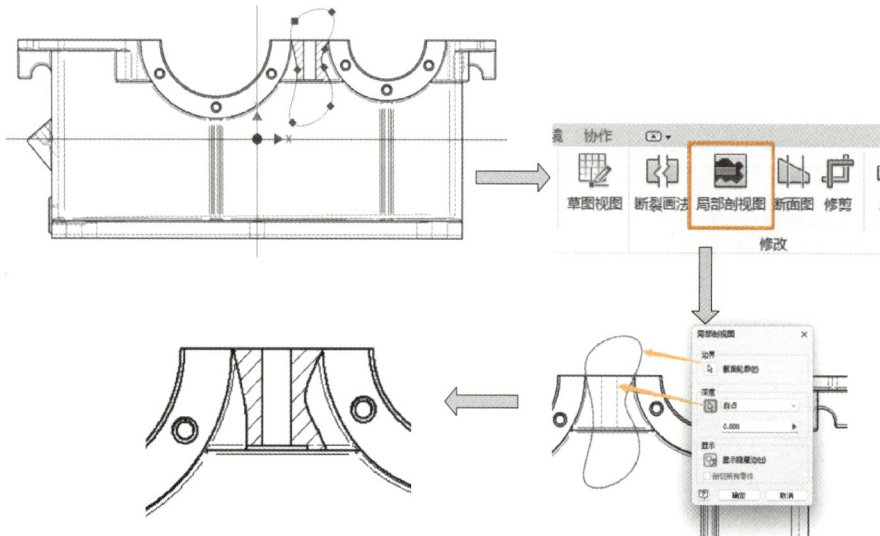

图 3-49　创建局部剖视图

重复上述操作，完成所有视图的剖视表达后，双击主视图将"样式"修改为"不显示隐藏线"，结果如图 3-50 所示。

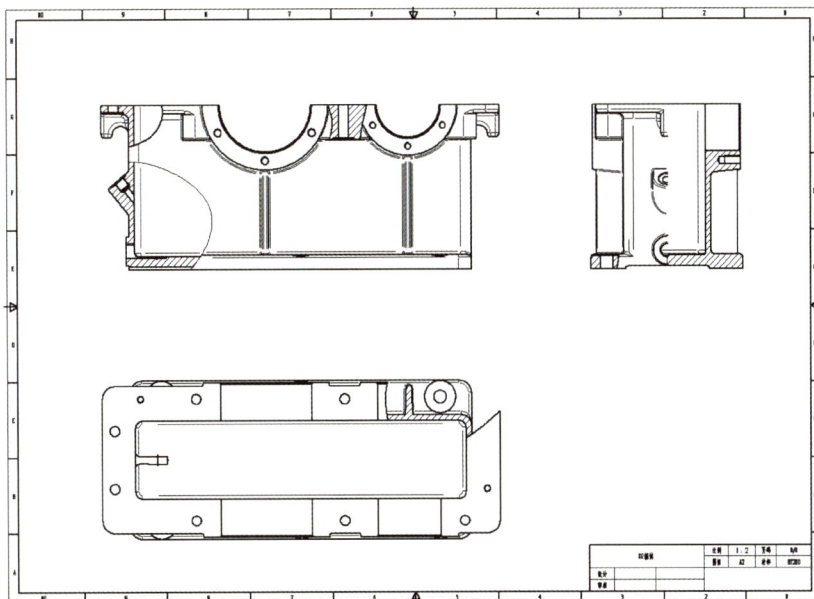

图 3-50　结果展示

5）单击"局部视图"命令，选择放大视图和放大结构，设置缩放比例，将放大符号修改为"I"，完成局部放大图的添加，如图 3-51 所示。

6）单击"斜视图"命令，旋转局部视图，添加其端面轮廓，如图 3-52 所示。

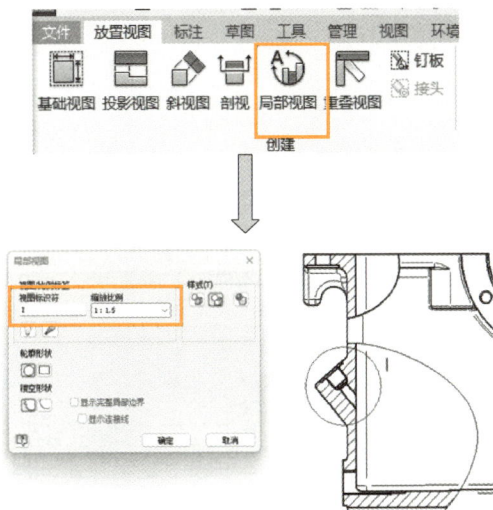

图 3-51　添加局部放大图

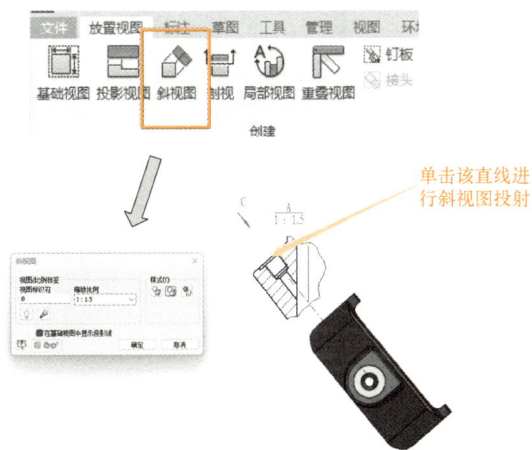

单击该直线进行斜视图投射

图 3-52　添加斜视图

右击投射出来的斜视图，激活"旋转"命令，将视图摆正，如图 3-53 所示。

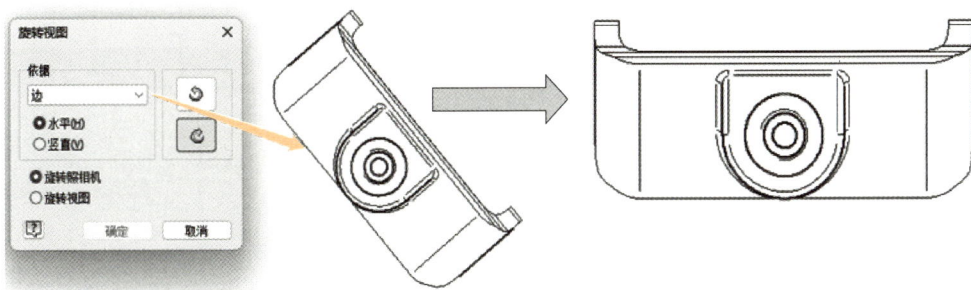

图 3-53　视图旋转摆正

激活"修剪"命令，框选中保留的部分视图，如图3-54所示。

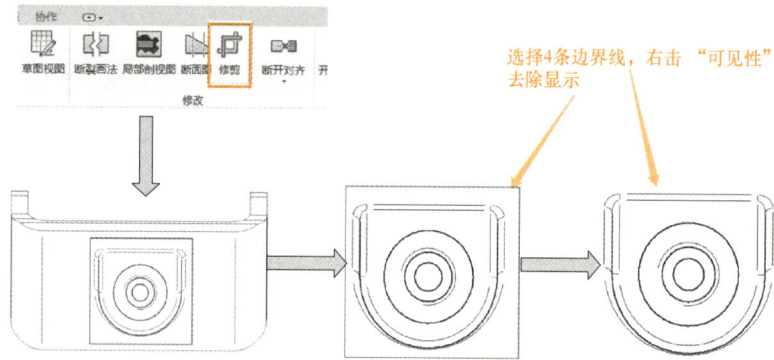

图 3-54　修剪视图

7）单击"剖视"命令，在主视图剖切表达螺栓连接孔端面形状，在"显示选项"中关闭"与基础视图对齐"和"在基础视图中显示投影线"选项。再使用"修剪"命令保留需要的部分，创建局部向视图如图3-55所示。

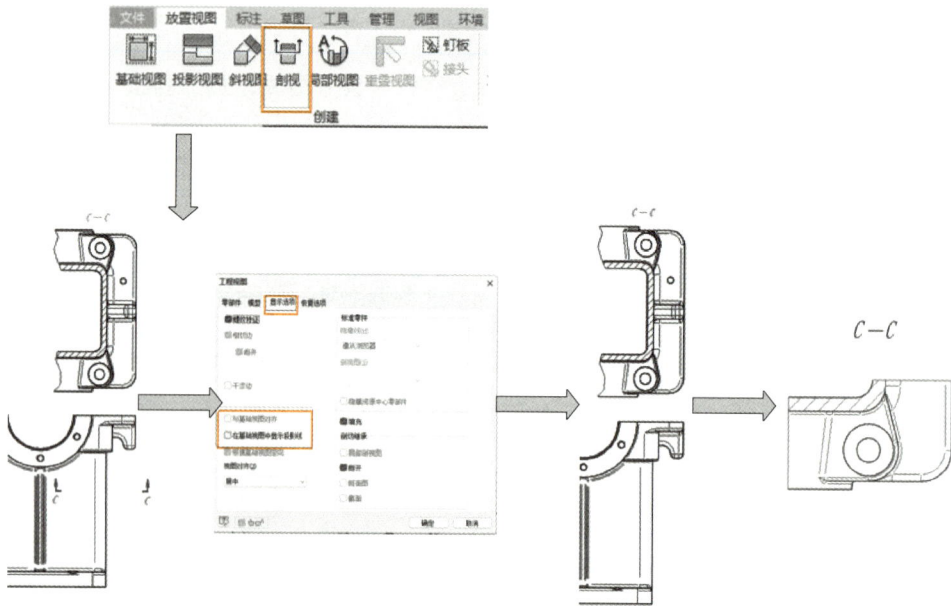

图 3-55　创建局部向视图

双击剖视图中产生的视图符号，修改为"A"。并使用"斜视图"命令在主视图中做向视图符号，如图3-56所示。

图 3-56　创建局部向视图符号

8）使用"中心线""对分中心线""中心标记""中心阵列"等命令添加视图中心线。视图表达最终结果如图 3-57 所示。

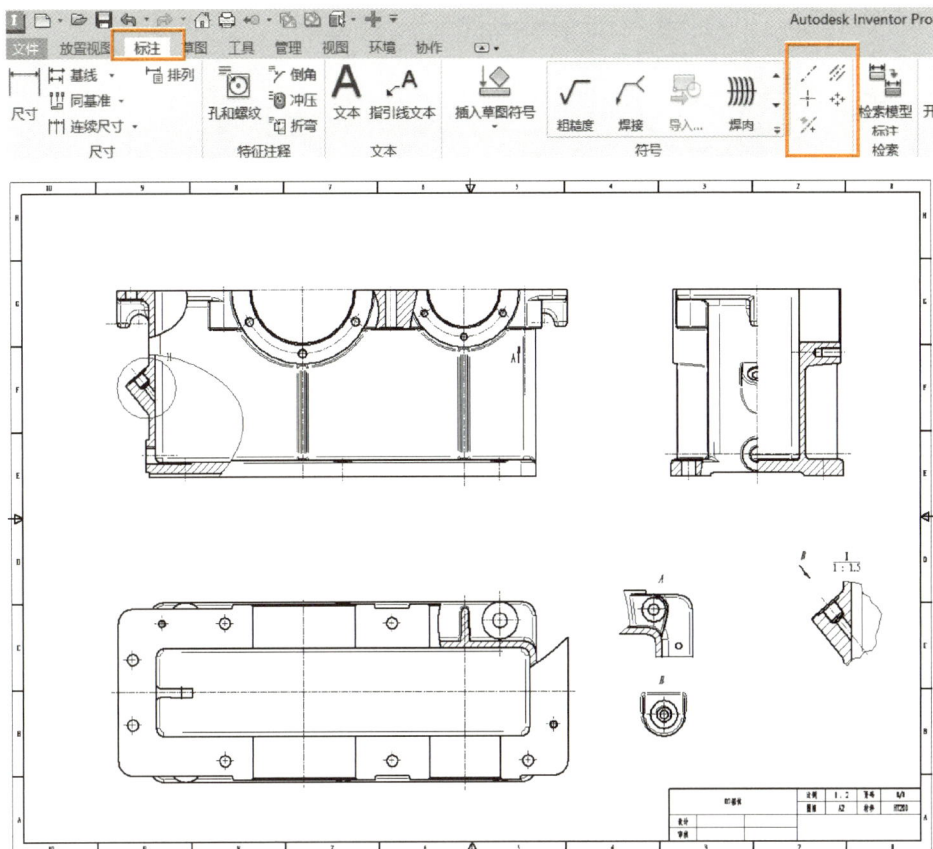

图 3-57　视图表达结果

2. 添加图样要素

1）添加技术要求，如图 3-58 所示。

技术要求
1. 底座铸成后，应清理铸件，并进行时效处理。
2. 箱盖和底座合箱后，边缘应平齐，相互错位每边不大于2mm。
3. 检查与箱盖结合面之间的密封性，用0.05mm塞尺塞入深度不得大于剖分面宽度的三分之一，用涂色法检查接触面积达到每平方厘米面积内不少于一个斑点。
4. 轴承孔中心线与剖分面的不重合度不大于0.3mm。
5. 两轴承座孔轴线之间的不同轴度不大于ϕ0.025。
6. 与箱盖连接后，打上定位销进行镗孔，结合面处禁放任何衬垫。
7. 宽度214组合后加工。
8. 未注铸造圆角为$R3 \sim R5$。
9. 全部倒角为$C2$，其表面粗糙度值为Ra12.5μm。
10. 加强肋厚度为8。
11. 铸件拔模斜度2.5°。

图 3-58　添加技术要求

2）添加未注表面粗糙度，如图 3-59 所示。

图 3-59　添加未注表面粗糙度

3）添加完以上要素后的结果如图 3-60 所示。

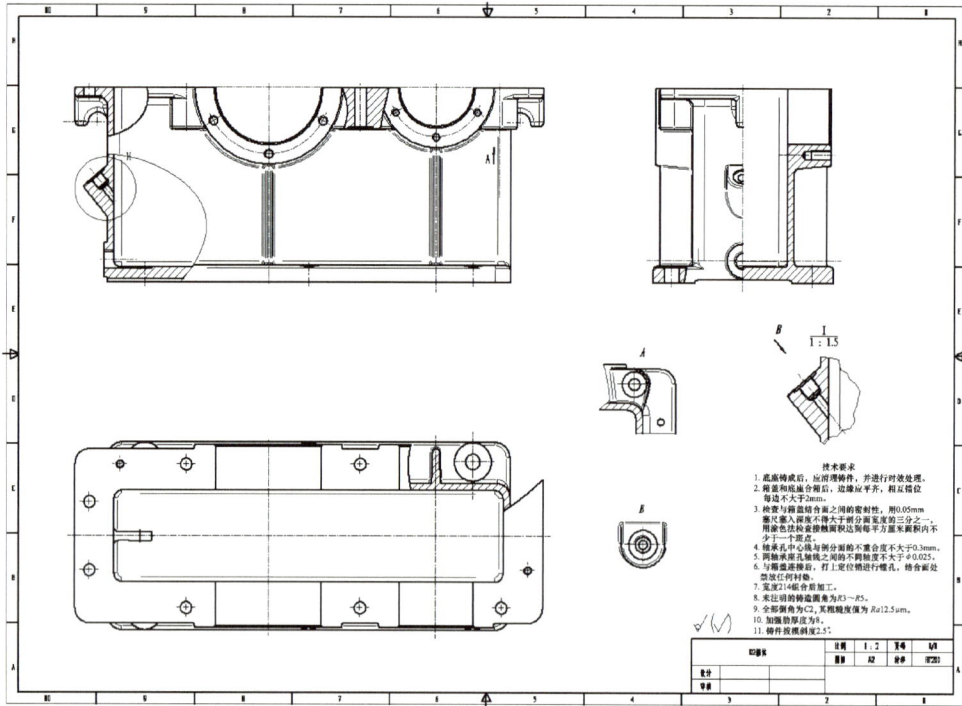

图 3-60　添加图样要素结果

3. 标注模型信息

1）单击"标注"→"尺寸"命令，进行外形尺寸标注、孔定位尺寸标注、孔定形尺寸标注、加强肋尺寸标注、阶梯尺寸标注及其余尺寸标注。

添加尺寸公差需双击需要设置的尺寸，进入"编辑尺寸"面板→"精度和公差"选项卡，设置公差方式为"公差/配合-显示公差"并调整公差符号及等级即可，如图 3-61 所示。

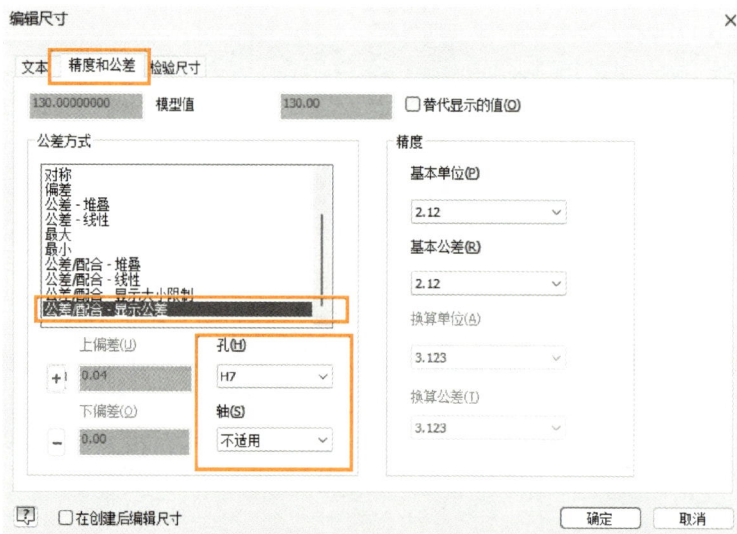

图 3-61　公差设置方式

2）几何公差标注，进行基准标注和被测要素标注，如图 3-62 所示。

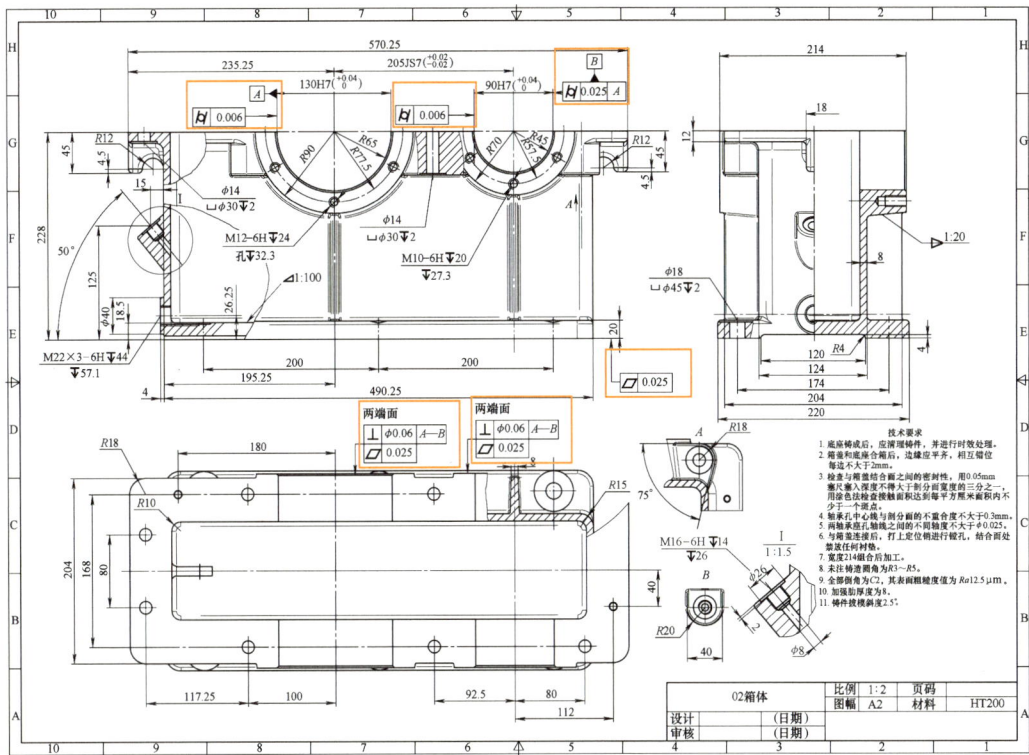

图 3-62　几何公差设置结果

基准符号添加方式如图 3-63 所示：单击"基准标识符号"命令，选择需要添加的线，进入设置对话框，设置基准符号的字母。

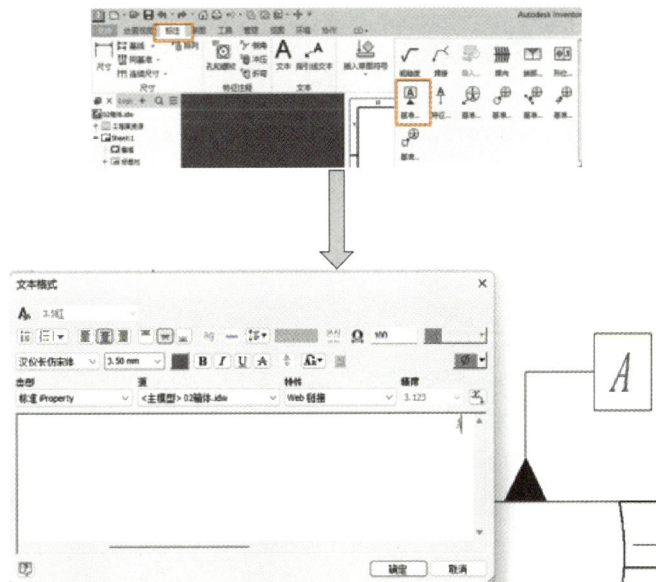

图 3-63　基准符号添加方式

几何公差添加方式如图 3-64 所示：单击"几何公差符号"命令，选择需要添加的线，进入设置对话框，设置几何公差类型及数值。

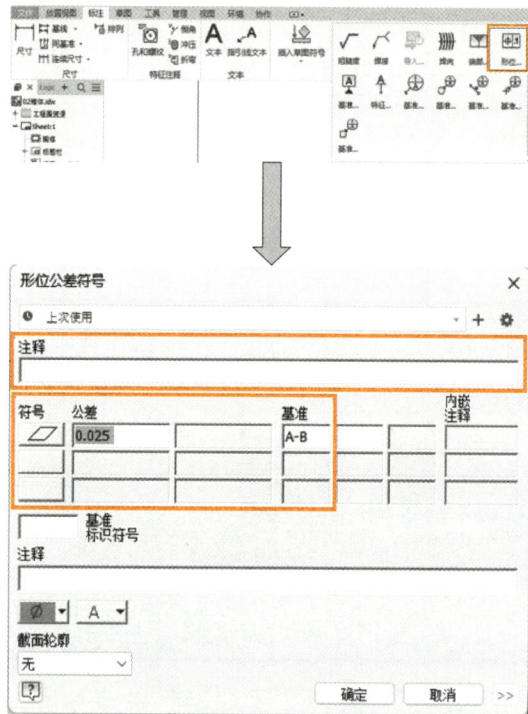

图 3-64　几何公差添加方式

3）表面粗糙度标注。表面粗糙度添加方式如图 3-65 所示：单击"粗糙度"命令，选择需要添加的线，进入设置对话框，设置表面粗糙度类型及数值。最终结果如图 3-21 所示。

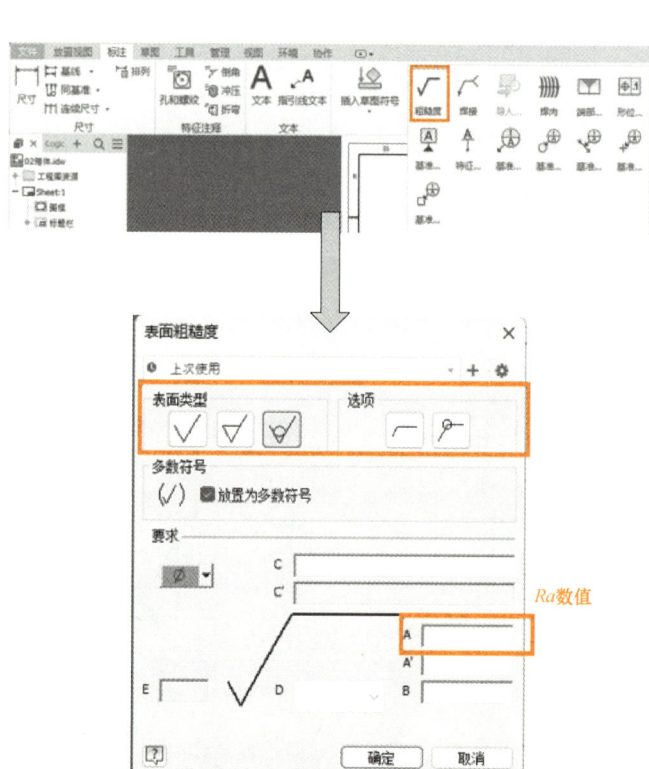

用Inventor
绘制箱体
零件图

图 3-65　表面粗糙度添加方式

活动评价 （表 3-6）

表 3-6　活动评价表

完成日期		工时		60min		总耗时	
任务环节	评分标准		所占分数	考核情况		扣分	得分
用 Inventor 绘制箱体零件图并归档	1. 为完成本次活动是否做好课前准备（充分得 5 分，一般得 3 分，没有准备得 0 分） 2. 本次活动完成情况（好得 10 分，一般得 6 分，不好得 3 分） 3. 完成任务是否积极主动，并有收获（满分 5 分，积极但没收获得 3 分，不积极但有收获得 1 分）		20	自我评价： 学生签名			
	1. 准时参加各项任务（5 分）（迟到者扣 2 分） 2. 积极参与本次任务的讨论（10 分） 3. 为本次任务的完成，提出了自己独到性的见解（10 分） 4. 团结、协作性强（5 分）		30	小组评价： 组长签名			
	1. 工作页填错一处扣 2 分 2. 工作页漏填一处扣 2 分 3. 图幅、图框、标题栏、文字、图线每错一处扣 2 分 4. 整体视图表达、断面绘制准确，一个视图表达有误扣 10 分 5. 图线设置样式，每错一处扣 2 分 6. 中心线应超过轮廓线 3~5mm，超出或不足每处扣 1 分 7. 绘图前检查硬件完好状态，使用完毕整理回准备状态，没检查、没整理每一项扣 5~10 分 8. 工作全程保持场地清洁，如有脏乱扣 5~10 分		50	教师评价： 教师签名			
总分							

活动五　总结、评价与反思

能力目标

1）能对学习任务的完成过程及学业成果进行总结、汇报。

2）能对学习任务的完成过程及完成效果进行客观公正地综合评价。

素质目标

根据学习总结反思，及时进行笔记整理，制订改进方案。

学习过程

一、工作总结

1）以小组为单位，撰写工作总结，并选用适当的表现方式向全班展示、汇报学习成果。

2）评价，完成表 3-7。

表 3-7　工作总结评分表

评价指标	评价标准	分值（分）	评价方式及得分		
			个人评价（10%）	小组评价（20%）	教师评价（70%）
参与度	小组成员能积极参与总结活动	5			
团队合作	小组成员分工明确、合理，遇到问题不推诿责任，协作性好	15			

（续）

评价指标	评 价 标 准	分值(分)	评价方式及得分		
			个人评价 （10%）	小组评价 （20%）	教师评价 （70%）
规范性	总结格式符合规范	10			
总结内容	内容真实、针对存在问题有反思和改进措施	15			
总结质量	对完成学习任务的情况有一定的分析和概括能力	15			
	结构严谨、层次分明、条理清晰、语言顺畅、表达准确	15			
	总结表达形式多样	5			
汇报表现	能简明扼要地阐述总结的主要内容，能准确流利地表达	20			
学生姓名		小计			
评价教师		总分			

二、学习任务综合评价（表3-8）

表3-8 学习任务综合评价

评价内容	评 价 标 准	评价等级			
		A	B	C	D
学习活动1	A. 学习活动评价成绩为90~100分 B. 学习活动评价成绩为75~89分 C. 学习活动评价成绩为60~74分 D. 学习活动评价成绩为0~59分				
学习活动2	A. 学习活动评价成绩为90~100分 B. 学习活动评价成绩为75~89分 C. 学习活动评价成绩为60~74分 D. 学习活动评价成绩为0~59分				
学习活动3	A. 学习活动评价成绩为90~100分 B. 学习活动评价成绩为75~89分 C. 学习活动评价成绩为60~74分 D. 学习活动评价成绩为0~59分				
学习活动4	A. 学习活动评价成绩为90~100分 B. 学习活动评价成绩为75~89分 C. 学习活动评价成绩为60~74分 D. 学习活动评价成绩为0~59分				
工作总结	A. 工作总结评价成绩为90~100分 B. 工作总结评价成绩为75~89分 C. 工作总结评价成绩为60~74分 D. 工作总结评价成绩为0~59分				
小计					
学生姓名		综合评价等级			
评价教师		评价日期			

学习任务四

减速器装配

任务情境

根据企业要求，完成绘制减速器装配图，以便用来指导安装、维护减速器。技术主管将该任务交给技术员小王，要求小王在两天内完成。

小王接受任务后，查找资料，了解装配图的组成和常用表达方法，并与工程师沟通，确定工作方案，制订工作计划；交技术主管审核通过后，按计划实施；领取减速器各零件图样，根据减速器结构原理，绘制草图；用计算机绘制图样、文件保存归档、图样打印；测绘、分析过程中适时检查，确保图形的正确性；绘制完毕，主管审核正确后签字确认，图样交相关部门归档，并填写工作记录。整个工作过程应遵循 7S 管理规范。

学习内容

1. 《机械设计手册》的使用方法。
2. 装配图的作用和内容。
3. 查阅资料，掌握装配图的作用和内容。
4. 叙述键连接（平键、半圆键、楔键、花键）的种类。
5. 解释键连接的应用场合。
6. 明确局部视图的定义及画法。
7. 查阅设计手册，明确轴类零件的绘制方法。
8. 查阅平键连接的三种配合方式及应用。
9. 明确平键尺寸公差的选用。
10. 解释与平键相关的几何公差的符号、定义及标注方法。
11. 明确花键连接的三种配合方式及应用。
12. 明确花键尺寸公差的选用及标注。
13. 解释与花键相关的几何公差的符号、定义及标注方法。
14. 滚动轴承的通用画法、特征画法及规定画法。
15. 滚动轴承的分类、特点和类型代号的含义。
16. 滚动轴承的尺寸选择方法。
17. 选择装配体的表达方案。
18. 绘制减速器装配图。
19. 绘图软件的使用方法。
20. 7S 管理知识。
21. 工作任务记录的填写方法。
22. 归纳总结方法。

活动一　接受任务并制订方案

能力目标

1）识读任务单。

2）通过查阅资料，结合教师讲解，学习绘制装配图的流程，编写任务方案。

素质目标

通过任务要求能制订条理清晰的测绘计划，根据任务目标逐步制订工作内容及流程，培养善于思考，勇于创新、团结一致、争创一流的优良品质。

活动地点

机械产品测量实训室。

学习过程

你要掌握以下资讯与决策，才能顺利完成任务

接受任务单（表4-1）。

表4-1　测绘任务单

单号：_____　　开单部门：_____　　开单人：_____

开单时间：_____年_____月_____日_____时_____分

接单部门：_____部_____组

任务概述	客户要求,现提供减速器实物一台,前期已将减速器中各零件测绘,形成零件图,本次任务形成装配图
任务完成时间	
接单人	
	（签名）　　　　　　　　　　　　　　　　　　　　年　　　　月　　　　日

请查找资料，将不懂的术语记录下来。

_____

_____

_____

小提示

信息采集源：1）《机械制图》

2）《机械设计手册》

其他：_____

试一试

填写装配图定义及作用。

1. 装配图的定义

表示产品及其组成部分的连接、装配关系的图样称为_____（A. 装配图　B. 总装配图　C. 部件装配图）。

表示一台完整机器的装配图，称为_____（A. 装配图　B. 总装配图　C. 部件装配图）。

表示机器中某个部件（或组件）的装配图，称为_____（A. 装配图　B. 总装配图　C. 部件装配图）。

2. 装配图的作用

装配图是表示机器或部件的_____（A. 装配　B. 安装）关系、工作原理、传动路线、零件的主要结构形状，以及装配、检验、安装时所需要的尺寸数据和技术要求的技术文件。

活动实施

各小组试写出绘制减速器装配图的流程

评价	各组选出优秀成员在全班讲解制订的绘图流程 小组互评、教师点评	小组名次

活动二　绘制减速器装配图

能力目标

1）查阅资料，掌握装配图的作用和内容。
2）叙述键连接（平键、半圆键、楔键、花键）的种类。
3）解释键连接的应用场合。
4）掌握局部视图的定义及画法。
5）查阅设计手册，掌握轴类零件的绘制方法。
6）掌握平键连接的三种配合方式及应用。
7）掌握平键尺寸公差的选用方法。
8）掌握与平键相关的几何公差的符号、定义及标注方法。
9）了解花键连接的三种配合方式及应用。
10）了解花键尺寸公差的选用及标注方法。
11）了解与花键相关的几何公差的符号、定义及标注方法。
12）掌握滚动轴承的通用画法、特征画法及规定画法。
13）掌握滚动轴承的分类、特点及类型代号的含义。
14）掌握滚动轴承尺寸的选择方法。
15）会选择装配体的表达方案。
16）会绘制减速器装配图。

素质目标

绘制零件图时确保图线清晰，粗细分明，剖面线分布均匀，培养持之以恒、苦练技能、攻坚克难、勇担重任、奉献国家的优良品质与情怀。

◀ 活动地点

机械产品测量实训室。

◀ 学习过程

> 你要掌握以下资讯与决策，才能顺利完成任务

◀ 引导问题

你知道装配图与零件图的关系吗？

在设计过程中，一般是先画_____，然后画_____（A. 装配图　B. 零件图）。

在生产过程中，先根据_____（A. 装配图　B. 零件图）进行加工，然后依照_____（A. 装配图　B. 零件图）将零件装配成部件或机器。

在使用产品时，要从_____（A. 装配图　B. 零件图）上了解产品的结构、性能、工作原理及保养、维修的方法和要求。

一、装配图的内容

一张完整的装配图应具备如下内容：一组图形、必要的尺寸、技术要求、零件序号、标题栏、明细栏。齿轮泵如图 4-1 所示，请根据装配图的内容，完成图 4-2。

图 4-1　齿轮泵

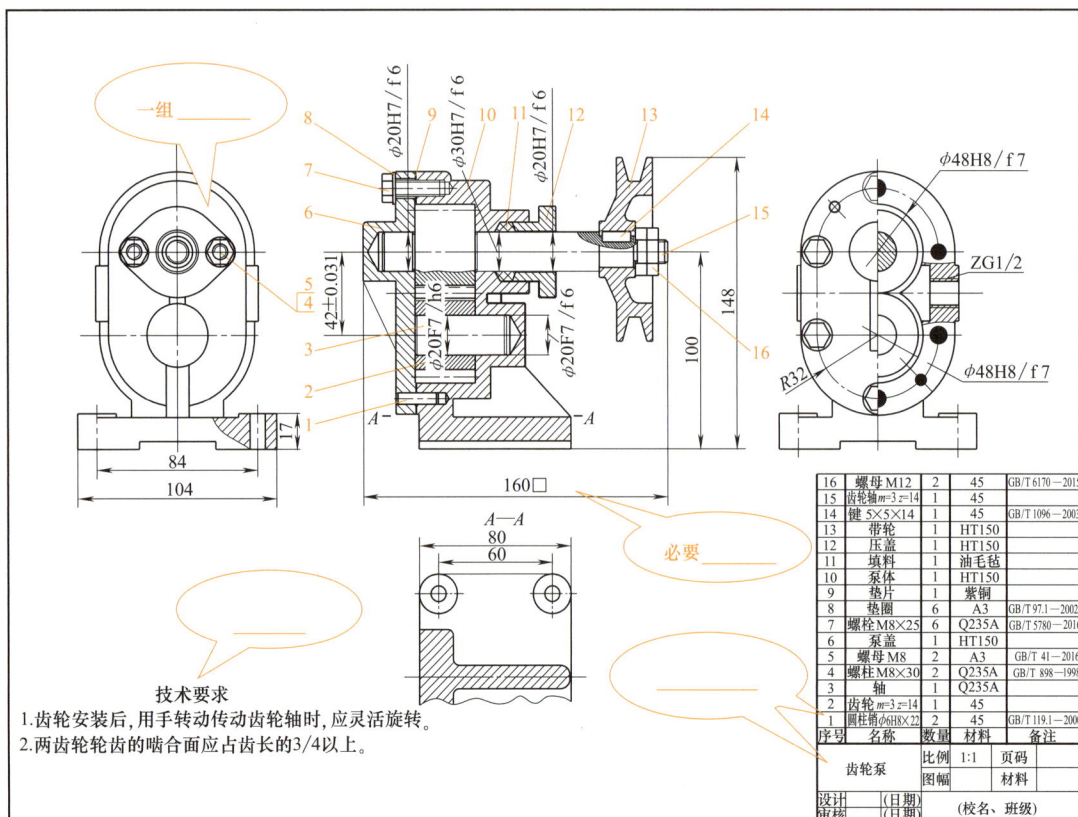

技术要求

1.齿轮安装后，用手转动传动齿轮轴时，应灵活旋转。
2.两齿轮轮齿的啮合面应占齿长的3/4以上。

16	螺母 M12	2	45	GB/T 6170—2015
15	齿轮轴 m=3 z=14	1	45	
14	键 5×5×14	1	45	GB/T 1096—2003
13	带轮	1	HT150	
12	压盖	1	HT150	
11	填料	1	油毛毡	
10	泵体	1	HT150	
9	垫片	1	紫铜	
8	垫圈	6	A3	GB/T 97.1—2002
7	螺栓M8×25	6	Q235A	GB/T 5780—2016
6	泵盖	1	HT150	
5	螺母 M8	2	A3	GB/T 41—2016
4	螺柱M8×30	2	Q235A	GB/T 898—1998
3	轴	1	Q235A	
2	齿轮 m=3 z=14	1	45	
1	圆柱销ϕ6H8×22	2	45	GB/T 119.1—2000
序号	名称	数量	材料	备注

齿轮泵	比例	1:1	页码	
	图幅		材料	
设计	（日期）			（校名、班级）
审核	（日期）			

图 4-2　齿轮泵装配图

◀ 引导问题

你知道减速器中齿轮与轴是怎样连接的吗？

_____

二、减速器中常用的标准件——键和轴承

1. 键连接

键连接（图4-3）主要是用来实现轴和轮毂（如齿轮、带轮、蜗轮、凸轮等）之间的 _____ （A. 周向　B. 轴向）固定，并用来传递转矩。键连接是一种应用很广泛的 _____ （A. 可拆　B. 固定）连接。

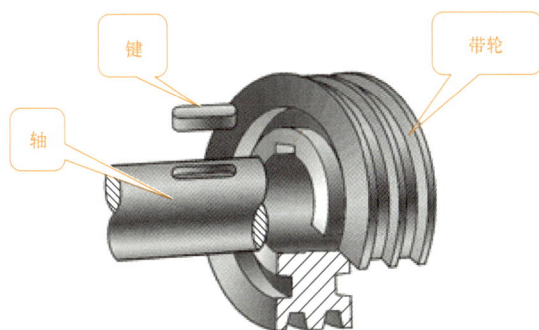

图4-3　键连接

（1）普通平键连接　普通平键是平键中最主要的形式。普通平键可分为 _____ 型、_____ 型和 _____ 型三种，如图4-4所示。

图4-4　普通平键的种类

普通平键的标记由国家标准编号、名称和型号、尺寸三部分组成。

如A型（圆头）普通平键，$b=12\text{mm}$，$h=8\text{mm}$，$L=50\text{mm}$，标记为 GB/T 1096　键 $12\times8\times50$。C型（单圆头）普通平键，$b=18\text{mm}$，$h=11\text{mm}$，$L=100\text{mm}$，标记为 _____ 。

注：标记中A型普通平键的"A"省略不注，而B型和C型要标注"B"和"C"。

普通平键的_____（A. 两侧面　B. 上、下面）是工作面，而在高度方向留有间隙。工作时，靠键槽侧面的挤压来传递转矩。键连接画法如图4-5所示，平键的选用主要根据轴的直径，从标准中选定键的剖面尺寸$b×h$，键和键槽的剖面尺寸及键槽公差可查表获得。

普通平键连接对中性好，装拆方便，适用于高速、高精度和承受变载、冲击的场合。

（2）**导向平键**　导向平键是加长的普通平键，用螺钉固定在轴槽中。为了便于装拆，在键上制有起键螺纹孔。这种键能实现轴上零件的_____（A. 轴向　B. 径向）移动，轮毂移动时，键起_____（A. 导向　B. 固定）作用，常用于变速器中的滑移齿轮连接，如图4-6所示。

图 4-5　键连接画法

图 4-6　导向平键

（3）**半圆键**　如图4-7所示，半圆键工作时靠_____（A. 上下面　B. 两侧面）传递转矩。这种键连接的特点是制造容易，装拆方便，键在轴槽中能绕自身几何中心沿槽底圆弧摆动，以适应轮毂上键槽的斜度，如图4-8所示。尤其适用于_____（A. 锥形轴　B. 柱形轴）与轮毂的连接。但其轴上的键槽过深，对轴的削弱较大，适用于_____（A. 轻　B. 重）载连接。

图 4-7　半圆键

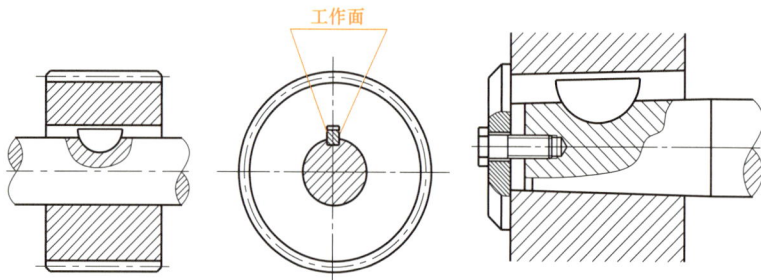

图 4-8　半圆键连接

（4）**楔键**　如图4-9所示，键的上表面与轮毂键槽底面各有1∶100的_____（A. 斜度　B. 锥度），键楔入槽后，上、下面有很大的楔紧力。工作时，靠楔紧的摩擦力传递转矩，同时还可以承受单向的_____（A. 轴向　B. 周向）载荷，对轮毂起到单向的轴向定位作用。楔紧力会使轴毂产生偏心，故楔键多用于精度不高，转速较低，承受单向载荷的场合。常见的楔键有普通楔键和_____楔键两种。

（5）**花键连接**　轴和轮毂孔周向均布多个凸齿（外花键）和凹槽（内花键）构成的连接称为花键连接，_____（A. 上表面　B. 两侧面）为工作面。

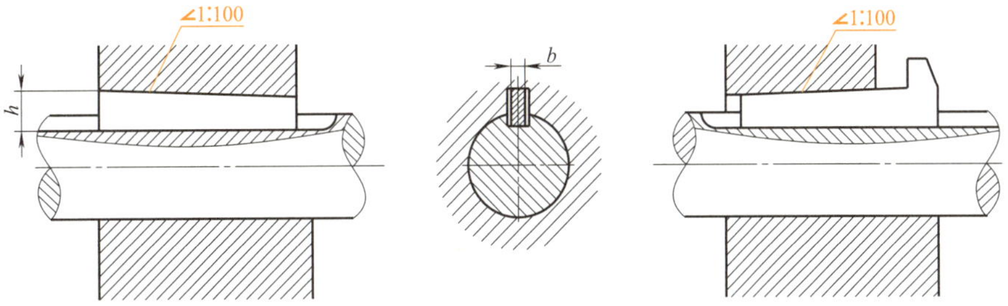

图 4-9　楔键连接

花键连接的特点是定心精度高、导向性好、承载能力强、连接可靠，能传递较大的转矩，适用于载荷较大、定心精度要求较高、尺寸较大的连接。

花键齿形已标准化，花键连接为多齿工作，承载能力高，对中性、导向性好，齿根较浅，应力集中较小，对轴与轮毂强度削弱小。其类型有_____和_____，特点见表 4-2，应用最广的为_____花键。

表 4-2　花键的类型、特点和应用

类　型	特　点	应　用
矩形花键 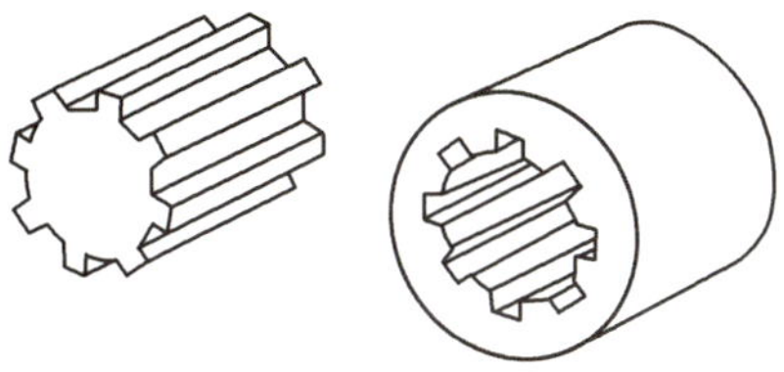	矩形花键加工方便，能用磨削方法获得较高精度	应用广泛，如飞机、汽车、机床、农业机械及一般机械传动等
渐开线花键 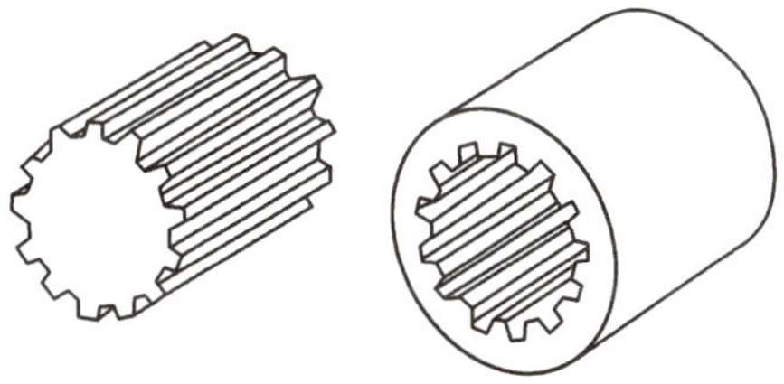	渐开线花键的齿廓为渐开线，受载时齿上有径向力，能起自动定心的作用，使各齿受力均匀、强度高、使用寿命长，加工工艺与齿轮相同，易获得较高的精度和互换性。圆柱直齿渐开线花键压力角 α 有 $30°$、$37.5°$ 及 $45°$ 共 3 种	用于载荷较大、定心精度要求高，以及尺寸较大的连接

矩形花键有大径 D、_____和键（槽）宽 三个主要尺寸参数（表 4-3），矩形花键的定心方式有大径定心、小径定心和齿侧定心三种，如图 4-10 所示。其缺点是齿根仍有应力集中，需专用设备制造，成本高。

_____定心　　　　　_____定心　　　　　_____定心

图 4-10　矩形花键连接的定心方式

表4-3　花键的尺寸参数

花键类型	图示	尺寸参数
____（A. 外　B. 内）花键		
____（A. 外　B. 内）花键		

（6）**轴槽的画法**　键属于标准件，其零件图____（A. 需要　B. 不需要）单独画出，但_____（A. 需要　B. 不需要）画出零件上与键相配合的键槽，如图4-11所示，t_1 为轴上键槽深度，b、t_1、L 可按轴径 d 从标准中查出。

（7）**轮毂上键槽的画法**　轮毂上键槽的画法如图4-12所示，其中，t_2 表示轮毂上键槽深度，b 表示键槽的宽度，t_2、b 可按孔径 D 从标准中查出，参考表4-4。

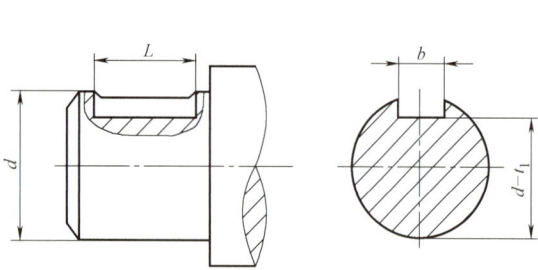

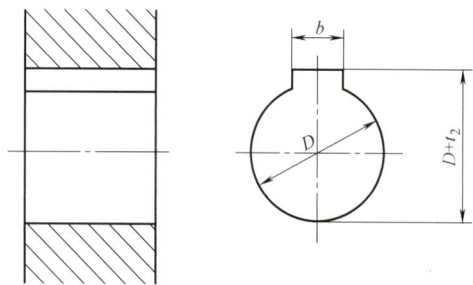

图4-11　轴槽的画法　　　　　　图4-12　轮毂上键槽的画法

（8）**键连接的画法**　普通平键连接的装配图画法如图4-13所示。主视图中的键被_____（A. 纵向　B. 横向）剖切，按_____（A. 剖　B. 不剖）处理。为了表示键在轴上的装配情况，采用_____（A. 局部剖视图　B. 全剖视图）。对于普通平键连接，键的顶面与轮毂之间应有间隙，要画_____（A. 一条线　B. 两条线），键的侧面与轮毂槽和轴槽之间、键的底面与轴槽之间都接触，只画_____（A. 一条线　B. 两条线）。

（9）**平键连接的极限与配合**

1）平键连接尺寸公差：在平键连接中，_____和_____是配合尺寸。键由型钢制成，是标准件，配合采用基_____（A. 轴　B. 孔）制。国家标准对键宽规定一种公差带，对轴和轮毂的键槽宽各规定了三种公差带，构成三种不同的配合，即松连接、_____和_____连接，见表4-4。

平键连接尺寸 b 的公差带如图4-14所示。

平键的三种配合及应用见表4-5（请在空格内填写公差代号）。

2）平键连接几何公差：键与键槽的几何误差不但使装配困难，影响连接的松紧程度，而且使工作面受力不均，对中性不好，因此必须加以限制。

146

表 4-4　平键和键槽的尺寸与公差　　　　　　　　　　　　（单位：mm）

轴	键		键槽											
公称直径 d	键尺寸 b×h (h8)	长度 L (h11)	宽度 b						深度				半径 r	
			基本尺寸 b	极限偏差					轴 t₁		毂 t₂			
				松连接		正常连接		紧密连接	基本尺寸	极限偏差	基本尺寸	极限偏差		
				轴 H9	毂 D10	轴 N9	毂 JS9	轴和毂 P9					最小	最大
>10~12	4×4	8~45	4	+0.030 0	+0.078 +0.030	0 -0.03	±0.015	-0.012 -0.042	2.5	+0.1 0	1.8	+0.1 0	0.08	0.16
>12~17	5×5	10~56	5						3.0		2.3		0.16	0.25
>17~22	6×6	14~70	6						3.5		2.8			
>22~30	8×7	18~90	8	+0.036 0	+0.098 +0.040	0 -0.036	±0.018	-0.015 -0.051	4.0		3.3			
>30~38	10×8	22~110	10						5.0		3.8			
>38~44	12×8	28~140	12	+0.043 0	+0.0120 +0.050	0 -0.043	±0.022	-0.018 -0.061	5.0		3.8		0.025	0.40
>44~50	14×9	36~160	14						5.5	+0.2 0	4.3	+0.2 0		
>50~58	16×10	45~180	16						6.0		4.4			
>58~65	18×11	50~200	18						7.0		4.9			
>65~75	20×12	56~220	20	+0.052 0	+0.0149 +0.065	0 -0.052	±0.026	-0.022 -0.074	7.5		5.4		0.40	0.60
>75~85	22×14	63~250	22						9.0		6.4			
>85~95	25×14	70~280	25						9.0		6.4			
>95~110	28×16	80~320	28						10		10			
L 系列	8~22（2 进位）、25、28、32、36、40、45、50、56、63、70、90、100、110、120、125、140、160、180、200、220、250、280、320													

注：1.（d-t₁）和（d-t₂）两组组合尺寸的极限偏差均按相应的 t₁ 和 t₂ 的极限偏差选取，但（d-t₁）的极限偏差应取负号。

2. 国家标准 GB/T 1095—2003 中未列入"轴的直径 d"，本表列出仅供参考。

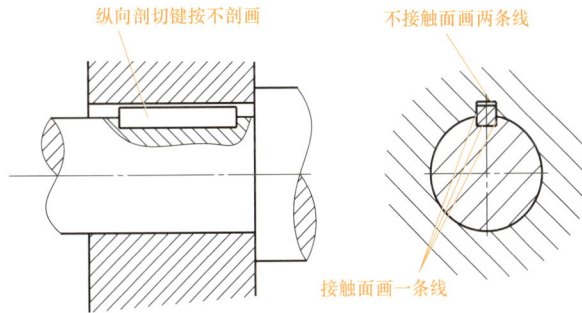

图 4-13　普通平键连接的装配图画法

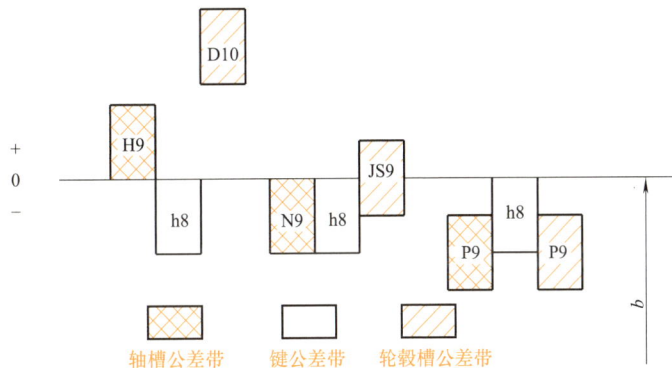

图 4-14　平键连接尺寸 b 的公差带

表 4-5　平键配合的种类及应用

配合种类	尺寸 b 的公差			配合性质及应用
	键	轴槽	轮毂槽	
松连接	h9	H9		键在轴上及轮毂中均能滑动,主要用于导向平键,轮毂可在轴上作轴向移动
正常连接			JS9	键在轴上及轮毂中均固定,用于载荷不大的场合
紧密连接		P9		键在轴上及轮毂中均固定,比上一种配合更紧,主要用于载荷较大,载荷具有冲击性,以及双向传递转矩的场合

在国家标准中,对键和键槽的几何公差有如下规定:

① 轴槽及轮毂槽对轴及轮毂轴线的对称度,根据不同的功能要求和键宽 b,一般按 GB/T 1184—1996 的对称度公差等级 7~等级 9 级选取。

② 当键长 l 与键宽 b 之比大于或等于 8 时,应提出键宽 b 两侧面在长度方向的_____(A. 平行度 B. 对称度)要求。当 $b \le 6mm$ 时,按 GB/T 1184—1996 规定的 7 级选取;当 $b \ge 8 \sim 36mm$ 时,按 6 级选取;当 $b \ge 40mm$ 时,按 5 级选取。

3)平键连接的表面粗糙度值:一般情况,键侧面取 $Ra1.6\mu m$,键槽侧面取 $Ra(1.6 \sim 6.3)\mu m$,键与槽的上、下面取 $Ra6.3\mu m$,其余的取_____。重要键连接,特别是导向平键,其侧面需磨削至 $Ra0.8\mu m$。

4)矩形花键连接的极限与配合分为两种情况:

① 一般用途的矩形花键。

② 精密传动的矩形花键。

为了减少加工和检验内花键拉刀和量规的规格和数量,矩形花键连接采用_____(A. 基孔制 B. 基轴制)配合。

标准中规定矩形花键的配合按装配形式分三种:

① 滑动配合:在工作过程中,可传递转矩,花键套还可在轴上移动。

② 紧滑动配合。

③ _____配合:在工作过程中,只用来传递转矩,花键套在轴上无轴向移动。

花键的几何公差对花键连接的装配性能及传力性影响大,必须限制:

① 形状误差。内、外键小径定心表面的的形状公差和尺寸公差遵守包容原则。

② 分度误差。一般用位置度公差来控制,采用_____原则。

2. 轴承

用于确定轴与其他零件相对运动位置并起支承或导向作用的零件称为_____。

根据支承处相对运动表面的摩擦性质,轴承分为滑动轴承和滚动轴承,如图 4-15 所示。

滚动轴承的优点是摩擦阻力小、起动灵敏、工作稳定、效率高等优点,且已标准化,选用、润滑、密封、维护都很方便,在机器中得到广泛使用。其缺点是抗冲击能力差,高速时易出现噪声,工作寿命不及滑动轴承。

滑动轴承的优点是结构简单、易于制造、装拆方便、承载能力强、具有良好的抗冲击和吸振性、工作平稳、回转精度高等。因此在某些条件下,以使用滑动轴承为宜。其缺点是起动摩擦阻力大,润滑、维护要求高等。

(1)滑动轴承　根据所受载荷的方向不同,滑动轴承可分为_____、_____两种,如图 4-16 所示。

滑动轴承主要由滑动轴承座、轴瓦或轴套组成,如图 4-17 所示。

常用的径向滑动轴承有以下几种结构,如图 4-18~图 4-21 所示。

1)_____滑动轴承(图 4-18)。

2)_____滑动轴承(图 4-19)。

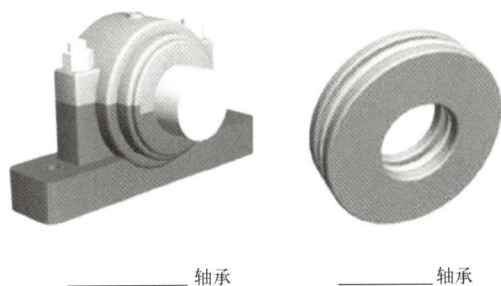

_____轴承　　　　　_____轴承

图 4-15　轴承的类型

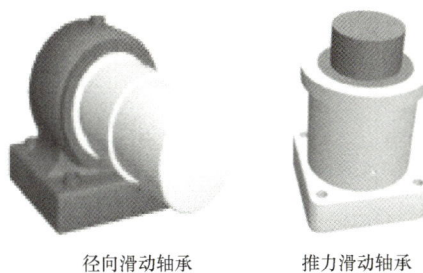

径向滑动轴承　　　　推力滑动轴承

图 4-16　滑动轴承的类型

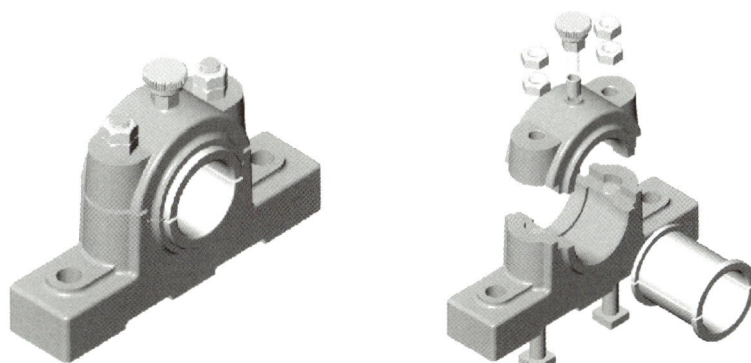

图 4-17　滑动轴承的结构

3) _____的轴承，外表面为圆锥面（1：30～1：10），内表面为圆柱面，如机床主轴轴承。可通过调整轴套相对于轴的位置来调整轴承间隙。

4) _____的轴承，用于支承细长的轴或多支点轴。轴受载后变形较大，轴颈长度较大时，会造成轴承偏磨，为此采用自位轴承。

图 4-18　整体式径向滑动轴承

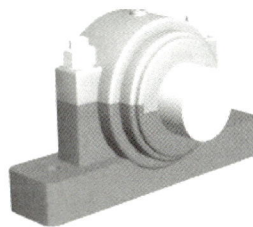

图 4-19　剖分式滑动轴承

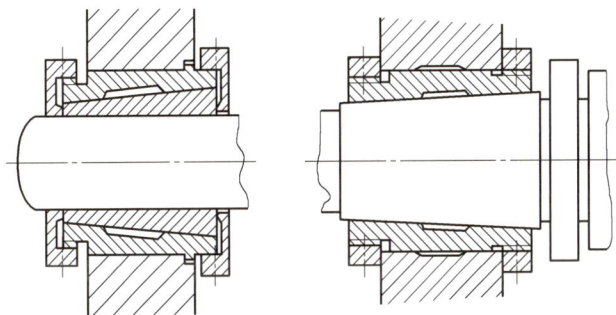

图 4-20　可调间隙式滑动轴承

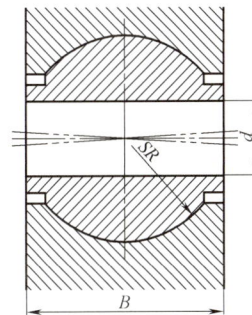

图 4-21　自位滑动轴承

常用的推力滑动轴承有以下几种止推形式，如图 4-22 所示。

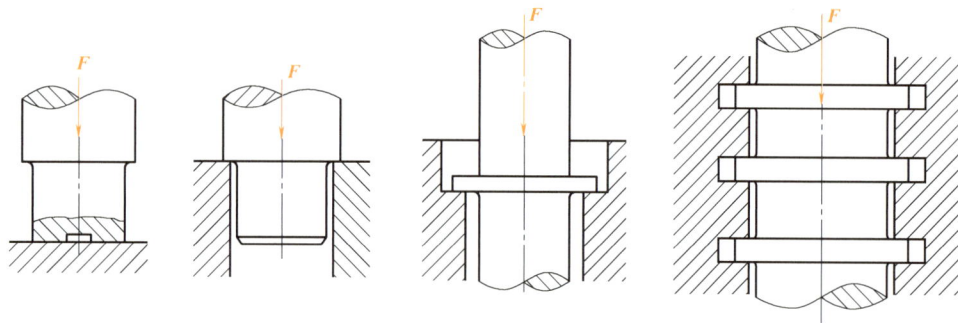

图 4-22 推力滑动轴承的止推形式

（2）滚动轴承

1）滚动轴承的结构：滚动轴承一般由内圈、外圈、滚动体和保持架组成。内圈装在轴颈上，外圈装在机座或零件的轴承孔内。多数情况下，_____不转动，_____与轴一起转动。如图 4-23 所示，请在图中指出滚动轴承的组成部分。

图 4-23 滚动轴承的结构

2）滚动轴承的种类：根据所受载荷的方向不同，滚动轴承可分为向心轴承、推力轴承、向心推力轴承三大类。根据滚动体的形状不同，滚动轴承分为_____轴承与_____轴承两大类。常见滚动体的形状如图 4-24 所示。

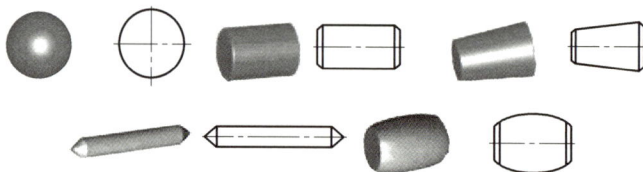

图 4-24 滚动体的形状

3）滚动轴承的基本代号：滚动轴承的代号用于表征滚动轴承的结构、尺寸、类型和精度等，由国家标准 GB/T 272—2017 规定。滚动轴承的代号见表 4-6，其构成见表 4-7，包括前置代号、基本代号、后置代号。基本代号表示轴承的基本类型、结构和尺寸，是滚动轴承代号的基础。

基本代号由轴承类型代号、尺寸系列代号和内径代号三部分自左向右顺序排列组成。

表 4-6 滚动轴承的代号

前置代号	基本代号					后置代号						
表示轴承的分部件	表示轴承的类型与尺寸等主要特征					表示轴承的精度与材料的特征						
	五	四	三	二	一	内部结构代号	密封与防尘结构代号	保持架及其材料代号	特殊轴承材料代号	公差等级代号	游隙代号	多轴承配置代号	其他代号
轴承的分部件代号	类型代号	尺寸系列代号		内径代号									
		宽度系列代号	直径系列代号										

表 4-7 代号的构成及示例

前置代号	基本代号	后置代号
字母	字母和数字	字母和数字
NN	3006K	C4

4）滚动轴承的类型代号：滚动轴承共有_____种基本类型，轴承类型代号用_____或_____表示，见表 4-8。

5）滚动轴承的尺寸系列代号：尺寸系列代号由_____数字组成，分别是轴承的_____系列代号和_____系列代号。

表 4-8 一般滚动轴承类型代号

轴承类型	代号	轴承类型	代号
双列角接触球轴承	0	推力球轴承	5
调心球轴承	1	深沟球轴承	6
调心滚子轴承和推力调心滚子轴承	2	角接触球轴承	7
圆锥滚子轴承	3	推力圆柱滚子轴承	8
双列深沟球轴承	4	圆柱滚子轴承	N

6）滚动轴承的内径代号：基本代号一般由五个数字（或字母加四个数字）组成。当宽度系列代号为 0 时可省略，如 6208，（0）2 为尺寸系列代号。

7）滚动轴承的前置代号和后置代号：前置代号和后置代号是轴承在形状、尺寸、公差、技术要求等改变时，在基本代号左右添加补充代号。

前置代号在基本代号的_____面，表示轴承的分部件，用字母表示，如 L、K、R、NU、WS、GS。

后置代号在基本代号的_____面，表示轴承的内部结构、密封、保持架及材料、轴承材料、公差等级、游隙组别、配置安装代号等要求。具体包括以下内容：

① 内部结构代号：C、AC、B 表示角接触球轴承的接触角，分别代表 $\alpha = 15°$、$25°$、$40°$。

② 密封、防尘与外部形状变化代号。

③ 轴承的公差等级包括普通级、6 级、6×级、5 级、4 级和 2 级共六级，分别用 /PN、/P6、/P6X、/P5、/P4、/P2 表示，轴承精度依次由低到高，其价格也依次升高。一般尽可能选用普通级（轴承代号中省略不表示）。

④ 轴承的径向游隙。

⑤ 保持架代号，如滚动轴承 6204，左起第一位数字是轴承类型代号，表示深沟球轴承；第二位数字是尺寸系列代号，尺寸系列是指同一内径的轴承具有不同的外径和宽度，因而有不同的承载能力；最后的两位数字是内径代号，其含义见表 4-9。

表 4-9 滚动轴承的内径代号

轴承公称内径/mm	内 径 代 号	示 例
0.6 到 10（非整数）	用公称内径毫米数直接表示，在其与尺寸系列代号之间用"/"分开	深沟球轴承 618/2.5 $d = 2.5mm$
1 到 9（整数）	用公称内径毫米数直接表示，对深沟及角接触轴承使用 7、8、9 直径系列，内径与尺寸系列代号之间用"/"分开	深沟球轴承 62/5 $d = 5mm$ 深沟球轴承 618/5 $d = 5mm$

（续）

轴承公称内径/mm		内 径 代 号	示　例
10 到 17	10	00	深沟球轴承 6200
	12	01	
	15	02	$d = 10mm$
	17	03	
20 到 480 （22,28,32 除外）		公称内径除以 5 的商数,商数为一位数时在商数左边加"0",如 08	调心滚子轴承 23208 $d = 40mm$
等于和大于 500, 以及 22,28,32		用公称内径毫米数直接表示,与尺寸系列代号之间用"／"分开	调心滚子轴承 230/500 $d = 500mm$ 深沟球轴承 62/22 $d = 22mm$

滚动轴承基本代号表示方法举例如下：

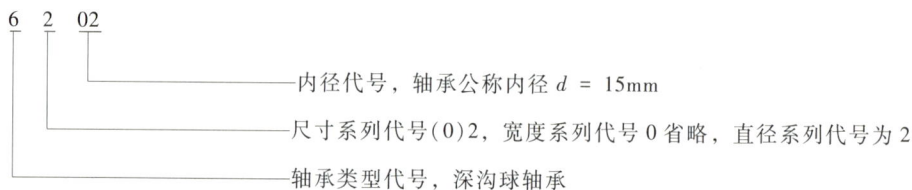

```
6  2  02
```

—— 内径代号,轴承公称内径 $d = 15mm$

—— 尺寸系列代号(0)2,宽度系列代号 0 省略,直径系列代号为 2

—— 轴承类型代号,深沟球轴承

试写出滚动轴承 23224 含义：

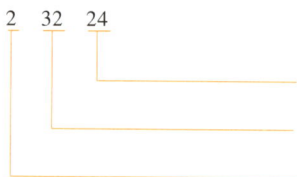

```
2  32  24
```

8）滚动轴承的种类：请通过查阅资料,完成表 4-10。

表 4-10　滚动轴承的种类

轴承类型	简图	类型代号	标准号	特　性
（　　）		1	GB/T 281	主要承受径向载荷,也可同时承受少量的双向轴向载荷。外圈滚道为球面,具有自动调心的性能,适用于弯曲刚度小的轴
（　　）		2	GB/T 288	用于承受径向载荷,其承载能力比调心球轴承大,也能承受少量的双向轴向载荷。具有调心性能,适用于弯曲刚度小的轴
（　　）		3	GB/T 297	能承受较大的径向载荷和轴向载荷。内外圈可分离,故轴承游隙可在安装时调整,通常成对使用,对称安装

（续）

轴承类型	简　图		类型代号	标准号	特　　性
（　　）			4	—	主要承受径向载荷,也能承受一定的双向轴向载荷。它比深沟球轴承具有更大的承载能力
（　　）	单向 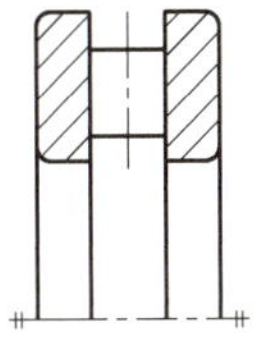		5（5100）	GB/T 301	只能承受单向轴向载荷,适用于轴向力大而转速较低的场合
	双向 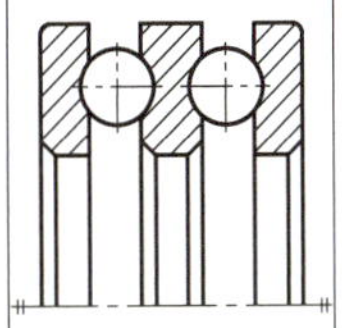		5（5200）	GB/T 301	可承受双向轴向载荷,常用于轴向载荷大、转速不高的场合
（　　）			6	GB/T 276	主要承受径向载荷,也可同时承受少量双向轴向载荷。摩擦阻力小,极限转速高,结构简单,价格便宜,应用最广泛
（　　）			7	GB/T 292	能同时承受径向载荷与轴向载荷,接触角 α 有 15°、25°、40°三种。适用于转速较高、同时承受径向和轴向载荷的场合
（　　）			8	CB/T 4663	只能承受单向轴向载荷,承载能力比推力球轴承大得多,不允许轴线偏移。适用于轴向载荷大而不需调心的场合
（　　）	外圈无挡边圆柱滚子轴承 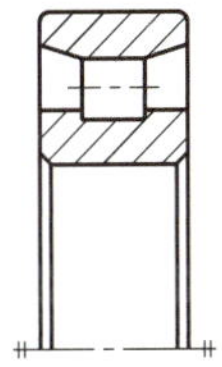		N	GB/T 283	只能承受径向载荷,不能承受轴向载荷。承受载荷能力比同尺寸的球轴承大,尤其是承受冲击载荷能力大

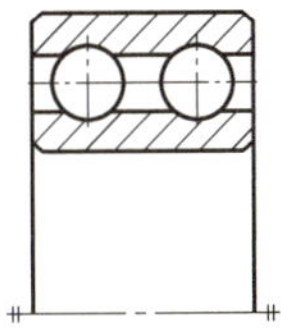

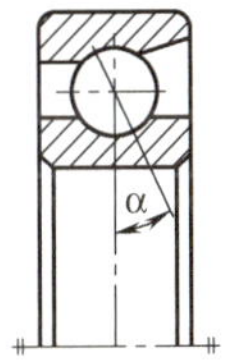

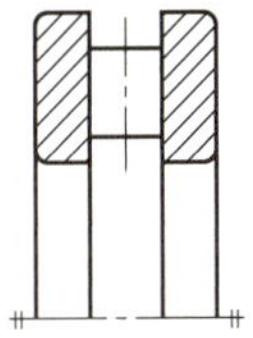

9）滚动轴承的选择包括以下内容：

① 选择滚动轴承的类型时，先分析载荷的大小、方向和性质，如图4-25所示。主要受径向力 F_r

时，选择_____轴承；主要受轴向力 F_a，且转速 n 不高时，选择_____轴承；同时受 F_r 和 F_a 均较大，n 较高时，选择_____轴承，n 较低时，选择_____轴承；F_r 较大，F_a 较小时，选择_____轴承；F_a 较大，F_r 较小时，选择_____轴承。

之后分析转速条件，转速 n 高，载荷小，旋转精度高，选择_____轴承；转速 n 低，载荷大，或受冲击载荷，选择_____轴承；高速轻载，宜选用_____、_____或_____系列轴承；低速重载，宜选用_____或_____系列轴承。

再分析调心性能，轴的刚性较差，轴承孔不同心时，选择_____轴承。

然后分析安装、调整性能，类型代号为 3 或 7 两类轴承应_____使用，对称安装，旋转精度较高时，选择较_____的公差等级和较_____的游隙。

最后分析经济性，球轴承比滚子轴承便宜；同型号轴承，精度越高，价格越_____；优先考虑用_____等级的深沟球轴承。

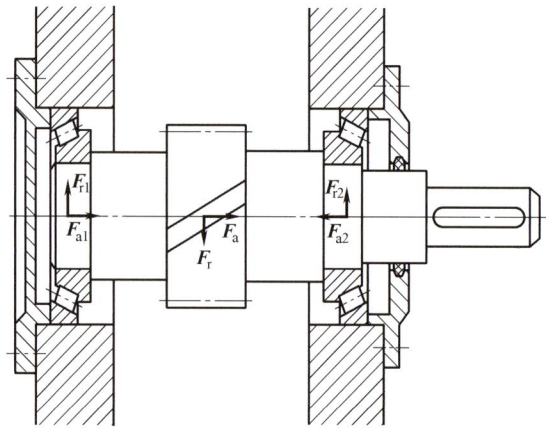

图 4-25 滚动轴承的类型选择

② 滚动轴承的精度选择：同型号的轴承，精度越高，价格也越高，一般机械传动宜选用普通级（P0）精度。

③ 滚动轴承的尺寸选择：根据轴颈直径，初步选择适当的轴承型号，然后进行轴承寿命计算或静强度计算。

10）滚动轴承的画法：滚动轴承的表示法包括_____画法、_____画法和_____画法。其中，_____画法和_____画法又称_____画法。

滚动轴承在装配图中一侧用剖视图画法表示，另一侧用特征画法表示。

请填写表 4-11 所画的轴承类型。

三、装配图的表达方法

零件的各种表达方法同样适用于装配图，但是零件图和装配图表达的侧重点不同。零件图需把各部分形状完全表达清楚，而装配图主要表达部件的装配关系、工作原理、零件间的连接关系及主要零件的结构形状等。因此，根据装配的特点和表达要求，国家标准《机械制图》对装配图提出了一些规定画法和特殊的表达方法。

表 4-11　常用滚动轴承的表示法

轴承类型	通用画法	特征画法	规定画法	图示画法
（　）				

（续）

轴承类型	通用画法	特征画法	规定画法	图示画法
（　）				
（　）				

1. 装配图的规定画法

1）两相邻零件的接触面和配合面只画一条线，非接触面和非配合面画两条线，如图 4-26 所示。

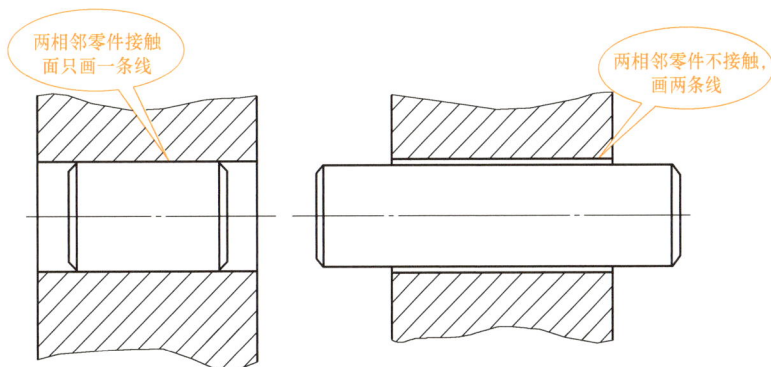

图 4-26　两零件的接触面和非接触面画法

2）两相邻零件剖面线方向相反，或方向相同，间隔不等，同一零件在各视图上剖面线方向和间隔必须一致，如图 4-27 所示。

3）当剖切平面通过紧固件（如螺钉、螺栓、螺母、垫圈等）和实心零件（如键、销、轴、球等）的轴线时，均按不剖绘制，如图 4-28 所示。若需要表达某些零件的某些结构，如键槽、销孔、齿轮的啮合等，可用局部剖视图表示。

2. 特殊画法

（1）沿结合面剖切和拆卸画法　画法如图 4-29 所示。

（2）假想画法　当需表达本装配件与相邻部件或零件的连接关系时，可用细双点画线画出相邻部件或零件的轮廓，如图 4-30 所示。在装配图中，需表达某零件的运动范围和极限位置时，可用细双点画线画出该零件的极限位置轮廓。

3. 夸大画法

在装配图中，如绘制厚度很小的薄片、直径很小的孔，以及很小的锥度、斜度和尺寸很小的非配合间隙时，这些结构可不按原比例而夸大画出，如图 4-31所示。

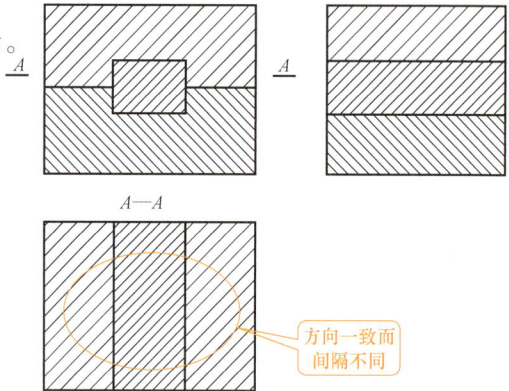

方向一致而间隔不同

图 4-27　两零件剖面线画法

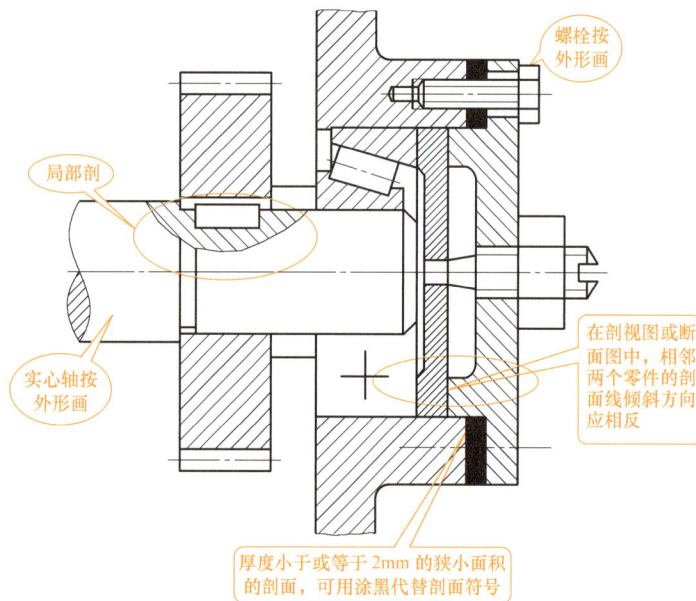

螺栓按外形画

局部剖

实心轴按外形画

在剖视图或断面图中，相邻两个零件的剖面线倾斜方向应相反

厚度小于或等于 2mm 的狭小面积的剖面，可用涂黑代替剖面符号

图 4-28　规定画法

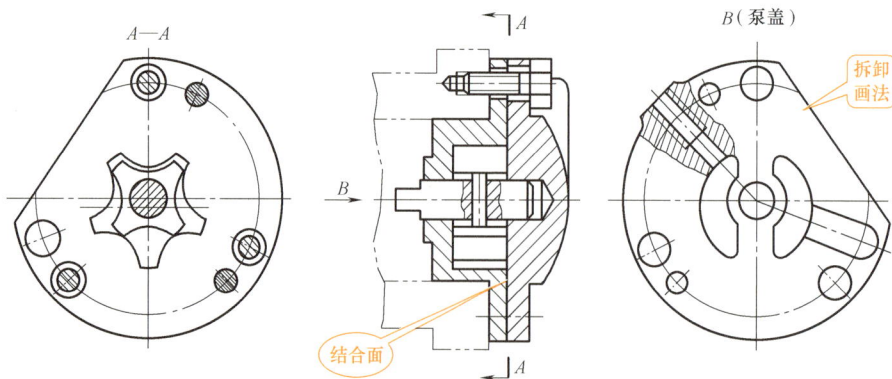

A—A

A

B（泵盖）

拆卸画法

B

结合面

A

图 4-29　沿结合面剖切和拆卸画法

4. 简化画法

装配图中若干相同的零件组，如螺栓、螺母、垫圈等，可只详细地画出一组或几组，其余只用点画线表示出装配位置即可。在装配图中，零件的工艺结构，如小圆角、倒角、退刀槽等可不画出（图 4-32 中的退刀槽、圆角及轴端倒角都未画出）。

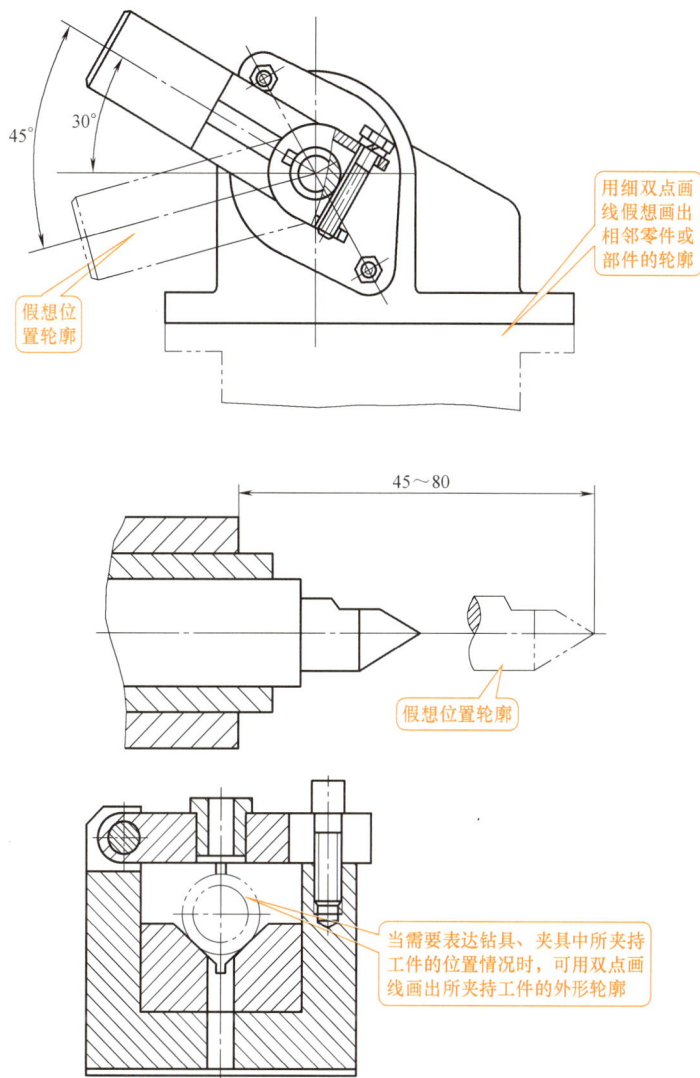

图 4-30 假想画法

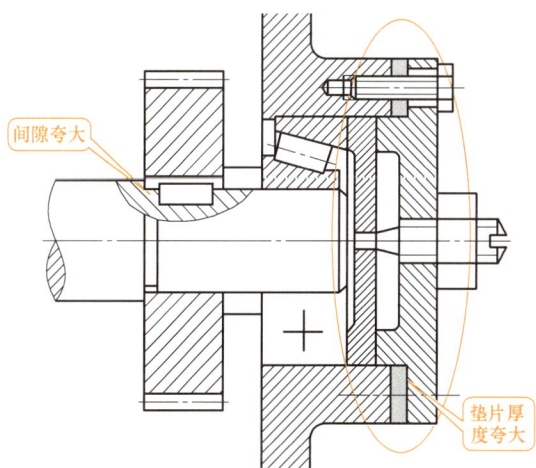

图 4-31 夸大画法

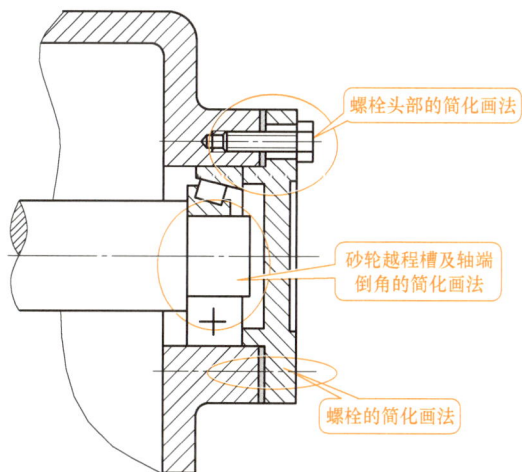

图 4-32 简化画法

5. 展开画法

为了表达传动机构的传动路线和装配关系，可假想地按传动顺序将设备沿轴线剖切，然后依次将各剖切平面展开在一个平面上，画出其剖视图。此时应在展开图的上方注明"×—×展开"字样，如图 4-33 所示。

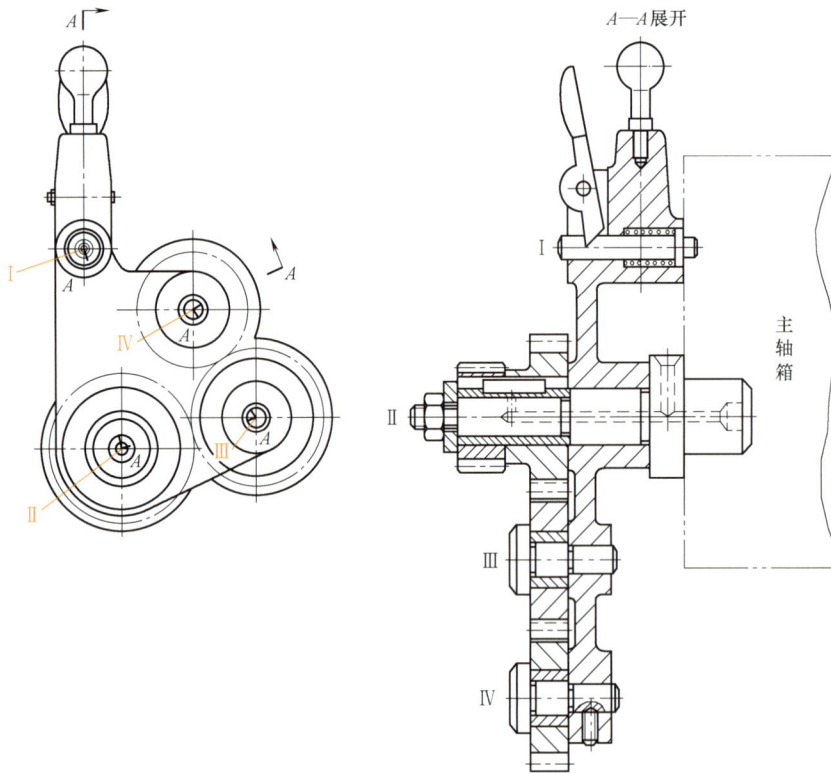

图 4-33　展开画法

6. 单独零件的单独画法

单独零件的单独画法如图 4-34 所示。

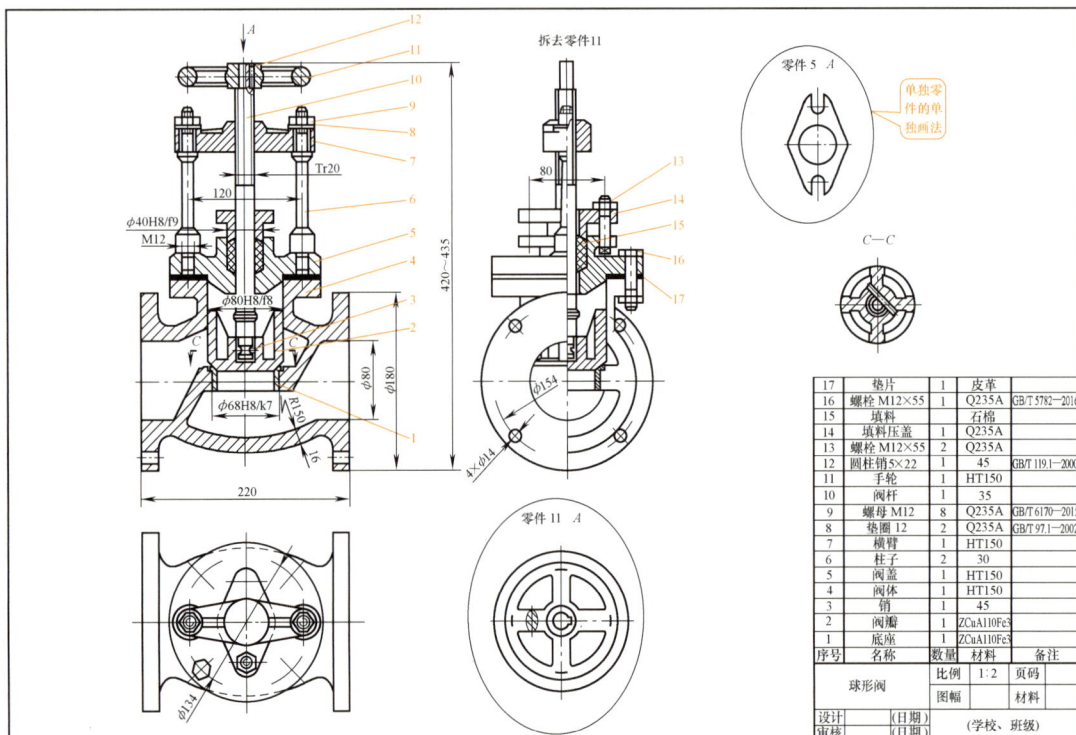

图 4-34　单独画法

四、装配图的尺寸标注及技术要求

（1）性能规格尺寸　性能规格尺寸的标注如图 4-35 所示。

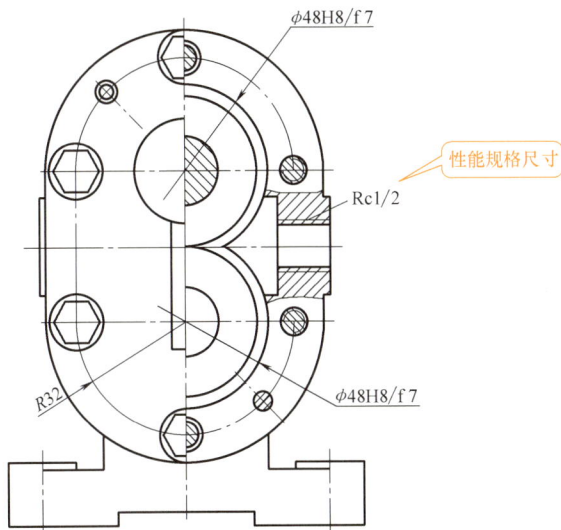

图 4-35　性能规格尺寸

（2）装配尺寸　装配尺寸包括配合尺寸、相对位置尺寸、装配时加工尺寸，如图 4-36 所示。

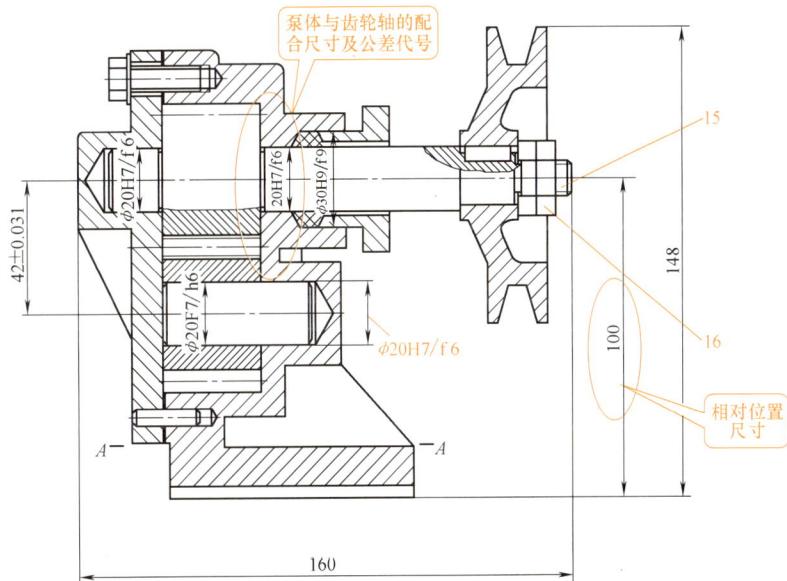

图 4-36　装配尺寸

（3）其他尺寸　包括安装尺寸、外形尺寸及其他重要尺寸如图 4-37 所示。

五、装配图中的零、部件序号和明细栏

1. 序号

1）装配图中所有零件、组件都必须编写序号，且相同零件或部件只有一个序号。

2）序号形式有三种，如图 4-38 所示。

① 编序号时，在所编注零件或部件的可见轮廓线内画一小圆点，然后从圆点开始画指引线，在指引线的末端用细实线画一短横线或一小圆，指引线应通过小圆中心，在短横线上或小圆内用阿拉伯数字编写零件的序号，序号字体高度比尺寸数字大一号或两号，如图 4-38a 所示。

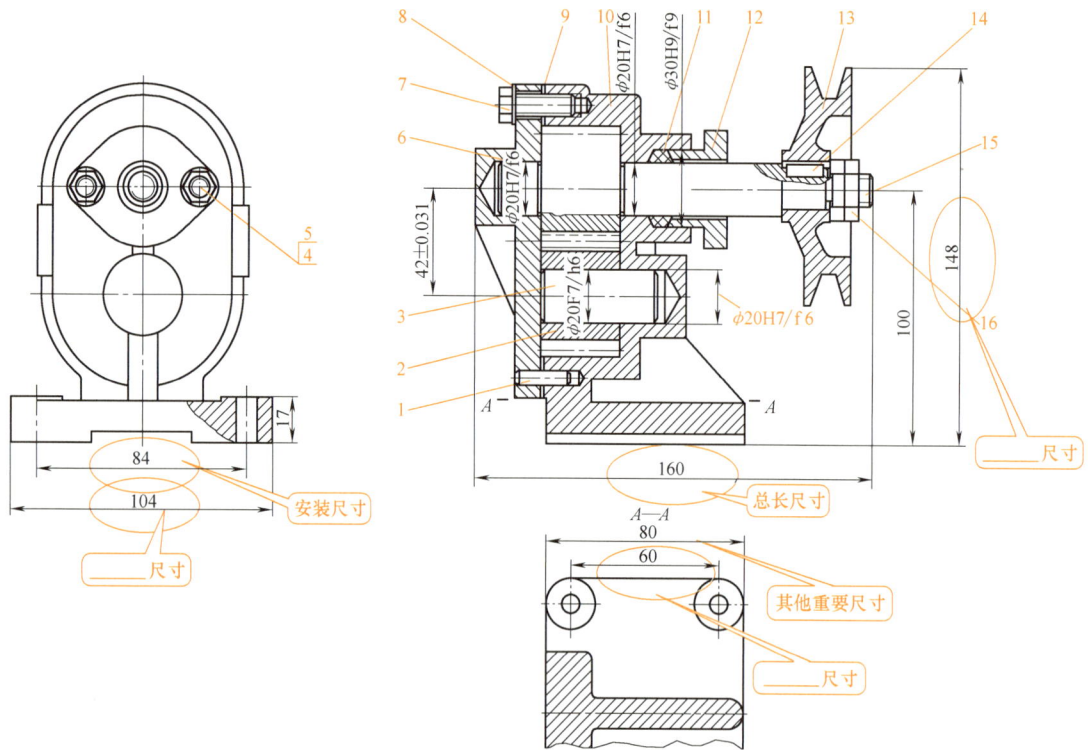

图 4-37　其他尺寸

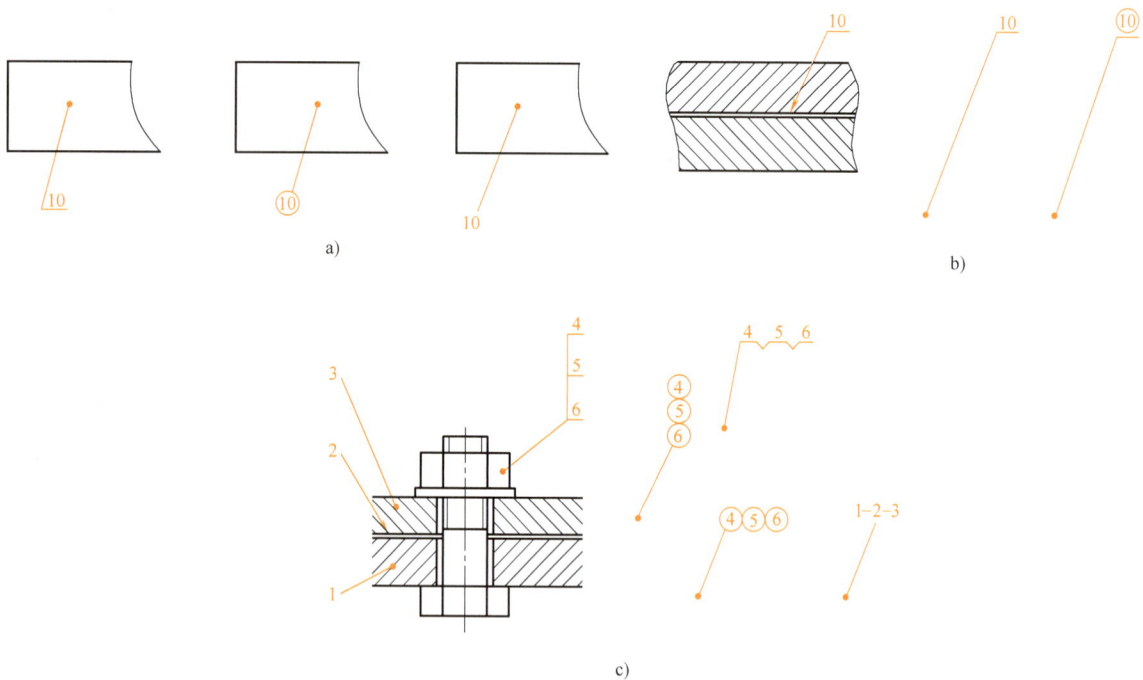

图 4-38　序号标注方法

② 也可在指引线附近写序号，序号字体高度比尺寸数字大两号，如图 4-38a 所示。

③ 如果所编注零件很薄或在图样中涂黑，不能画圆点，可画箭头指向该零件的轮廓，如图 4-38b 所示。

3）指引线不能相交，通过剖面区域时不能与剖面线平行，必要时允许曲折一次，如图 4-38b 所示。

4）对于一组紧固件或装配关系清楚的组件，可用公共指引线，如图 4-38c 所示。

5）序号注在视图外，且按水平或垂直方向排列整齐，并按顺时针或逆时针顺序排列，如图 4-38c 所示。

2. 明细栏

1）明细栏紧靠在标题栏上方，并顺序_____（A. 由下至上　B. 由上至下）填写，当位置不够时，可将明细栏的一部分移至紧靠标题栏左侧。明细栏的编号必须与装配图一一对应。格式和内容可以参照有关国家标准，国家标准推荐的明细栏，如图 4-39 所示。也可由单位自己决定。

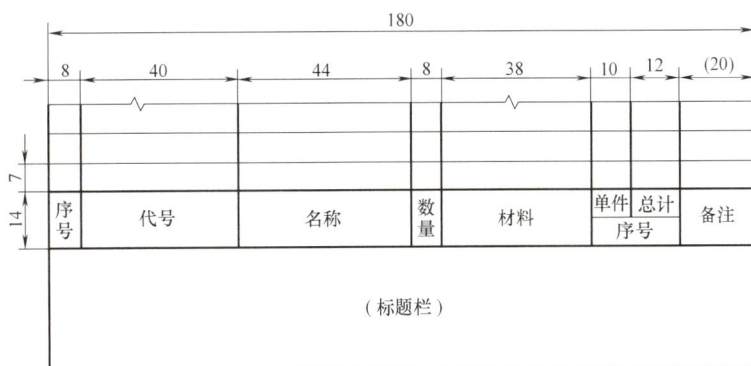

图 4-39　国家标准推荐的明细栏

2）在实际生产中，明细栏也可以不设置在装配图中，而按 A4 幅面作为装配图的序页单独给出，编写顺序是_____（A. 由上而下　B. 由下而上）延续，并可以连续加页。

3）代号栏用来注写图样中相应组成部分的图样代号或标准号。

4）备注栏中，一般填写该项的附加说明或其他有关内容，包括分区代号、常用件的主要参数等，例如齿轮的模数、齿数，弹簧的内径或外径、簧丝直径、有效圈数、自由长度等。

5）螺栓、螺母、垫圈、键、销等标准件，其标记通常分两部分填入明细栏中。将标准代号填入____（A. 代号栏　B. 名称栏）内，其余规格尺寸等填在____（A. 代号栏　B. 名称栏）内。

六、装配图结构的合理性

为了保证机器或部件的装配质量，满足性能要求，并给加工和装拆带来方便，在设计过程中必须考虑装配结构的合理性，下面分析几种最常见装配结构的合理性。

1. 接触面和配合面的合理性

1）当孔与轴配合时，若轴肩与孔端面需接触，则孔加工成倒角或在轴肩处切槽，如图 4-40 所示（试判断三种结构的合理性）。

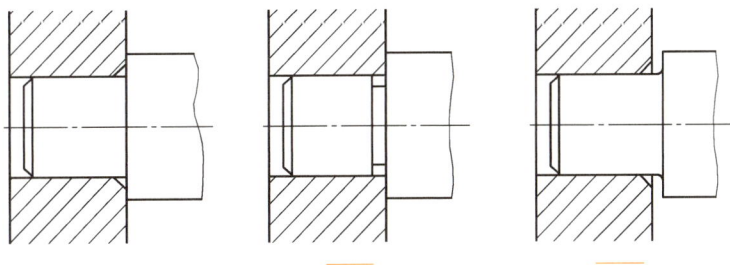

图 4-40　接触面的合理性（一）

2）两零件接触时，在同一方向上只宜有一对接触面，如图 4-41 所示（试判断结构的合理性）。

3）圆锥面接触应有足够的长度，且锥体顶部与底部须留间隙，如图 4-42 所示（试判断结构的合理性）。

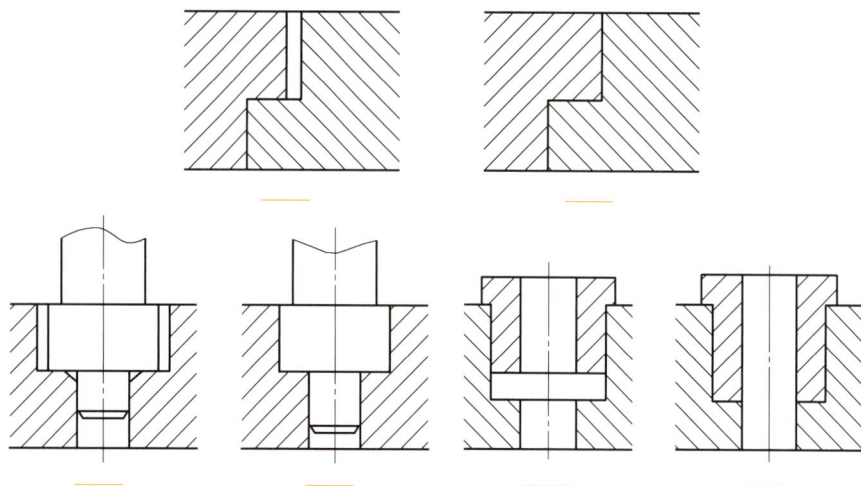

图 4-41　接触面的合理性（二）

2. 密封装置的合理性

如图 4-43 所示的结构采用填料密封，它是依靠压盖将填料压紧从而起到防漏密封的作用。压盖要画在开始压紧填料的位置，以表示当填料磨耗后，尚可下移压盖压紧填料，使之仍保持密封防漏的效果。

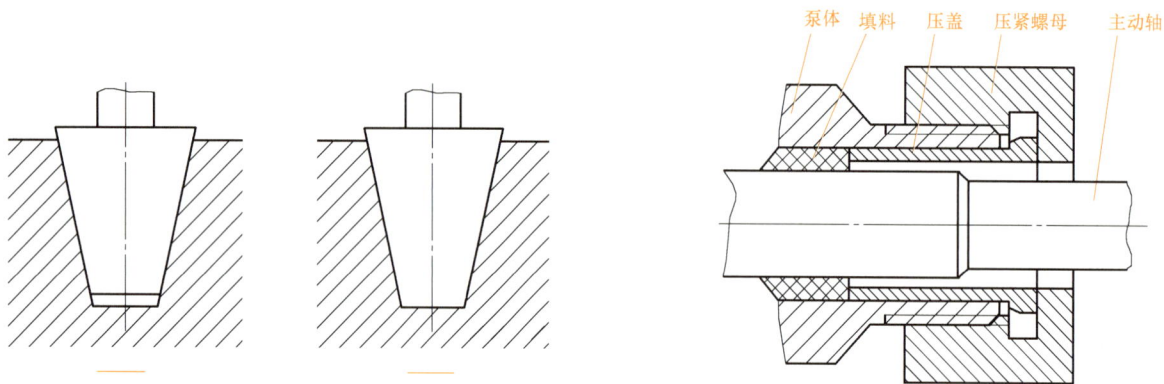

图 4-42　接触面的合理性（三）

图 4-43　密封装置的合理性

3. 有利于装拆的合理结构

1）用轴肩或孔肩定位滚动轴承时，应注意拆卸的方便和可能，如图 4-44 所示（试判断结构的合理性）。

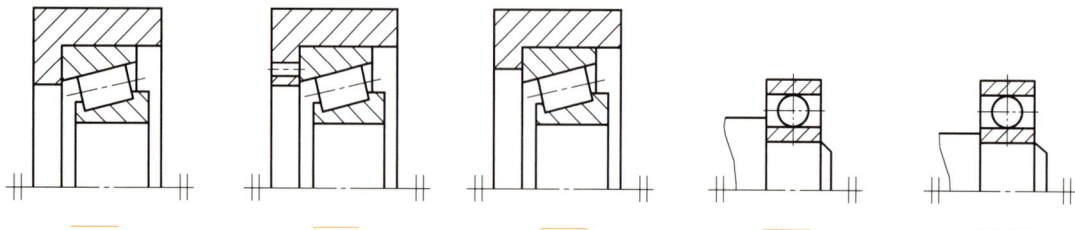

图 4-44　装拆的合理性（一）

2）考虑到装拆的可能与方便，必须留出装拆的空间，如图 4-45 所示（试判断结构的合理性）。

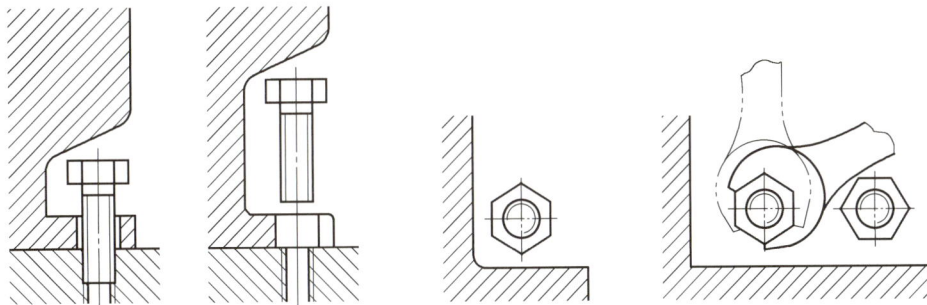

图 4-45　装拆的合理性（二）

◀ 活动实施　绘制齿轮泵装配图

1. 了解部件的装配关系和工作原理

齿轮泵（图 4-46）是液压泵中结构最简单的一种，主要用于＿＿＿＿（A. 低压　B. 高压）或噪声水平限制＿＿＿＿（A. 不高　B. 高）的场合。一般机械设备的润滑系统采用齿轮泵。齿轮泵一般由一对齿数＿＿＿＿（A. 相同　B. 不同）的齿轮轴、传动齿轮轴、端盖和壳体组成。

图 4-46　齿轮泵（装配关系）

其工作原理是：当齿轮泵的传动齿轮轴和齿轮轴在泵体内做啮合运动时，两齿轮的齿槽不断地将进油口的油输送到出油口，这样，进油口内的压力＿＿＿＿（A. 降低　B. 增高）而产生局部真空，油池内的油在大气压力的作用下不断地进入进油口。而出油口内由于油的质量不断地增加，压力＿＿＿＿（A. 降低　B. 增高），齿轮泵就可以把油经出油口输送到机器所需要的部位。

2. 确定表达方案

（1）装配图的主视图　装配图应以工作位置和清楚地反映主要装配关系的那个方向作为主视图投射方向，并尽可能反映工作原理，因此主视图多采用＿＿＿＿（A. 剖视图　B. 视图）。

选择主视图的两个原则如下：

1）主视图的安放位置应符合部件的＿＿＿＿＿＿（A. 工作位置　B. 加工位置）。

2）主视图所确定的投射方向，应使主视图能最佳反映机器或部件的装配关系、工作原理、传动路线及主要零件的主要结构。

（2）其他视图的选择　根据装配体结构的具体情况，选择其他视图、剖视图及剖面图。尽可能用基本视图及基本视图上的剖视图来表达装配图，而主视图尚未表达清楚的内容，其他视图还应进一步表达装配关系和主要零件的结构形状。如左视图采用＿＿＿＿（A. 全剖　B. 半剖）视图，可补充表达齿轮与泵体内腔的配合关系，吸、压油的工作原理，以及泵盖的外形。

在完整、正确、清晰地表达机器或部件的前提下，视图数量尽可能＿＿＿＿（A. 多　B. 少），避免不适当的过分分散零件的表达方案。

活动评价 （表 4-12）

表 4-12 活动评价表

完成日期			工时	120min		总耗时	
任务环节	评 分 标 准			所占分数	考核情况	扣分	得分
绘制减速器装配图	1. 为完成本次活动是否做好课前准备（充分得 5 分，一般得 3 分，没有准备得 0 分） 2. 本次活动完成情况（好得 10 分，一般得 6 分，不好得 3 分） 3. 完成任务是否积极主动，并有收获（满分 5 分，积极但没收获得 3 分，不积极但有收获得 1 分）			20	自我评价： 学生签名		
	1. 准时参加各项任务（5 分）（迟到者扣 2 分） 2. 积极参与本次任务的讨论（10 分） 3. 为本次任务的完成，提出了自己独到的见解（10 分） 4. 团结、协作性强（5 分）			30	小组评价： 组长签名		
	1. 图幅设置错误扣 2 分 2. 工作页填错一处扣 2 分 3. 线型使用错误一处扣 2 分 4. 字体书写不认真，一处扣 2 分 5. 图面不干净、整洁者，扣 2~5 分 6. 超时扣 3 分 7. 违反安全操作规程扣 5~10 分 8. 工作台及场地脏乱扣 5~10 分			50	教师评价： 教师签名		
总分							

小提示

只有通过以上评价，才能继续学习哦！

活动三　用 Inventor 绘制减速器装配图

能力目标

1）确定零件的表达方案。
2）建模过程把控零件参数关联性，保持特征间的父子关系，确保便于进行零件修改。
3）绘制减速器装配工程图。

素质目标

学习掌握软件项目管理的特性，创建条理清晰的项目管理素质。

活动地点

机械产品测量实训室、计算机室。

学习过程

一、装配减速器

减速器装配工程图如图 4-47 所示。

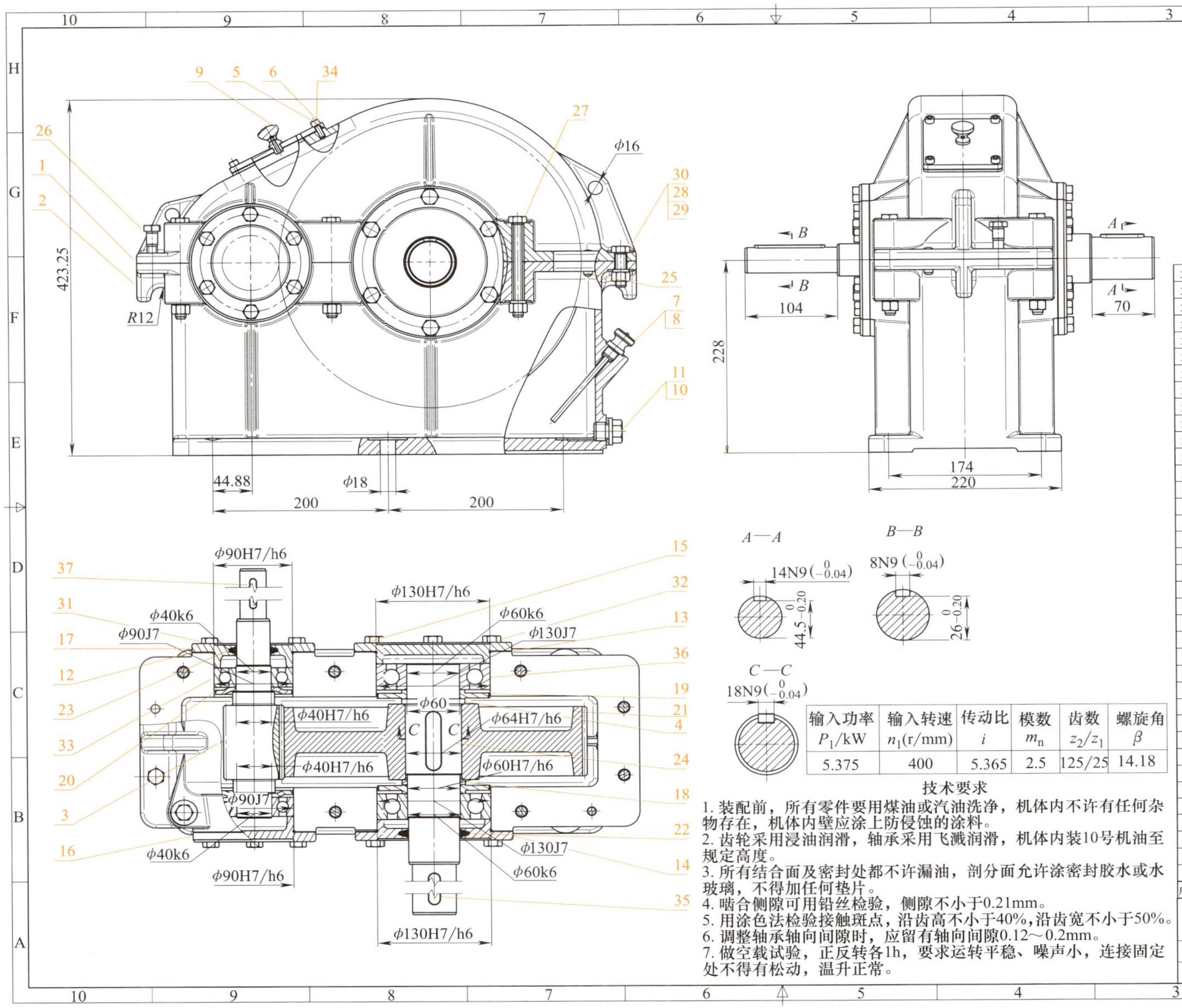

输入功率 P_1/kW	输入转速 n_1(r/mm)	传动比 i	模数 m_n	齿数 z_2/z_1	螺旋角 β
5.375	400	5.365	2.5	125/25	14.18

技术要求

1. 装配前，所有零件要用煤油或汽油洗净，机体内不许有任何杂物存在，机体内壁应涂上防侵蚀的涂料。
2. 齿轮采用浸油润滑，轴承采用飞溅润滑，机体内装10号机油至规定高度。
3. 所有结合面及密封处都不许漏油，剖分面允许涂密封胶水或水玻璃，不得加任何垫片。
4. 啮合侧隙可用铅丝检验，侧隙不小于0.21mm。
5. 用涂色法检验接触斑点，沿齿高不小于40%，沿齿宽不小于50%。
6. 调整轴承轴向间隙时，应留有轴向间隙0.12～0.2mm。
7. 做空载试验，正反转各1h，要求运转平稳、噪声小，连接固定处不得有松动，温升正常。

序号	零件代号	数量	材料	备注
37	GB/T 1096键8×7×80	1	钢，软	GB/T 1096—2003
36	滚动轴承 7312 AC GB/T 292	2	钢，软	GB/T 292—2023
35	GB/T 1096键14×9×50	1	钢，软	GB/T 1096—2003
34	螺钉 GB/T 70.1 M6×16	4	钢，软	GB/T 70.1—2008
33	滚动轴承 7308 AC GB/T 292	2	钢，软	GB/T 292—2023
32	螺栓 GB/T 5781 M12×30	12	钢，软	GB/T 5781—2016
31	螺栓 GB/T 5781 M10×25	12	钢，软	GB/T 5781—2016
30	螺栓 GB/T 5781 M12×40	2	钢，软	GB/T 5781—2016
29	螺母 GB/T 6170 M12	8	钢，软	GB/T 6170—2015
28	垫圈 GB 93 12	8	钢，软	GB/T 93—1987
27	螺栓 GB/T 5781 M12×110	6	钢，软	GB/T 5781—2016
26	螺栓 GB 27 M12×38	1	钢，软	GB/T 27—2013
25	销 GB/T 117 10×30	2	钢，软	GB/T 117—2000
24	GB/T 1096键18×11×70	1	钢，软	GB/T 1096—2003
23	高速轴毛毡油圈	1	半粗羊毛毡	
22	低速轴毛毡油圈	1	半粗羊毛毡	
21	大齿轮	1	45	
20	高速轴挡油环	2	08F	
19	低速轴挡油环	2	08F	
18	衬套	1	08F	
17	高速轴端盖	1	HT150	
16	高速轴端盖	1	HT150	
15	低速轴端盖	1	HT150	
14	低速轴端盖	1	HT150	
13	大轴承盖垫片	2	08F	
12	小轴承盖垫片	2	08F	
11	油塞	1	Q235	
10	油塞垫片	1	耐油橡胶	
9	通气器	1	Q235	
8	油标-2	1	常规	
7	油标-1	1	常规	
6	视孔盖	1	HT200	
5	视孔盖垫片	1	石棉橡胶纸	
4	低速轴	1	45	
3	高速轴	1	45	
2	箱体	1	HT200	
1	箱盖	1	HT200	

减速器	比例	1:2	页码	2/2
	图幅	A1	材料	
设计	(日期)			
审核				

图 4-47　减速器装配工程图

1. 创建装配环境及调入零件

1）通过新建文件功能面板，新建"Standard.iam"部件，并保存为"减速器"文件。

2）单击"装配"→"零部件"→"放置"命令，调入所有建模零件，如图4-48所示。

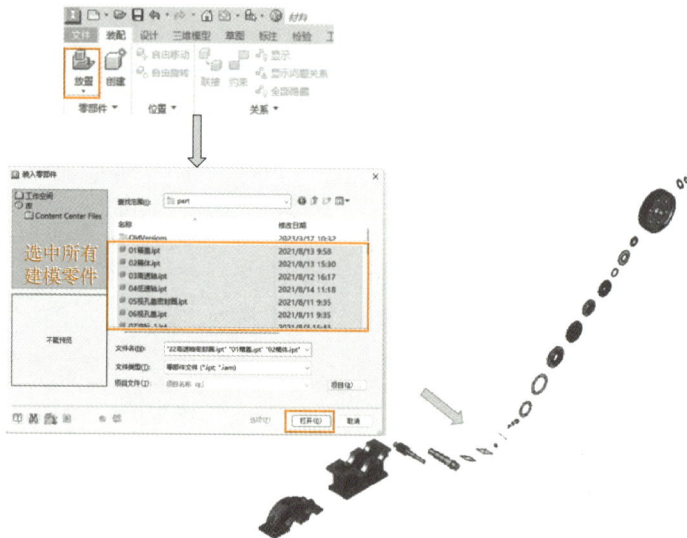

图4-48 调入零件

2. 建模零件装配约束

1）选中"箱体"零件，并使用"装配"→"工具集"→"坐标系对准"命令，进行箱体零件与部件坐标系对准，如图4-49所示。

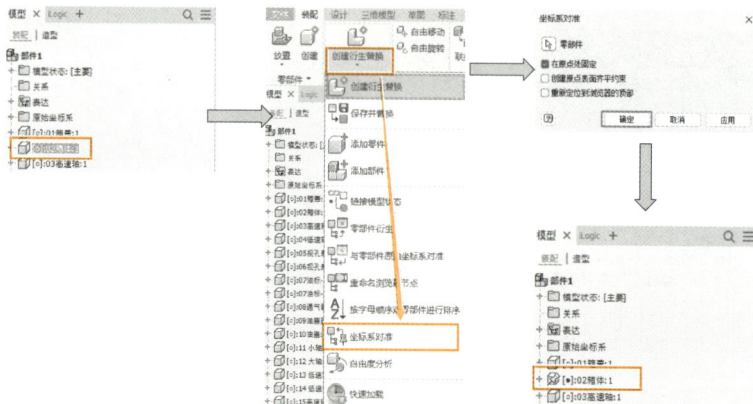

图4-49 箱体零件坐标对准

2）单击"装配"→"关系"→"装配"命令，选择相对应的孔轮廓进行约束，优先完成箱盖的约束。添加箱盖约束如图 4-50 所示。

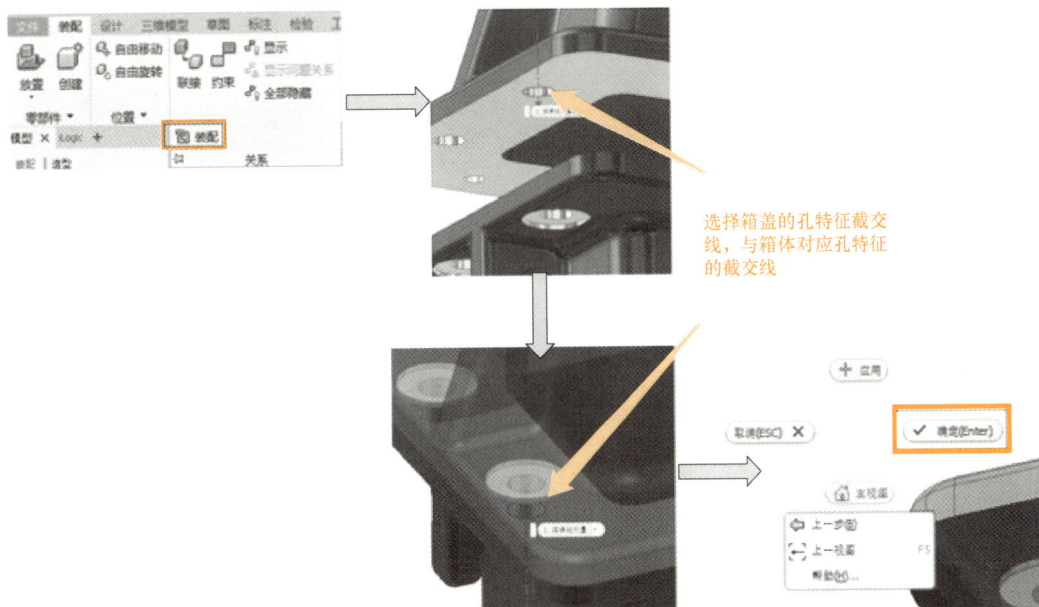

图 4-50　添加箱盖约束

单击"装配"→"关系"→"装配"命令，添加箱体与箱盖另一组配合孔的约束，限制箱盖的回转自由度，如图 4-51 所示。

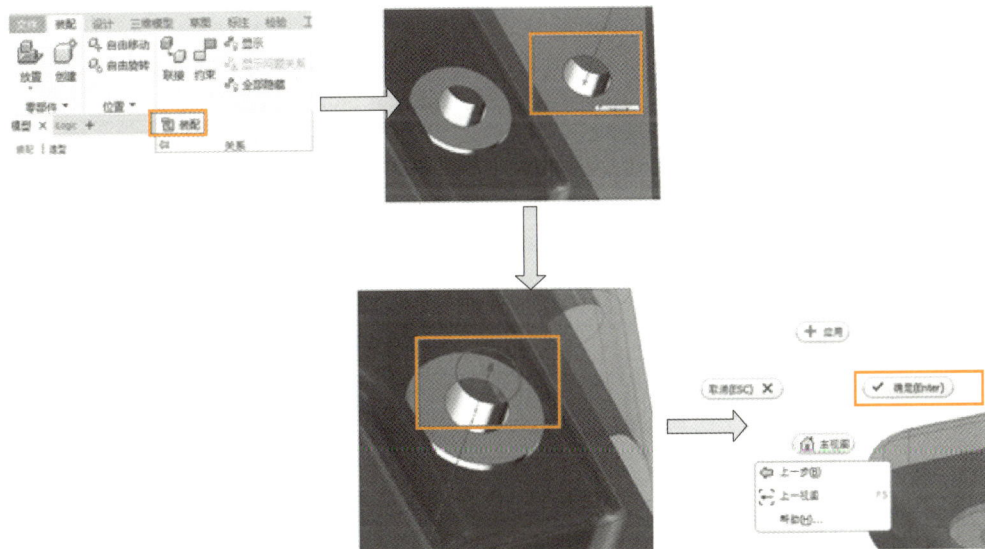

图 4-51　添加箱盖回转自由度约束

使用约束箱盖的方式完成序号 05、06、07、08、09、10、11 的约束，约束结果如图 4-52 所示。

数量不为 1 的零件可使用<Ctrl+C><Ctrl+V>键进行复制。

使用约束箱盖的方式完成序号 12、13、14、15、16、17、21、22 的约束，约束结果如图 4-53 所示。

3）单击"装配"→"关系"→"约束"命令，使用类型为"配合"，选择两回转轴线，设置求解方式为"未定向"，完成高速轴、传动轴与箱体零件同轴关系约束，如图 4-54 所示。

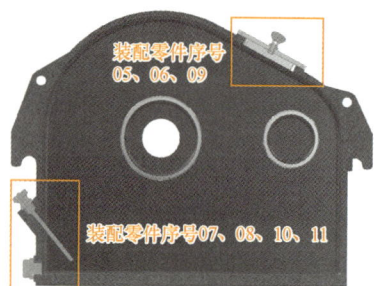

装配零件序号
05、06、09

装配零件序号07、08、10、11

图 4-52　零件约束展示（一）

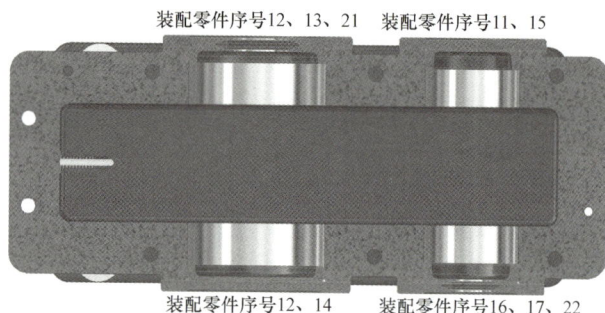

装配零件序号12、13、21　　装配零件序号11、15

装配零件序号12、14　　　装配零件序号16、17、22

图 4-53　零件约束展示（二）

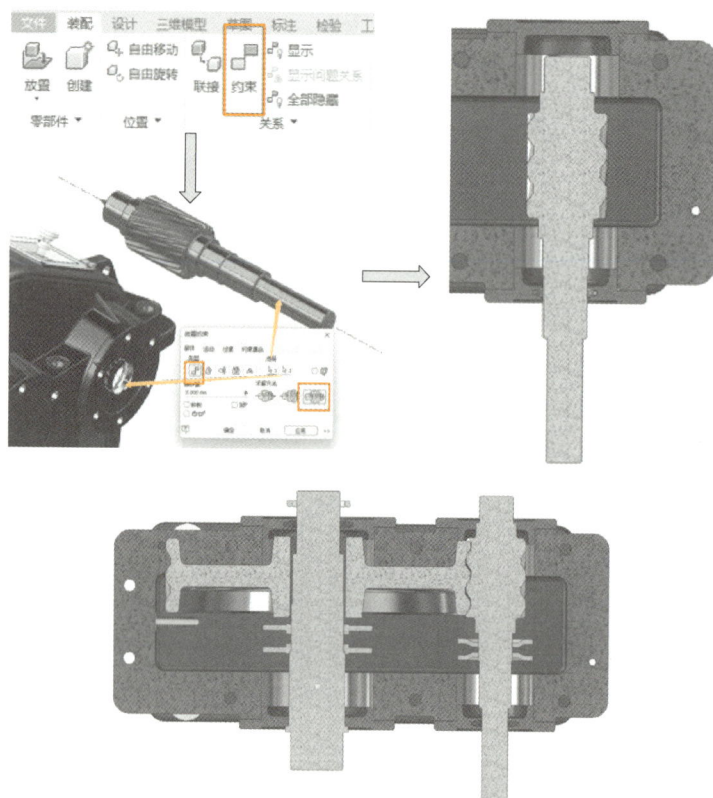

图 4-54　传动轴零件约束（一）

单击"装配"→"关系"→"约束"命令，使用类型"配合"，选择两装配贴合平面，设置求解方式为"配合"，完成序号 20 零件与传动轴的配合关系约束，如图 4-55 所示。

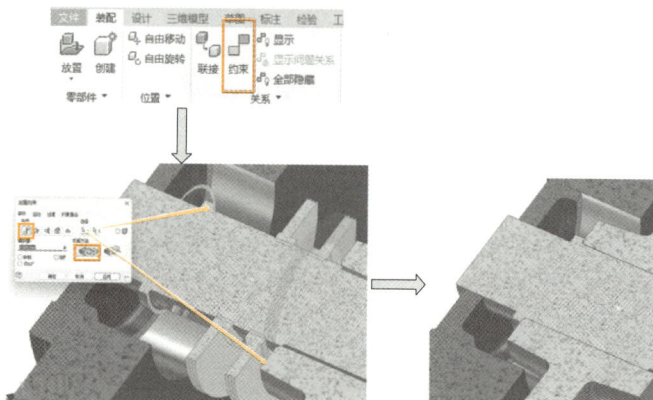

图 4-55　传动轴零件约束（二）

单击"装配"→"关系"→"约束"命令，使用类型为"配合"，选择两装配贴合平面，设置求解方式为"平齐"，继续完成序号 20 零件与传动轴键槽特征的对齐约束，如图 4-56 所示。

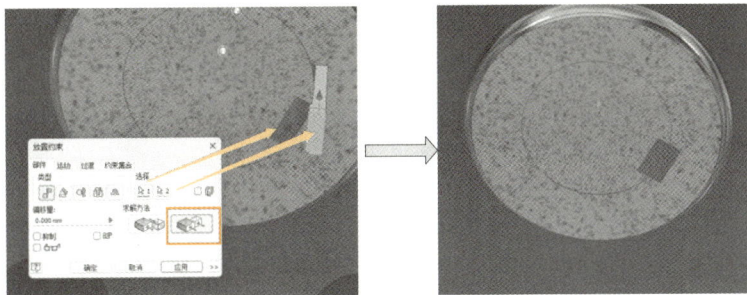

图 4-56　传动轴零件约束（三）

单击"装配"→"关系"→"约束"命令，使用类型为"配合"，选择两装配贴合平面，设置求解方式为"配合"，继续完成序号 19 零件与高速轴，序号 17、18 零件与传动轴的配合关系约束，如图 4-57 所示。

3. 调用标准件及装配

1）使用"装配"→"零部件"→"从资源中心放置"功能，进行减速器标准件的调用。设置过滤器为"GB"选项，在搜索框输入标准号搜索出对应标准件，选择标准件进行放置，放置时选择对应的规格型号。下面以轴承为例进行调用，如图 4-58 所示。

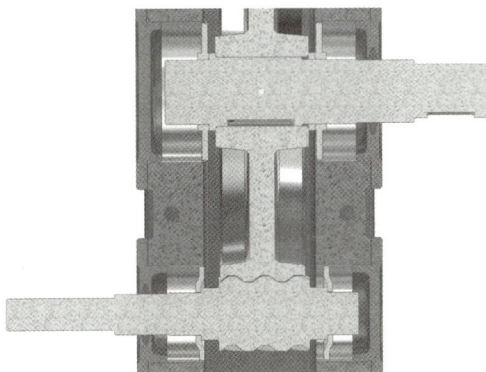

图 4-57　传动轴零件约束结果

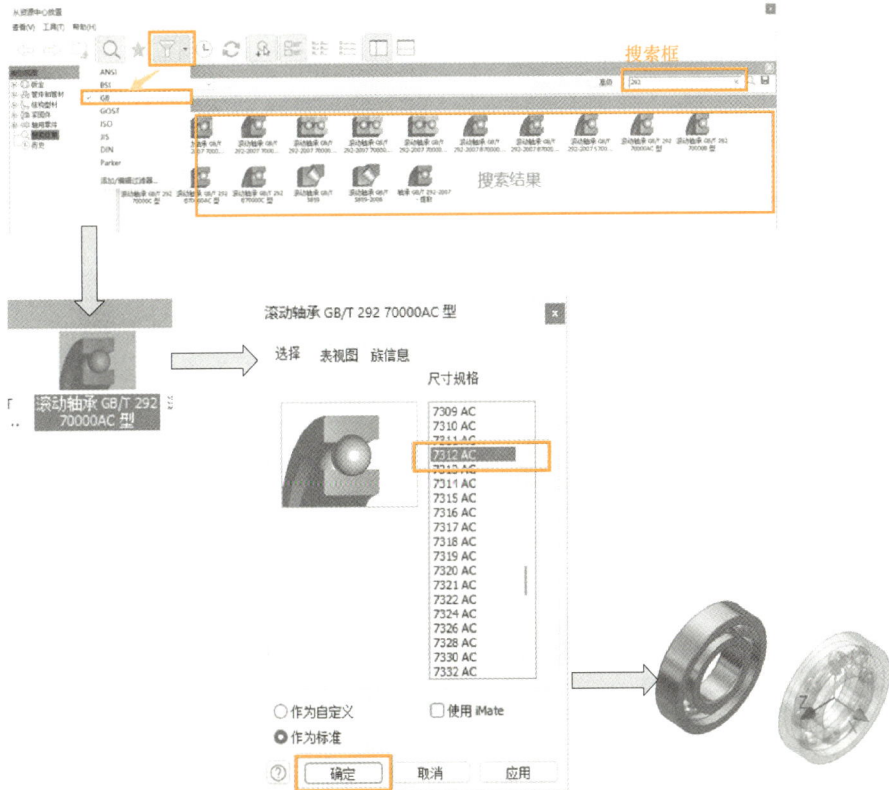

图 4-58　调用轴承

单击"装配"→"关系"→"约束"命令，使用类型为"配合"，选择两回转轴线，设置求解方式为"未定向"，完成序号 33 零件与高速轴，序号 36 零件与传动轴的同轴关系约束，约束结果如图 4-59 所示。

单击"装配"→"关系"→"约束"命令，使用类型为"配合"，选择两装配贴合平面，设置求解方式为"配合"，继续完成序号33零件与高速轴，序号36零件与传动轴的配合关系约束，约束结果如图4-60所示。

图 4-59　同轴关系约束

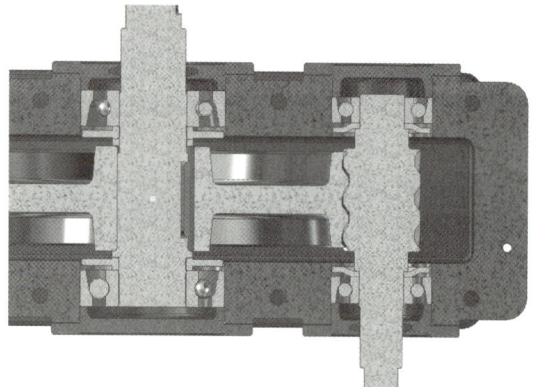

图 4-60　配合关系约束

2）使用"装配"→"零部件"→"从资源中心放置"功能，进行减速器其余标准件的调用。设置过滤器为"GB"选项，在搜索框输入标准号搜索出对应标准件，选择标准件进行放置，放置时选择对应的规格型号。其余标准件调用展示如图4-61所示。

单击"装配"→"关系"→"装配"命令，完成标准件键的装配，如图4-62所示。

单击"装配"→"关系"→"约束"命令，使用类型为"配合"，选择两装配贴合平面，设置求解方式为"配合"，完成键与键槽的配合关系约束，如图4-63所示。

图 4-61　其余标准件调用展示

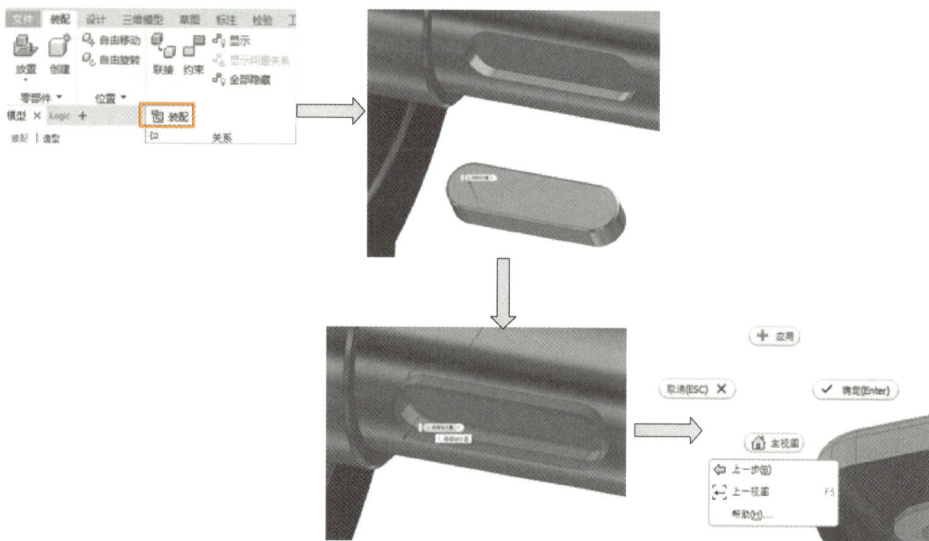

图 4-62　装配键

3）单击"装配"→"关系"→"装配"命令，完成其余标准件的装配，结果如图4-64所示。

二、创建减速器装配体工程图

1. 添加部件视图

1）单击"新建"命令，创建"Standard.idw"类型新工程图，并命名为"减速器"，保存到相应位置。

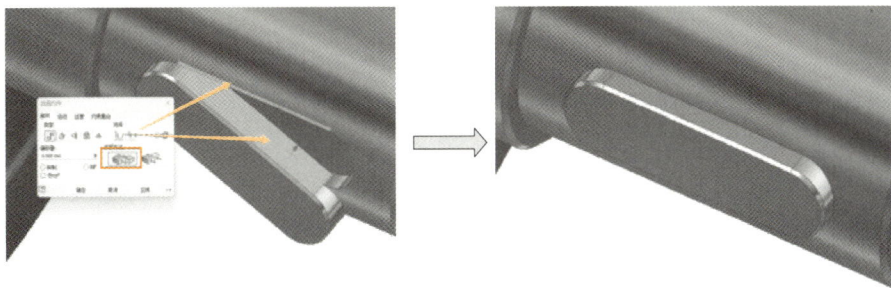

图 4-63　键与键槽约束

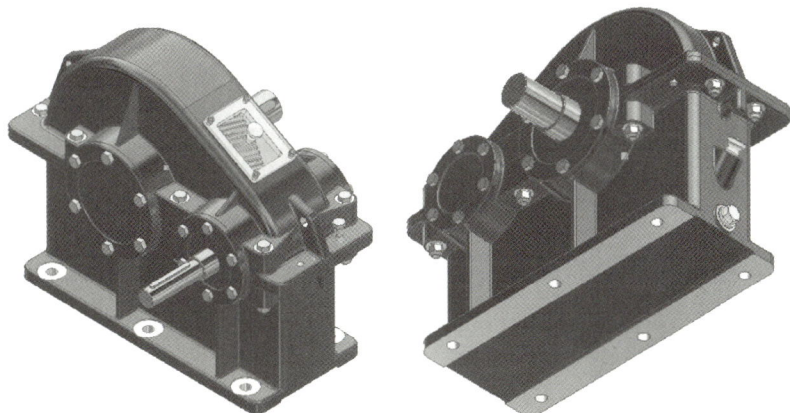

图 4-64　装配结果展示

2）右击"图样 1"，在弹出菜单中选择"编辑图纸"，修改图样尺寸为 A2，如图 4-65 所示。

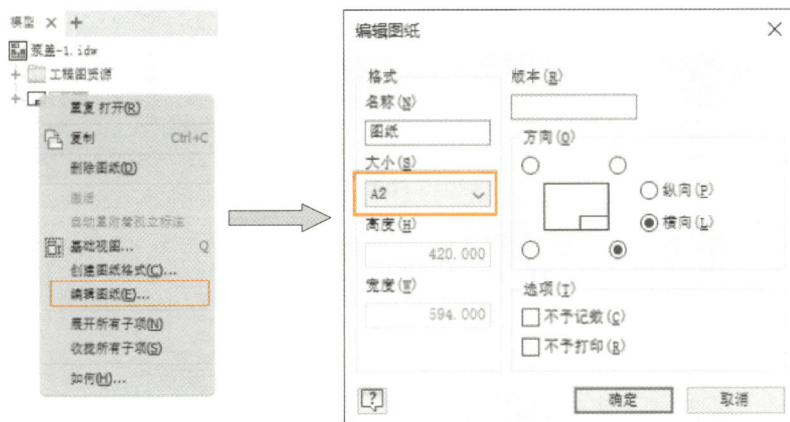

图 4-65　修改图幅尺寸

3）单击"基础视图"命令，选择"减速器"装配模型，添加基础视图，如图 4-66 所示。

4）单击需要进行剖切的视图，按下快捷键<S>新建草图，在草图中绘制封闭轮廓框中需要进行剖切的位置，单击"局部剖视图"命令，进行视图剖切，如图 4-67 所示。

要点：用于创建局部剖视图的草图一定要附着在原始视图上。

完成所有视图的局部剖切后，视图表达结果如图 4-68 所示。

5）单击"剖视"命令，在左视图剖切表达两轴端键槽的形状，在"视图投影"中选择"无"，添加断面图如图 4-69 所示。

6）单击"剖视"命令，在俯视图剖切大齿轮与低速轴之间的键槽连接截面的形状，在"视图投影"中选择"无"，如图 4-70 所示。

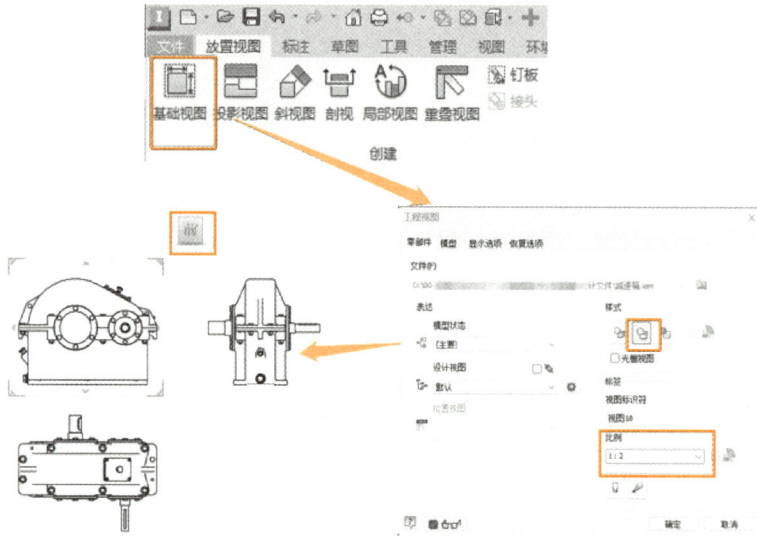

图 4-66　添加基础视图

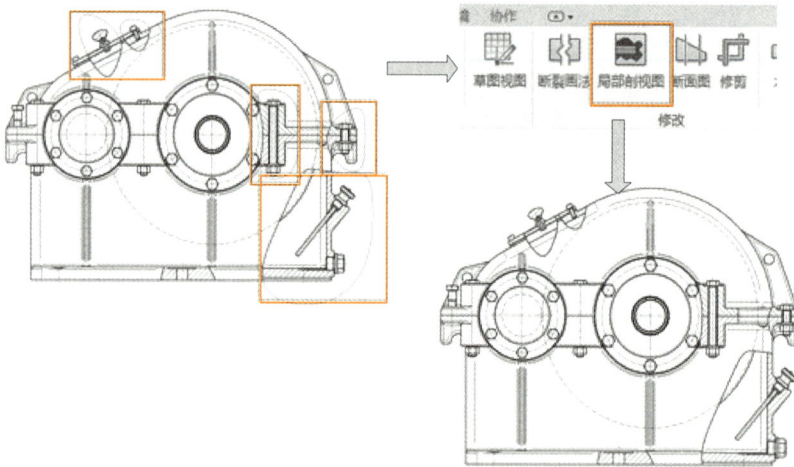

图 4-67　创建局部剖视图

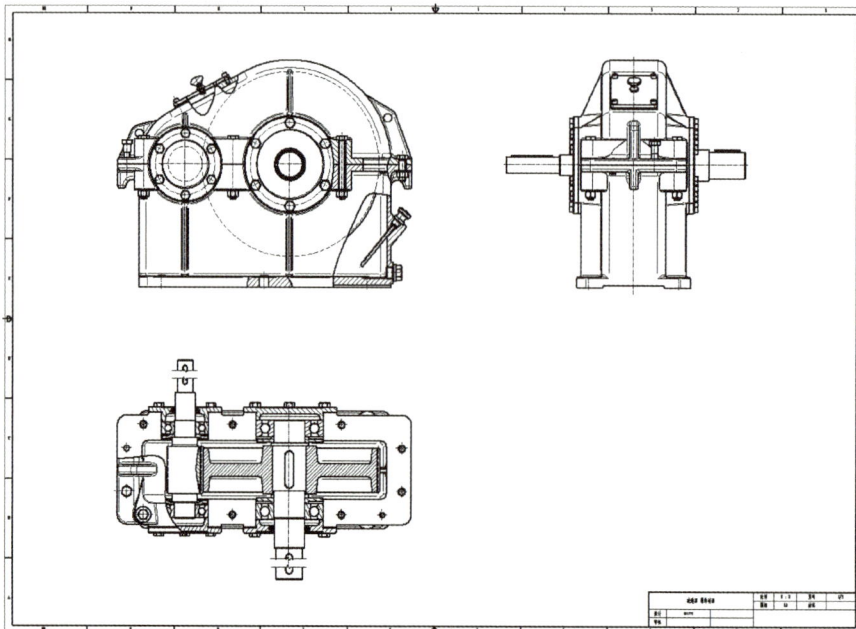

图 4-68　视图表达结果

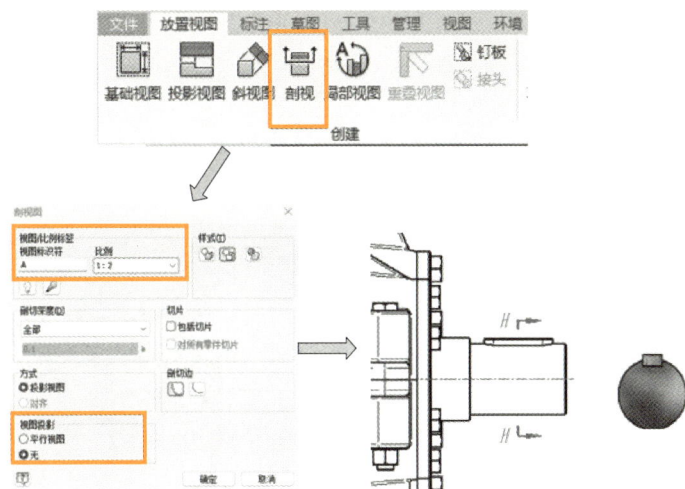

图 4-69　添加断面图（一）

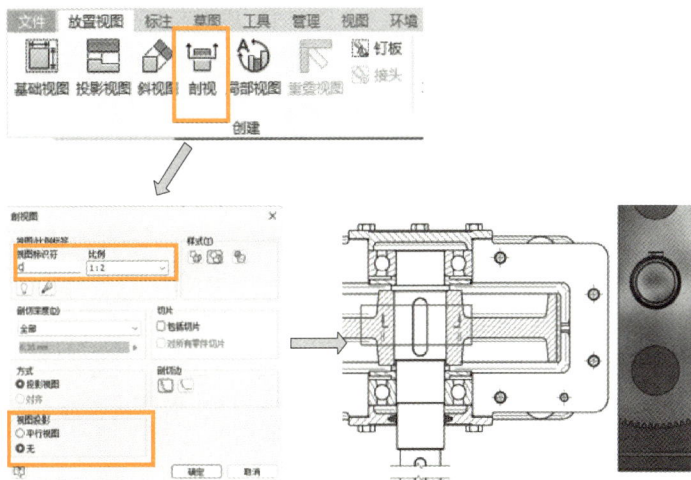

图 4-70　添加断面图（二）

　　按<Shift>+右键切换选择方式为"零件优先"，设置轴与键之外的其余零件的全部可见性，并右击轴零件，切换剖切方式为"截面"，如图 4-71 所示。

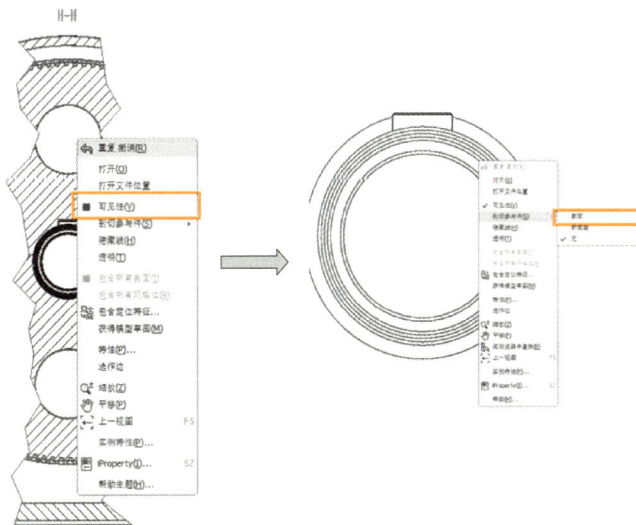

图 4-71　修改视图

　　7）使用"中心线""对分中心线""中心标记""中心阵列"等命令添加视图中心线，如图 4-72 所示。

图 4-72　中心线命令

8）视图表达最终结果如图 4-73 所示。

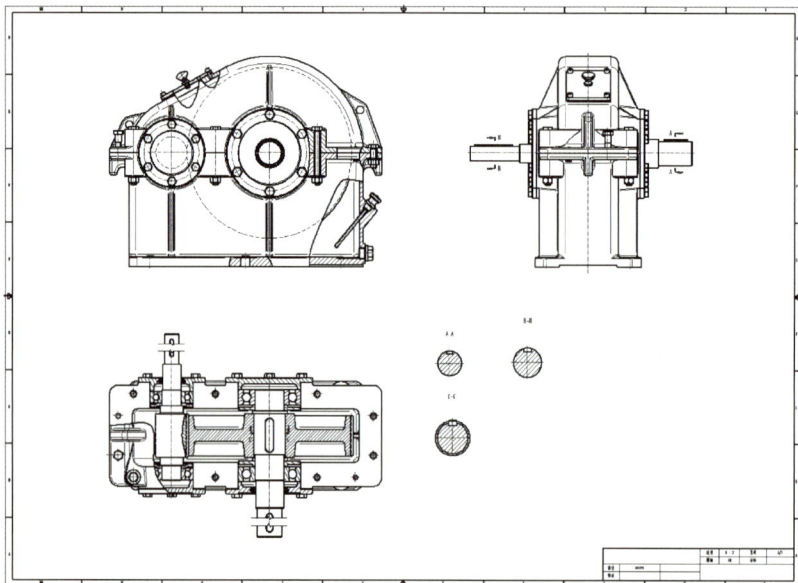

图 4-73　视图结果展示

2. 标注模型信息

单击"标注"→"尺寸"命令，进行尺寸标注，完成外形尺寸标注、孔定位尺寸标注、孔定形尺寸标注、加强肋尺寸标注、阶梯尺寸标注及其余尺寸标注。

设置尺寸公差需双击需要设置的尺寸，进入"编辑尺寸"对话框，切换为"精度和公差"选项卡，设置公差方式为"公差/配合-线性"，并调整公差符号及等级即可，如图 4-74 所示。

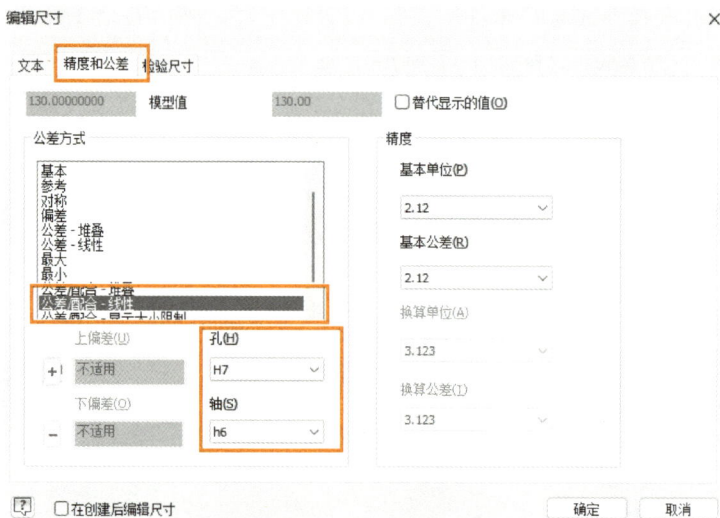

图 4-74　公差设置方式

3. 添加图样要素

1）添加技术要求，如图 4-75 所示。

2）单击"标注"→"表格"→"明细栏"命令，选择爆炸视图引出明细栏，如图 4-76 所示。

输入功率 P_1/kW	输入转速 n_1(r/mm)	传动比 i	模数 m_n	齿数 z_2/z_1	螺旋角 β
5.375	400	5.365	2.5	125/25	14.18°

技术要求

1. 装配前，所有零件要用煤油或汽油洗净，机体内不许有任何杂物存在，机体内壁应涂上防侵蚀的涂料。

2. 齿轮采用浸油润滑，轴承采用飞溅润滑，机体内装10号机油只规定高度。

3. 所有结合面及密封处都不许漏油，剖分面允许涂密封胶水或水玻璃，不得加任何垫片。

4. 啮合侧隙可用铅丝检验，侧隙不小于0.21mm。

5. 用涂色法检验接触斑点，沿齿高不小于40%，沿齿宽不小于50%。

6. 调整轴承轴向间隙时，应留有轴向间隙0.12～0.2mm。

7. 做空载试验，正反转各1h，要求运转平稳、噪声小，连接固定处不得有松动，温升正常。

图 4-75　添加技术要求

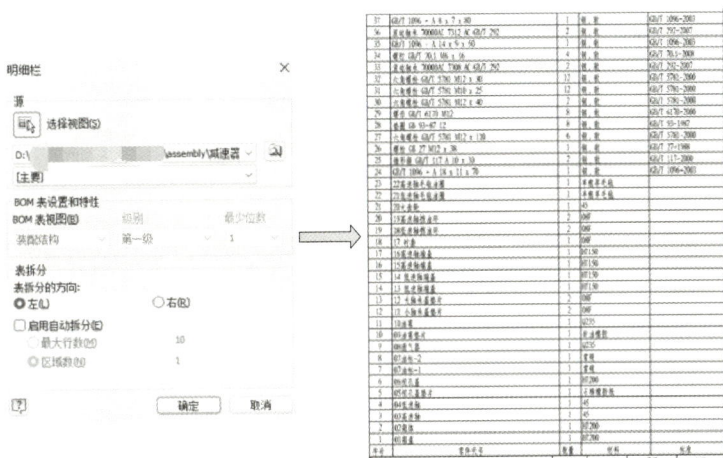

图 4-76　添加明细栏

3）单击"标注"→"表格"→"自动引出序号"命令，选择需要引出序号的零件，进行序号引出。可以根据视图布局，分批次引出序号，如图4-77所示。

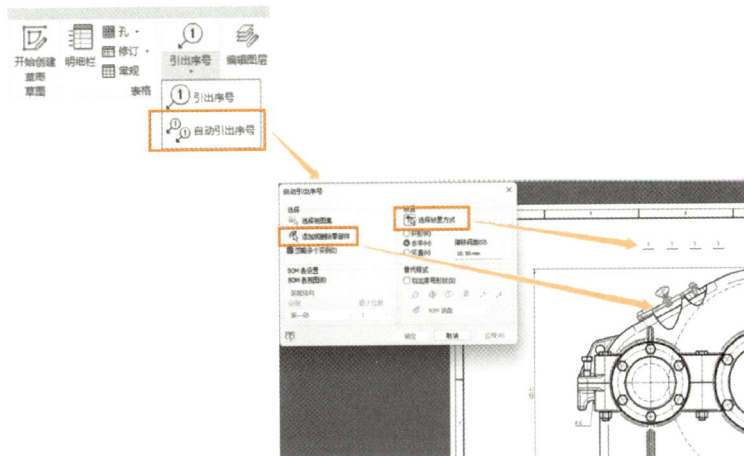

图 4-77　添加引出序号

完成所有序号引出，结果如图4-47所示。

4）双击明细栏，进入明细栏编辑对话框，检查是否引出了所有零件的序号，如图4-78所示。

图 4-78　序号检查

活动评价 （表 4-13）

表 4-13　活动评价表

完成日期			工时	120min	总耗时		
任务环节	评 分 标 准			所占分数	考核情况	扣分	得分
用 Inventor 绘制减速器装配图并归档	1. 为完成本次活动是否做好课前准备（充分得 5 分，一般得 3 分，没有准备得 0 分） 2. 本次活动完成情况（好得 10 分，一般得 6 分，不好得 3 分） 3. 完成任务是否积极主动，并有收获（满分 5 分，积极但没收获得 3 分，不积极但有收获得 1 分）			20	自我评价： 学生签名		
	1. 准时参加各项任务（5 分）（迟到者扣 2 分） 2. 积极参与本次任务的讨论（10 分） 3. 为本次任务的完成，提出了自己独到的见解（10 分） 4. 团结、协作性强（5 分）			30	小组评价： 组长签名		
	1. 工作页填错一处扣 2 分 2. 工作页漏填一处扣 2 分 3. 图幅、图框、标题栏、文字、图线每错一处扣 2 分 4. 整体视图表达、断面绘制准确，一个视图表达有误扣 10 分 5. 图线设置样式，每错一处扣 2 分 6. 中心线应超出轮廓线 3~5mm，超出过多或不足每处扣 1 分 7. 绘图前检查硬件完好状态，使用完毕整理回准备状态，没检查、没整理每一项扣 5~10 分 8. 工作全程保持场地清洁，如有脏乱扣 5~10 分			50	教师评价： 教师签名		
	总分						

小提示

只有通过以上评价，才能继续学习哦！

活动四 总结、评价与反思

能力目标

1）能对学习任务的完成过程及学业成果进行总结、汇报。

2）能对学习任务的完成过程及完成效果进行客观公正地综合评价。

素质目标

根据学习任务总结反思，及时进行笔记整理，制订改进方案。

学习过程

一、工作总结

1）以小组为单位，撰写工作总结，并选用适当的表现方式向全班展示、汇报学习成果。

2）评价，完成表4-14。

表4-14 工作总结评分表

评价指标	评价标准	分值(分)	评价方式及得分		
			个人评价（10%）	小组评价（20%）	教师评价（70%）
参与度	小组成员能积极参与总结活动	5			
团队合作	小组成员分工明确、合理,遇到问题不推诿责任,协作性好	15			
规范性	总结格式符合规范	10			
总结内容	内容真实、针对存在问题有反思和改进措施	15			
总结质量	对完成学习任务的情况有一定的分析和概括能力	15			
	结构严谨、层次分明、条理清晰、语言顺畅、表达准确	15			
	总结表达形式多样	5			
汇报表现	能简明扼要地阐述总结的主要内容,能准确流利地表达	20			
学生姓名		小计			
评价教师		总分			

二、学习任务综合评价（表 4-15）

表 4-15　学习任务综合评价

评价内容	评价标准	评价等级			
		A	B	C	D
学习活动 1	A. 学习活动评价成绩为 90~100 分 B. 学习活动评价成绩为 75~89 分 C. 学习活动评价成绩为 60~74 分 D. 学习活动评价成绩为 0~59 分				
学习活动 2	A. 学习活动评价成绩为 90~100 分 B. 学习活动评价成绩为 75~89 分 C. 学习活动评价成绩为 60~74 分 D. 学习活动评价成绩为 0~59 分				
学习活动 3	A. 学习活动评价成绩为 90~100 分 B. 学习活动评价成绩为 75~89 分 C. 学习活动评价成绩为 60~74 分 D. 学习活动评价成绩为 0~59 分				
工作总结	A. 工作总结评价成绩为 90~100 分 B. 工作总结评价成绩为 75~89 分 C. 工作总结评价成绩为 60~74 分 D. 工作总结评价成绩为 0~59 分				
小计					
学生姓名		综合评价等级			
评价教师		评价日期			

附录

课程考核方案

1. 考核内容

按照课程标准规定，本课程既考核学生对基本理论知识和基本技能的掌握程度，也检验学生运用基本理论分析问题和解决问题的能力，以及实际操作能力。

2. 考核形式

考核形式为过程考核（70%）+终结性评价（30%）。过程考核指在平时完成每个教学模块或教学任务时组织的随堂考核；终结评价采用职业能力测评的形式完成。

3. 终结性测评

（1）测评形式 由纸笔测试（制订完成任务的方案）+任务实操测试组成。纸笔测试主要考核学生完成该项工作任务所需要的专业知识、工作思路（工作流程），以及文字表达等通用素质。任务实操测试主要考核学生完成实际工作的专业技能、工作规范和职业素养，以及解决实际问题的综合能力等。

（2）测评员 上课教师、企业人员。

（3）测试题 由教师根据课程内容和课程目标来确定，以完成一项综合性较强的实际工作任务来呈现，包括任务描述、测评要求、参考资料、笔试答卷和任务操作记录等（详见后面内容）。

（4）测评组织形式 以小组竞赛的形式组织测评。

《零部件测绘与 Inventor 三维建模课程》测试题目（学生使用）

班级_____ 姓名_____ 学号_____ 成绩_____

◀ 内容

这个任务试题包括了下列文件
1. 试题说明书。
2. 试题图样。

◀ 项目与任务的描述

浏览打印的图样，完成机用虎钳的建模和装配，并生成两张工程图、两个动画和一张图片。

◀ 任务

一、零件的建模和装配

➢ 根据给定的工程图创建所有零件，使用工程图中的序号+零件名称进行保存。（例如：09 垫圈）
➢ 缺失的尺寸，根据专业知识和配合的零部件进行判断。（例如：活动钳口中，有一个尺寸错误，请根据装配更正建模）
➢ 根据给定的装配示意图使用建模的零件与标准件生成完整的装配体，并按规定名称命名。

二、生成工程图

1. 在第一张图纸上（A2 图纸，比例自定），创建一份总装配图。
➢ 视图表达参考装配体运动原理，在合适的视图上，体现出装配体的最大夹持位置与最小夹持位置，并标注区间尺寸。（重叠视图）
➢ 图样需包含必要的信息，添加必要尺寸。
➢ 添加引出序号和零件明细表（BOM）。零件明细表（BOM）仅包含 3 列，序号、零件代号和材料。
➢ 放置一个装配体的爆炸视图。
2. 在第二张图纸上（A2 图纸，比例自定），创建活动钳体与丝杠零件工程图。
➢ 图样需包含必要信息，添加全部尺寸。
➢ 需添加表面粗糙度和几何公差（GDT）。
➢ 添加带隐藏边、不着色正等轴测图。

三、渲染图片和动画

1. 使用软件渲染模块按以下要求创建一张图片：
➢ 格式"jpg"、分辨率 1960×1024。
➢ 添加零件外观，设置阴影反射。
2. 使用软件动画制作模块按以下要求创建一段动画，展示机用虎钳的爆炸顺序。（命名为：机用虎钳-爆炸）
➢ AVI 格式，长度 >18s，分辨率为 1052×788。
➢ 爆炸顺序合理，未出现干涉。
➢ 添加适当的特写镜头。
3. 使用软件动画制作模块按以下要求创建一段的动画，展示机用虎钳的工作原理。（命名为：机用虎钳-原理动画）
➢ AVI 格式，长度 >18s，分辨率为 1052×788。
➢ 旋转一周，展示装配体。
➢ 展示机用虎钳在两个极限运动位置来回两次以上。
➢ 特写镜头展示丝杠运动细节。

试题图样：

机用虎钳

工作原理

转动丝杠(件10)时，可使活动钳体(件4)随之向右或左移动，从而夹紧或松开工件。

技术要求
未注圆角R1。

技术要求
未注圆角R3。

技术要求
未注圆角R3。

《零部件测绘与 Inventor 三维建模课程》 测试前的工作准备要求

（按每位考生配置）

项目		要　求
学生组织		
考试时间		
安全要求		
场地要求		
文件资料准备		
工具材料	工具	
	防护用品	
	材料	
设施设备		

说明：

参 考 文 献

［1］ 郑爱云. 机械制图［M］. 北京：机械工业出版社，2017.

［2］ 人力资源和社会保障部教材办公室. 极限配合与技术测量基础［M］. 北京：中国劳动社会保障出版社，2017.

［3］ 王斌，王亮. 机械制图与CAD基础［M］. 北京：机械工业出版社，2019.

［4］ 宋新萍. 机械零部件测绘［M］. 北京：机械工业出版社，2021.

学习任务一 测绘减速器传动轴与三维建模

活动一 接受任务并制订方案

一、选择题

1. （ ）是一种能执行机械运动的装置，用来完成所赋予的功能。

 A. 机器　　　　　　　　　B. 机构　　　　　　　　　C. 构件

2. 变换能量的机器是（ ）。

 A. 电动机　　　　　　　　B. 打印机　　　　　　　　C. 起重机

3. 台式钻床上的电动机属于（ ）部分，钻头属于（ ）部分，电源开关属于（ ）部分。

 A. 动力　　　　　　　　　B. 控制　　　　　　　　　C. 执行

4. 在台式钻床中，塔式带轮传动属于（ ），电动机和主轴箱属于（ ）。

 A. 部件　　　　　　　　　B. 机构　　　　　　　　　C. 构件

5. 车床属于（ ）的机器。

 A. 变换或传递能量　　　　B. 变换与传递运动和力　　C. 传递信息

6. 铲车属于传递（ ）的机器。

 A. 动力　　　　　　　　　B. 物料　　　　　　　　　C. 运动

7. 在机器中，把其他形式的能量转换为机械能，以驱动机器各运动部件运动的部分属于机器的（ ）部分。

 A. 动力　　　　　　　　　B. 传动　　　　　　　　　C. 执行

8. （ ）是用来传递信息的机器。

 A. 机械手　　　　　　　　B. 台式钻床　　　　　　　C. 打印机

9. 机器人中的控制装置属于机器的（ ）部分。

 A. 执行　　　　　　　　　B. 控制　　　　　　　　　C. 动力

10. （ ）不是机器。

 A. 汽车　　　　　　　　　B. 3D 打印机　　　　　　　C. 自行车

11. 机构中的运动单元体称为（ ）。

 A. 零件　　　　　　　　　B. 部件　　　　　　　　　C. 构件

二、判断题

1. 机构都是可动的。（ ）

2. 机器是由机构组合而成的，机构的组合一定就是机器。（ ）

3. 机器是构件之间具有确定的相对运动，并能完成有用的机械功或实现能量转换的构件的组合。（ ）

4. 机构中的主动件和从动件都是构件。（ ）

5. 机构可用于做功或转换能量。（　　　）

6. 激光打印机是传递信息的机器。（　　　）

7. 一台机器至少要包含一种机构。（　　　）

8. 构件都是由多个零件组成的。（　　　）

9. 构件是运动的单元，零件是制造的单元。（　　　）

三、填空题

1. 机器一般都由_____部分、_____部分、_____部分和_____部分等组成。

2. 机械是_____与_____的总称。

3. 部件是机械的一个组成部分，由若干装配在一起的_____所组成。

4. 构件可以是一个零件，也可以是几个零件的_____组合。

5. 单级圆柱齿轮减速器按轴线在空间相对位置的不同，分为_____和_____。

6. 零件是机器组成中的_____单元。任何一台机器都是由若干个_____组成的。

7. 由两个或两个以上_____相结合而成为机器的一部分，称为_____。

活动二　拆装减速器

一、选择题

1. 控制螺栓伸长法，按预紧力要求拧紧后，螺栓长度（　　　）拧紧前的长度。

A. 等于　　　　B. 大于　　　　　C. 等于或大于　　　D. 等于或小于

2. 测量螺栓螺纹的专用工具的名称是（　　　）。

A. 螺纹塞规　　B. 螺纹环规　　　C. 塞尺　　　　　D. 百分表

3. 开口销与带槽螺母防松装置多用于（　　　）场合。

A. 低速重载　　B. 不经常装拆　　C. 变载振动　　　D. 紧凑的成组螺纹连接

4. 弹簧垫圈防松装置一般用于（　　　）场合。

A. 较平稳　　　B. 不经常装拆　　C. 变载振动　　　D. 紧凑的成组螺纹连接

5. 锁紧螺母防松装置一般用于（　　　）场合。

A. 振动　　　　B. 冲击　　　　　C. 高速重载　　　D. 低速重载或较平稳

6. 双头螺柱的轴线必须与机体表面（　　　）。

A. 平行　　　　B. 倾斜　　　　　C. 垂直　　　　　D. 重合

7. 在同一组螺栓组中，螺栓的材料、直径和长度均应相同，这是为了（　　　）。

A. 受力均匀　　B. 便于装配　　　C. 外形美观　　　D. 降低成本

8. 螺栓的材料性能等级标成 6.8 级，数字 6.8 代表（　　　）。

A. 对螺栓材料的强度要求　　　　　B. 对螺栓的制造精度要求

C. 对螺栓材料的刚度要求　　　　　D. 对螺栓材料的耐蚀性要求

9. 有关安全文明生产说法有误的是（　　　）。

A. 在炎热的夏天，因操作不方便可允许不穿戴安全防护用品上岗

B. 不擅自使用不熟悉的设备和工具

C. 易滚易翻的工件，应放置牢靠

D. 对使用的工具、设备都应按要求进行清理、润滑

10. 下列说法正确的是（　　）。

A. 钻孔时，严禁戴手套，女生一定要带工作帽

B. 工作前要检查并排除钻床周围的障碍物

C. 严禁直接用手或棉纱去除切屑，或用嘴吹切屑

D. 以上三项均正确

11. 采用螺纹连接时，若一个被连接件厚度较大，在需要经常装拆的情况下宜采用（　　）。

A. 螺栓连接　　　B. 紧定螺钉连接　　　C. 螺钉连接　　　D. 双头螺柱连接

12. 在键连接设计中，普通平键的长度尺寸主要依据（　　）选定。

A. 传递转矩的大小　　　　　　B. 轮毂材料的强度

C. 轮毂装配工艺性　　　　　　D. 轮毂的宽度尺寸

13. 自行车车轮的前轴属于（　　）。

A. 传动轴　　　B. 转轴　　　C. 固定心轴　　　D. 转动心轴

14. 螺栓连接的使用特点是（　　）。

A. 用于不通孔，可经常拆卸　　　　B. 用于不通孔，不宜经常拆卸

C. 螺栓孔必须经过铰制　　　　　　D. 用于通孔，可经常拆卸

15. 普通平键最常见的失效形式是（　　）。

A. 工作面压溃　　　　　　B. 键剪断

C. 工作面磨损　　　　　　D. 失去定心精度

16. （　　）上零件不易定位。

A. 光轴　　　B. 阶梯轴　　　C. 曲轴　　　D. 挠性轴

17. 减速器、机床中应用较多的是（　　）。

A. 光轴　　　B. 阶梯轴　　　C. 曲轴　　　D. 挠性轴

18. （　　）工作时只承受弯矩，起支承作用。

A. 转轴　　　B. 传动轴　　　C. 心轴

19. 既起支承作用，又起传递动力作用的轴是（　　）。

A. 心轴　　　B. 转轴　　　C. 传动轴

二、判断题

1. 成套套筒扳手由一套尺寸相等的梅花套筒组成。（　　）

2. 为保证双头螺柱配合时的过盈量，在拧紧时严禁加入润滑油。（　　）

3. 机构就是具有相对运动的构件的组合。（　　）

4. 传动轴在工作时只传递转矩而不承受或仅承受很小的弯曲载荷作用。（　　）

5. 转轴在工作时既承受弯曲载荷又传递转矩，但轴本身并不转动。（　　）

6. 连接是将两个或两个以上的零件连接成一个整体的结构。（　　）

7. 紧定螺钉对轴上零件既能起到轴向定位的作用，又能起到周向定位的作用。（　　）

8. 阶梯轴容易实现轴上零件的定位。（　　）

9. 曲轴可以将旋转运动转变为直线往复运动。（　　）

10. 心轴在机械中是固定不动的。（　　）

11. 传动轴工作时只承受扭矩，不承受弯矩或承受很小的弯矩。（　　　）

12. 心轴不传递动力。（　　　）

三、填空题

1. 在拆卸设备时，应该按照与装配_____的顺序进行，一般是_____，_____，先拆成_____或_____，再拆成_____。

2. 常用的拆卸方法有_____、_____、_____、_____、_____。

3. 按照一定的精度标准和技术要求，将若干个零件组合成部件或将若干个零件、部件组合成机构或机器的工艺过程，称为_____。

4. 轴是支承_____，传递_____和_____的机械零件。

5. 一般情况下滚动轴承的_____装在机座的轴承孔内固定不动。

6. 在机械中，_____是支承转动的轴及轴上零件的部件，用以保证轴的_____精度，减少轴与轴座之间的_____和_____。

活动三　绘制减速器传动轴

一、填空题

1. 道德是指依靠_____、传统习惯、教育示范和内心信念来维持的社会实践活动。

2. 职业道德能调节从业人员与其_____之间的关系，保证社会生活的正常进行和推动社会的发展与进步。

3. 图纸幅面按尺寸大小可分为_____种，图纸幅面代号分别为_____。图框_____角必须要有一标题栏，标题栏中的文字方向为_____。

4. 图样中，机件的可见轮廓线用_____画出，不可见轮廓线用_____画出，尺寸线和尺寸界线用_____画出，对称中心线和轴线用_____画出。虚线、细实线和细点画线的图线宽度约为粗实线的_____。

5. 已知定形尺寸和定位尺寸的线段称为_____；有定形尺寸，但定位尺寸不全的线段称为_____；只有定形尺寸没有定位尺寸的线段称为_____。它们的作图顺序是先画出_____，然后画_____，最后画_____。

二、选择题

1. 选择正确的向视图。（　　　）

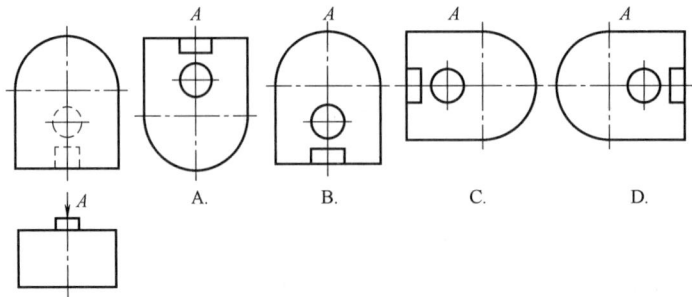

A.　　　B.　　　C.　　　D.

2. 选择正确的向视图。(　　　)

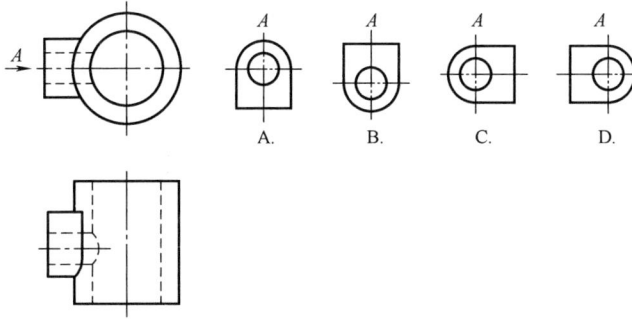

A. B. C. D.

3. 选择正确的向视图。(　　　)

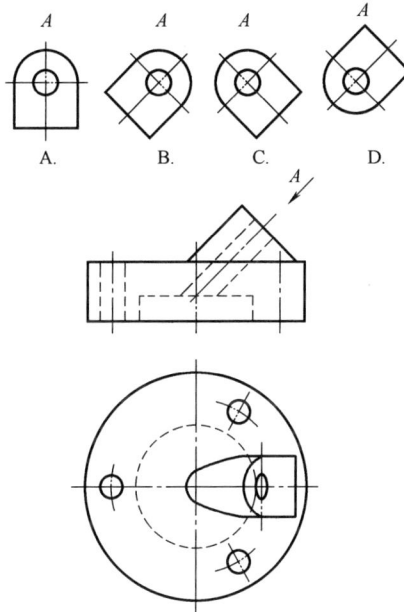

A. B. C. D.

4. 选择正确的剖视图。(　　　)

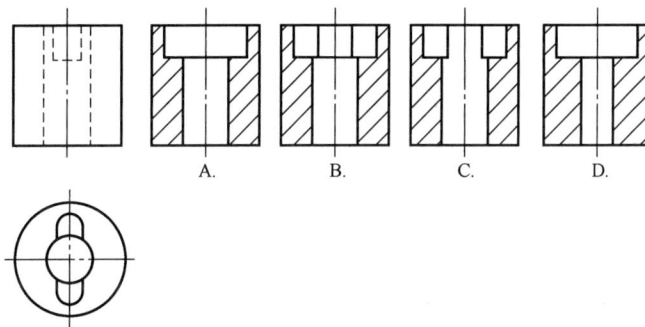

A. B. C. D.

5. 选择正确的剖视图。（　　）

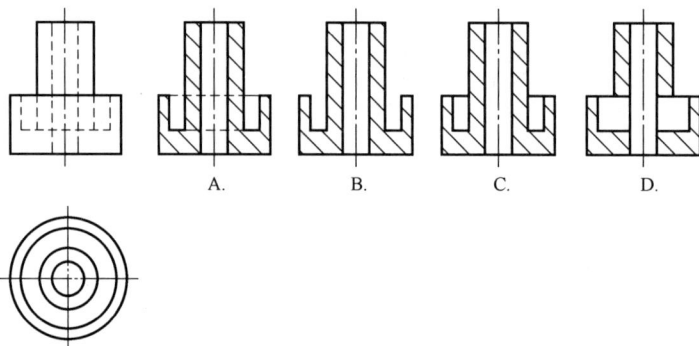

A.　　　　B.　　　　C.　　　　D.

6. 选择正确的断面图。（　　）

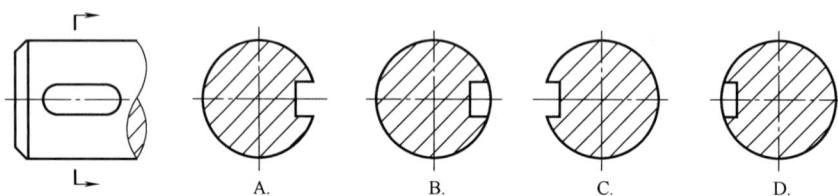

A.　　　　B.　　　　C.　　　　D.

7. 选择正确的断面图。（　　）

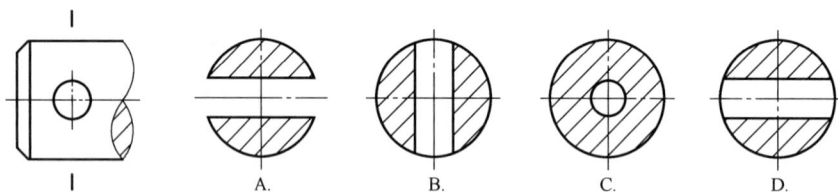

A.　　　　B.　　　　C.　　　　D.

8. 选择正确的断面图。（　　）

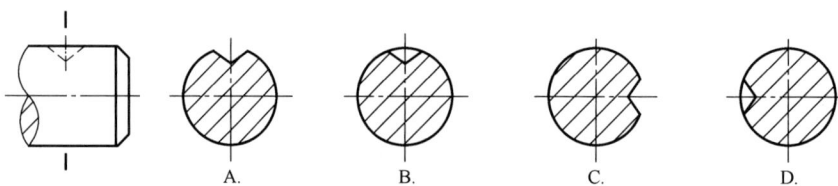

A.　　　　B.　　　　C.　　　　D.

9. 选择正确的断面图。（　　）

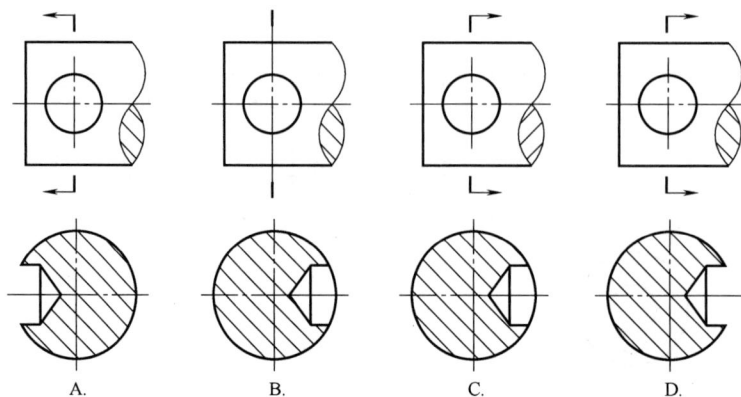

A.　　　　B.　　　　C.　　　　D.

活动四 测量并标注传动轴尺寸

一、填空题

1. 尺寸标注中的符号：R 表示_____，ϕ 表示_____，$S\phi$ 表示_____。

2. 图样上的尺寸是零件的_____尺寸，尺寸以_____为单位时，不需标注代号或名称。

3. 符号"$\angle 1:10$"表示_____，符号"$\triangleright 1:5$"表示_____。

4. 比例 $2:1$ 是指_____是_____的 2 倍，属于_____比例。

5. 游标卡尺作为一种常用量具，其可具体应用在以下这四个方面：_____、_____、_____、_____。

6. 游标卡尺读数公式：_____。

7. 一位学生用游标尺上标有 50 等分刻度的游标卡尺测量一工件的长度，测得的结果如下图所示，则该工件的长度 $L=$_____ mm。

8. 一位学生用外径千分尺测量一工件的外径，测得的结果如下图所示，则该工件的外径 $\phi=$_____ mm。

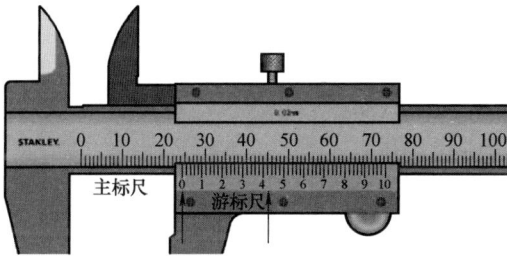 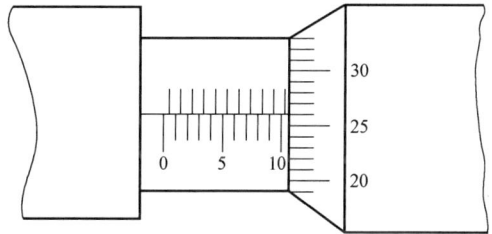

9. 测量器具的选择主要取决于被测工件的精度要求、尺寸大小、结构形状和被测表面的位置，同时也要考虑工件批量等因素。支承轴颈（轴与轴承内圈的配合面）精度要求较高，选择_____作为其测量器具。

二、选择题

1. 选择尺寸标注全部正确、合理的图形。（   ）

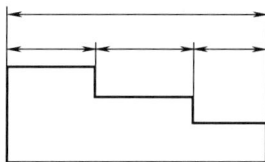

A.

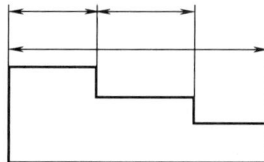

B.

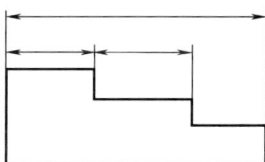

C.

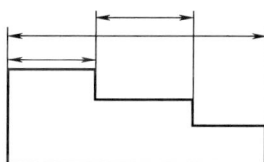

D.

2. 选择尺寸标注全部正确、合理的图形。（　　　）

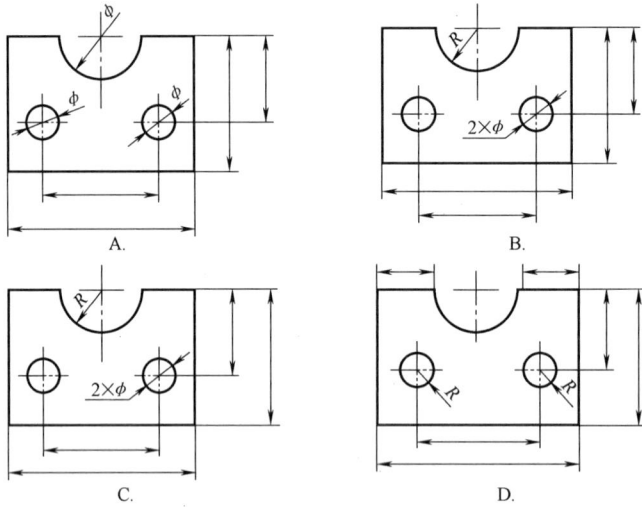

A.

B.

C.

D.

3. 选择尺寸标注全部正确、合理的图形。（　　　）

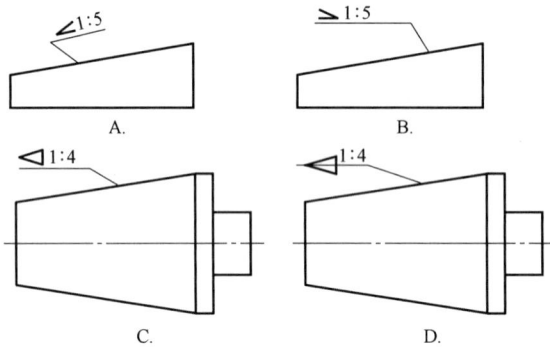

A.

B.

C.

D.

4. 选择尺寸标注全部正确、合理的图形。（　　　）

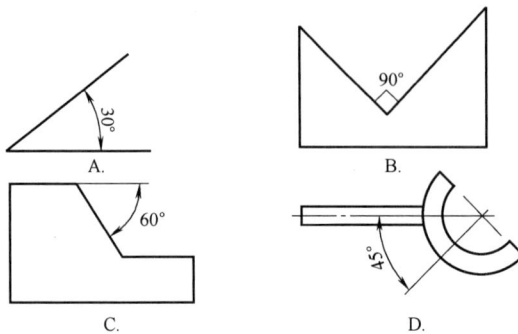

A.

B.

C.

D.

5. 游标卡尺最常用的分度值是（　　　）。

A. 0.02mm　　　　　　B. 0.05mm　　　　　　C. 0.01mm　　　　　　D. 0.10mm

6. 一位学生用游标尺上标有 20 等分刻度的游标卡尺测量一工件的长度，测得的结果如下图所示，则该工件的长度 $L=$ _____。

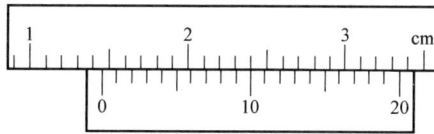

    A．13mm+10×0.05mm=13.50mm=1.350cm

    B．14mm+10×0.05mm=14.50mm=1.450cm

    C．14mm+10×0.02mm=14.20mm=1.420cm

    D．13mm+10×0.02mm=13.20mm=1.320cm

    7．一位学生用游标尺上标有 50 等分刻度的游标卡尺测量一工件的长度，测得的结果如下图所示，则该工件的长度 L=＿＿＿＿。

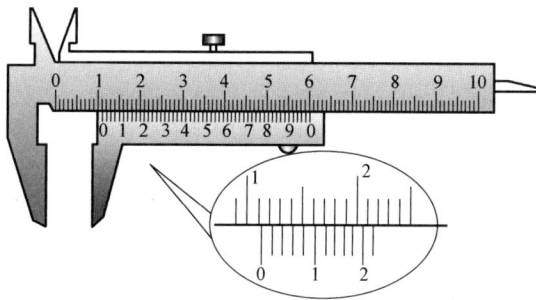

    A．11mm+7×0.02mm=11.14mm　　　　　　B．11mm+7×0.05mm=11.35mm

    C．10mm+7×0.02mm=10.14mm　　　　　　D．10mm+7×0.05mm=10.35mm

    8．使用千分尺可以准确读出＿＿＿＿＿ mm 的数值。

    A．0.02　　　　　　B．0.01　　　　　　C．0.05　　　　　　D．0.001

    9．一位技术人员用外径千分尺测量一工件的外径，测得的结果如下图所示，则该工件的外径 ϕ=＿＿＿＿＿。

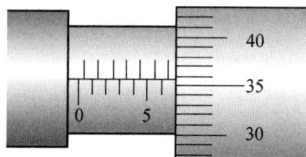

    A．6.0mm+35×0.01mm=6.350mm

    B．6.5mm+35×0.01mm=6.850mm

    C．6.5mm+35.8×0.01mm=6.858mm

三、判断题

    1．游标卡尺的主标尺和游标上有两副活动量爪，分别是内测量爪和外测量爪，内测量爪通常用来测量内径，外测量爪通常用来测量长度和外径。（　　　）

    2．螺纹千分尺主要用来测量螺纹大径。（　　　）

    3．用游标卡尺测量工件时，测力过大或过小均会增大测量误差。（　　　）

    4．不得用游标卡尺测量工件毛坯尺寸。（　　　）

    5．一位技术人员用外径千分尺测量一工件的外径，测得的结果如下图所示，则该工件的外径 ϕ=0.42mm。（　　　）

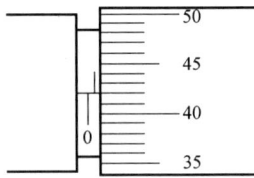

活动五　用 Inventor 绘制传动轴零件图

一、选择题

1. "扫掠"命令在（　　）面板中。

A. 创建　　　　　　　B. 修改　　　　　　　C. 定位特征　　　　　D. 曲面

2. "直接"命令在（　　）面板中。

A. 创建　　　　　　　B. 修改　　　　　　　C. 定位特征　　　　　D. 曲面

3. "贴图"命令在（　　）面板中。

A. 创建　　　　　　　B. 修改　　　　　　　C. 定位特征　　　　　D. 曲面

4. 功能区中不包括（　　）功能。

A. 三维模型　　　　　B. 工具　　　　　　　C. 三维建模　　　　　D. 视图

5. 自定义快速访问工具栏中不可以自定义（　　）命令。

A. 撤销　　　　　　　B. 重做　　　　　　　C. 材料　　　　　　　D. 样式编辑器

6. 自定义快速访问工具栏（　　）显示在功能区下方。

A. 能　　　　　　　　B. 不能

7. 在 Inventor 浏览器中不能显示（　　）信息。

A. 表达　　　　　　　B. 电气目录浏览器　　C. iLogiC　　　　　　D. 材料

8. 导航器不包括（　　）命令。

A. 自由动态观察　　　B. 投影　　　　　　　C. 地平面　　　　　　D. 主视图显示

9. 用户界面不包括（　　）。

A. 小工具栏　　　　　B. 状态栏　　　　　　C. 表达　　　　　　　D. 显示

10. 用户界面中的状态栏的作用是（　　）。

A. 显示模型属性　　　　　　　　　　　　　B. 显示命令使用中的提示信息

C. 显示帮助　　　　　　　　　　　　　　　D. 无用

11. 附加模块中自动加载指的是（　　）。

A. 打开软件自动加载模块

B. 关闭软件时自动加载模块

C. 打开软件时询问是否要加载

12. 关闭软件的快捷方式是（　　）。

A. Alt+F4　　　　　　B. Ctrl+F4　　　　　　C. Shift+F4

13. 关闭软件中当前窗口的快捷方式是（　　）。

A. Alt+F4　　　　　　B. Ctrl+F4　　　　　　C. Shift+F4

14. 应用程序选项中的撤销文件大小用于（　　）。

A. 控制软件中可以撤销的次数　　　　　　　B. 控制设计文件的大小

C. 控制计算机内存的大小　　　　　　　　　D. 控制画图时的速度

15. Inventor （　　　） 用保存提示器。

A. 能　　　　　　　　B. 不能

16. 配置默认模板设置中能将度量单位更改为 （　　　）。

A. 英寸　　　　　　　　B. 毫米　　　　　　　　C. 厘米　　　　　　　　D. 米

17. 模型的截面纹理 （　　　） 更改。

A. 能　　　　　　　　B. 不能

18. 默认草图直线绘制的坐标定位方式是 （　　　）。

A. 极坐标、绝对坐标　　　　　　　　　　　B. 极坐标、相对坐标

C. 笛卡儿、绝对坐标　　　　　　　　　　　D. 笛卡儿、相对坐标

19. 在直线后画圆弧，可以接出 （　　　） 种。在弧线后面接圆弧，可以接出 （　　　） 种相切圆弧方式。

A. 6，4　　　　　　　　B. 8，4　　　　　　　　C. 6，6　　　　　　　　D. 8，6

20. 二维草图中，修改命令选项卡里，有很多命令都有 "优化单个选项" 的功能，该功能的用途是 （　　　）。

A. 优化选择图形的方式　　　　　　　　　　B. 选择完后，自动跳向下一个选项

C. 自动识别相关联草图　　　　　　　　　　D. 没什么实质性作用

21. 直线与样条曲线不能添加相切约束的是 （　　　）。

A. 端点相接　　　　　　　　　　　　　　　B. 曲线端点在直线上

C. 曲线端点在直线的延长线上　　　　　　　D. 直线与曲线相交

22. 草图中，开启 "捕捉到网格" 的作用是 （　　　）。

A. 根据网格位置定点　　　　　　　　　　　B. 显示网格位置，帮助定点

23. 桥接曲线的功能可以在 （　　　） 上进行桥接。

A. 直线　　　　　　　　B. 样条曲线　　　　　　　　C. 圆弧线　　　　　　　　D. 以上所有

24. 两种样条曲线之间 （　　　） 相互转换。

A. 不能　　　　　　　　B. 能

25. 相交曲线，不可以使用 （　　　） 元素作为工具投影。

A. 基准平面　　　　　　　　　　　　　　　B. 草图的线

C. 多个维度的曲面　　　　　　　　　　　　D. 实体表面

26. 样条曲线之间 （　　　） 添加相切约束。

A. 不能　　　　　　　　B. 能

27. 椭圆与圆 （　　　） 添加同心约束。

A. 不能　　　　　　　　B. 能

28. 直线 （　　　） 垂直于椭圆。

A. 不能　　　　　　　　B. 能

29. 草图中矩形阵列 （　　　） 使用曲线作为阵列方向。

A. 不能　　　　　　　　B. 能

30. 草图中矩形阵列 （　　　） 使用圆弧作为阵列方向。

A. 不能　　　　　　　B. 能

31. 激活"修剪"命令后，（　　）不退出命令，变化为"延伸"或"分割"命令。

A. 不能　　　　　　　B. 能

32. "移动"命令（　　）实现图形的旋转。

A. 不能　　　　　　　B. 能

33. 复制草图，（　　）在复制时去除原始草图图形。

A. 不能　　　　　　　B. 能

34. 二维草图中"偏移"命令（　　）对样条曲线进行操作。

A. 不能　　　　　　　B. 能

35. 二维草图中"推断约束范围"的作用是（　　）。

A. 设置软件自动识别添加什么约束

B. 设置在什么误差范围内软件自动识别添加对应的约束

C. 设置软件识别哪些几何图元来作为当前操作的约束参考，并自动添加约束

D. 设置软件识别哪些几何图元来作为约束参考

36. 二维草图中"对称"约束的单击顺序是（　　）。

A. 对称线、对称图元、对称图元

B. 对称图元、对称线、对称图元

C. 对称图元、对称图元、对称线

二、建模题

使用三维软件创建以下零件模型。

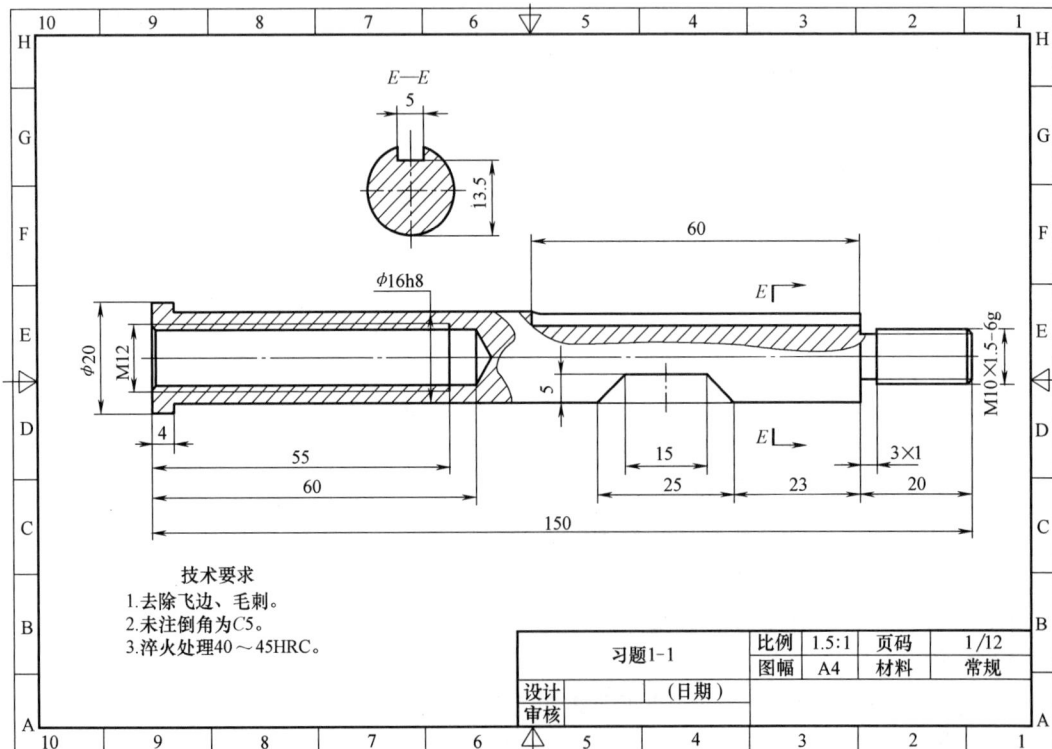

图 1

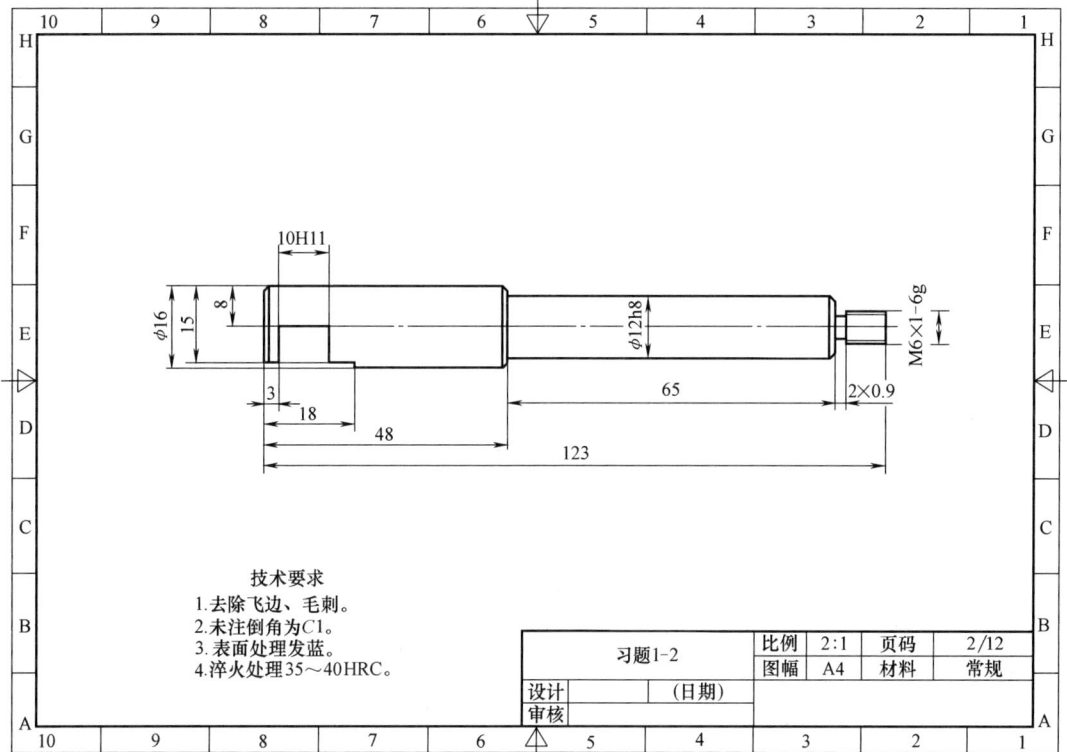

图 2

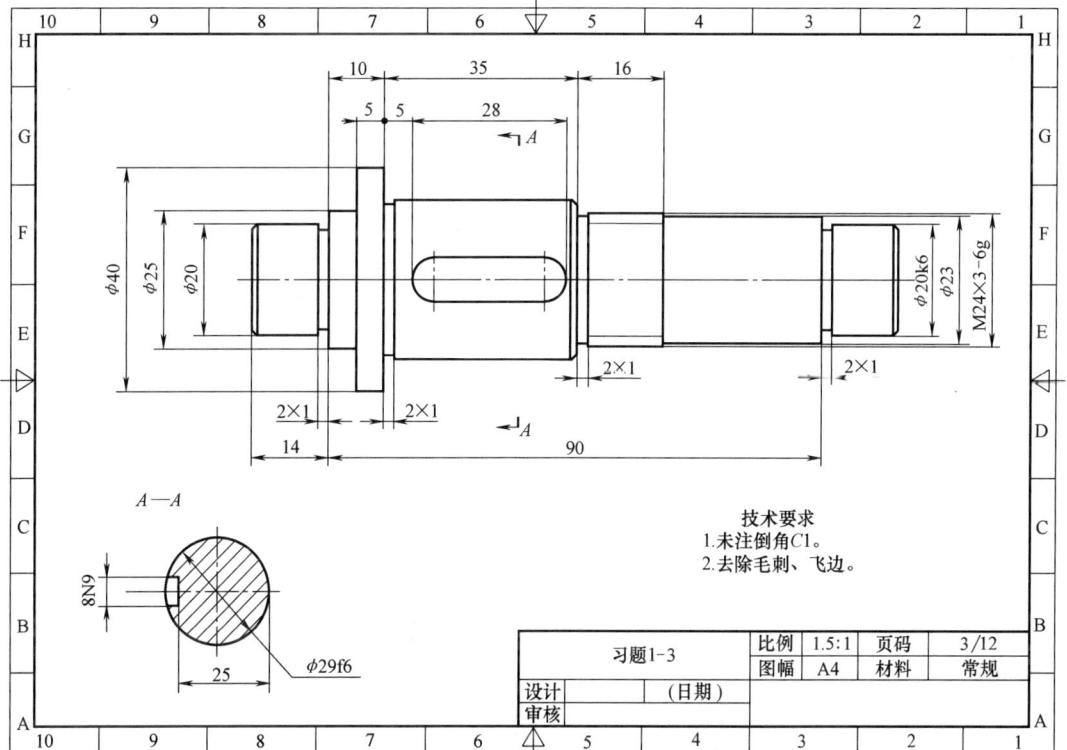

图 3

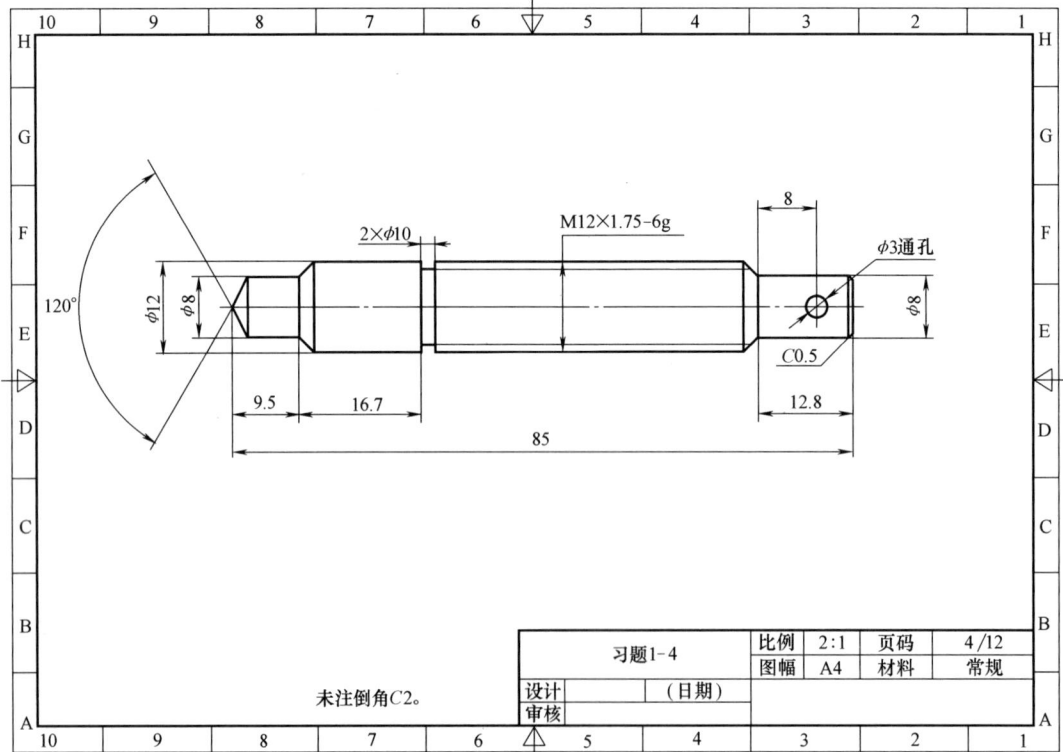

图 4

习题1-4

比例	2:1	页码	4/12
图幅	A4	材料	常规

设计 | | （日期）
审核 |

未注倒角C2。

2×φ10　M12×1.75-6g　8　φ3通孔　φ8　120°　φ12　φ8　9.5　16.7　85　C0.5　12.8

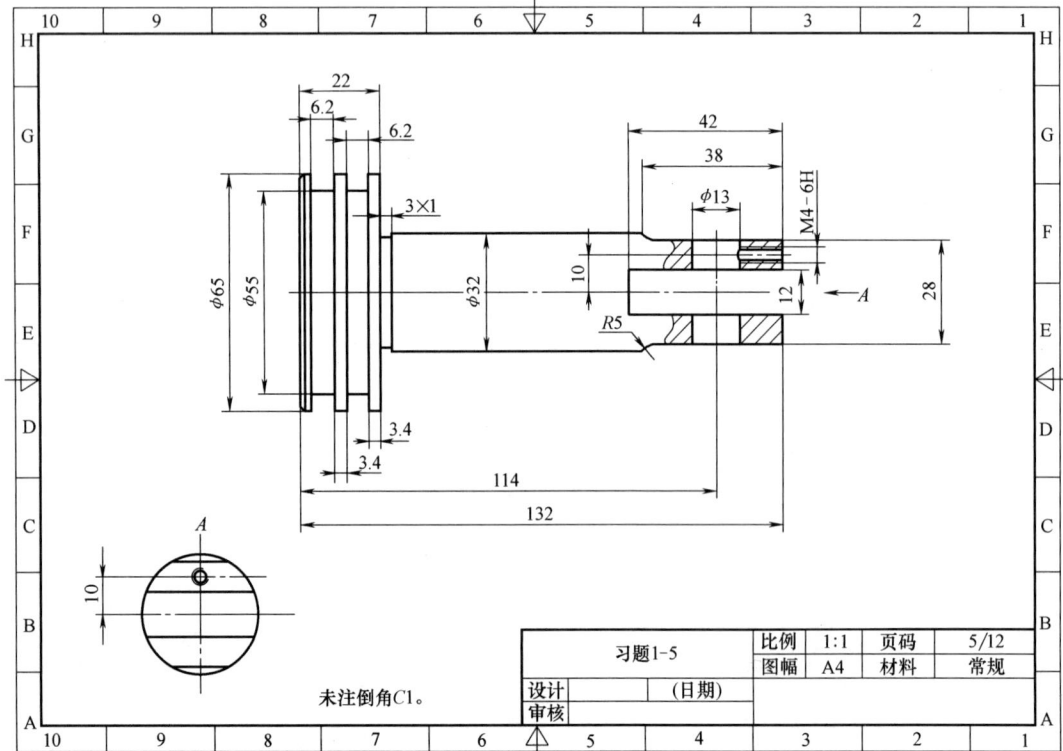

图 5

习题1-5

比例	1:1	页码	5/12
图幅	A4	材料	常规

设计 | | （日期）
审核 |

未注倒角C1。

22　6.2　6.2　3×1　42　38　φ13　M4-6H　φ65　φ55　φ32　10　12　28　R5　A　3.4　3.4　114　132　A　10

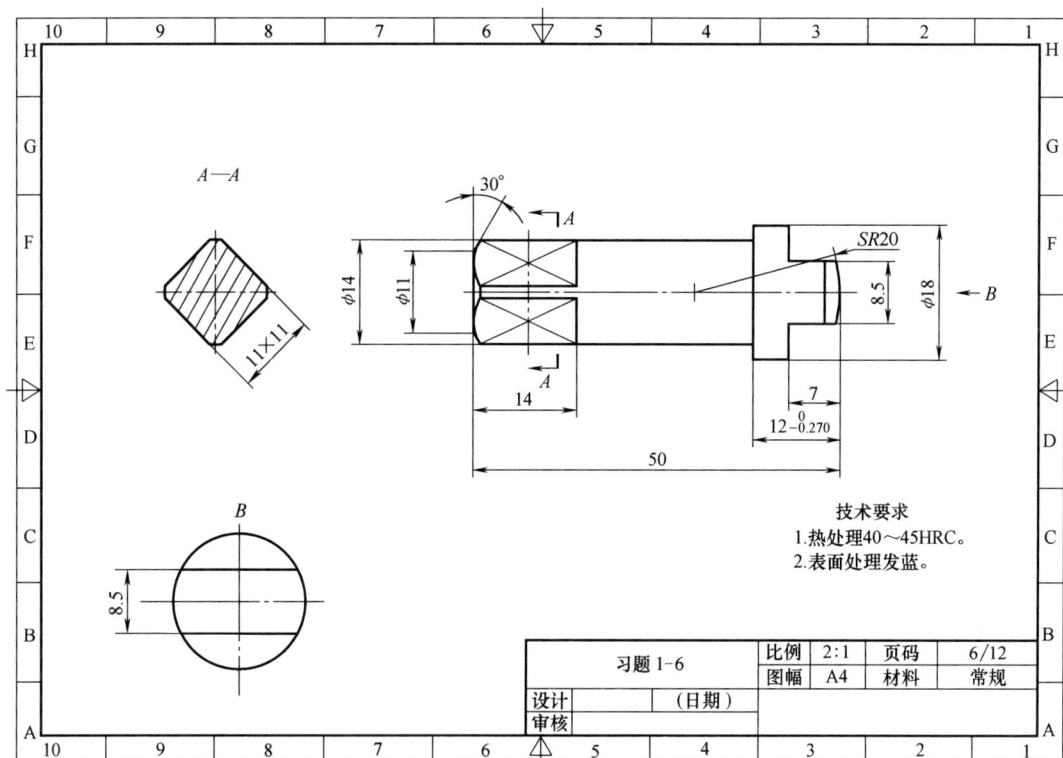

图 6

技术要求
1.热处理40～45HRC。
2.表面处理发蓝。

习题1-6		比例	2:1	页码	6/12
		图幅	A4	材料	常规
设计		（日期）			
审核					

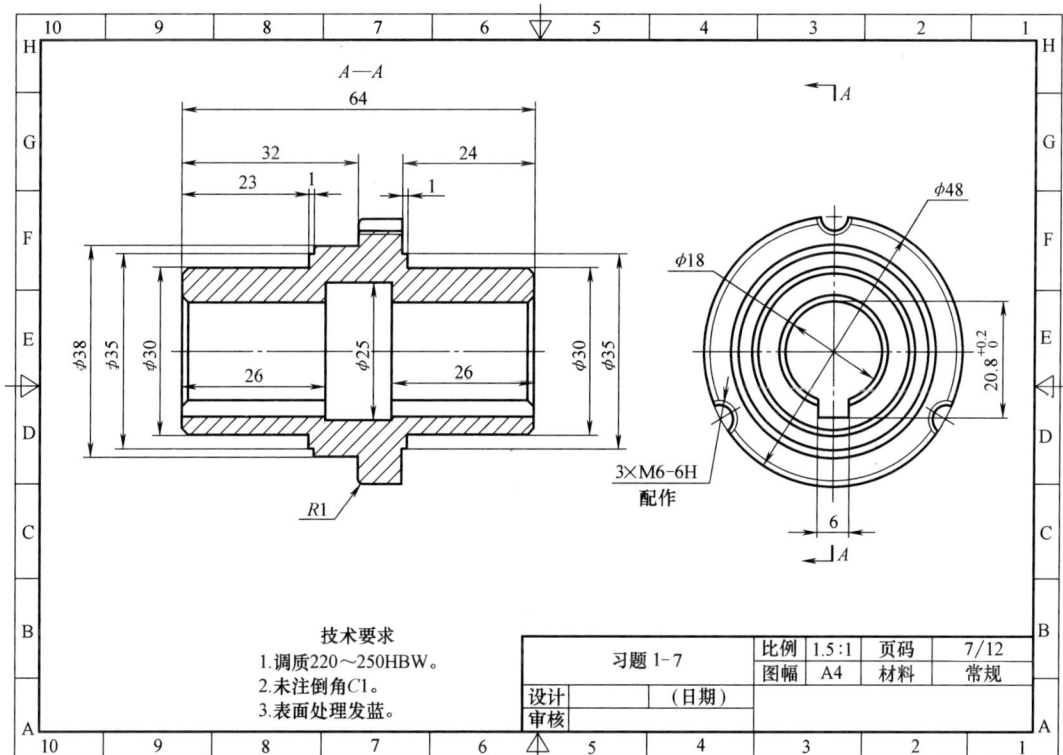

图 7

技术要求
1.调质220～250HBW。
2.未注倒角C1。
3.表面处理发蓝。

习题1-7		比例	1.5:1	页码	7/12
		图幅	A4	材料	常规
设计		（日期）			
审核					

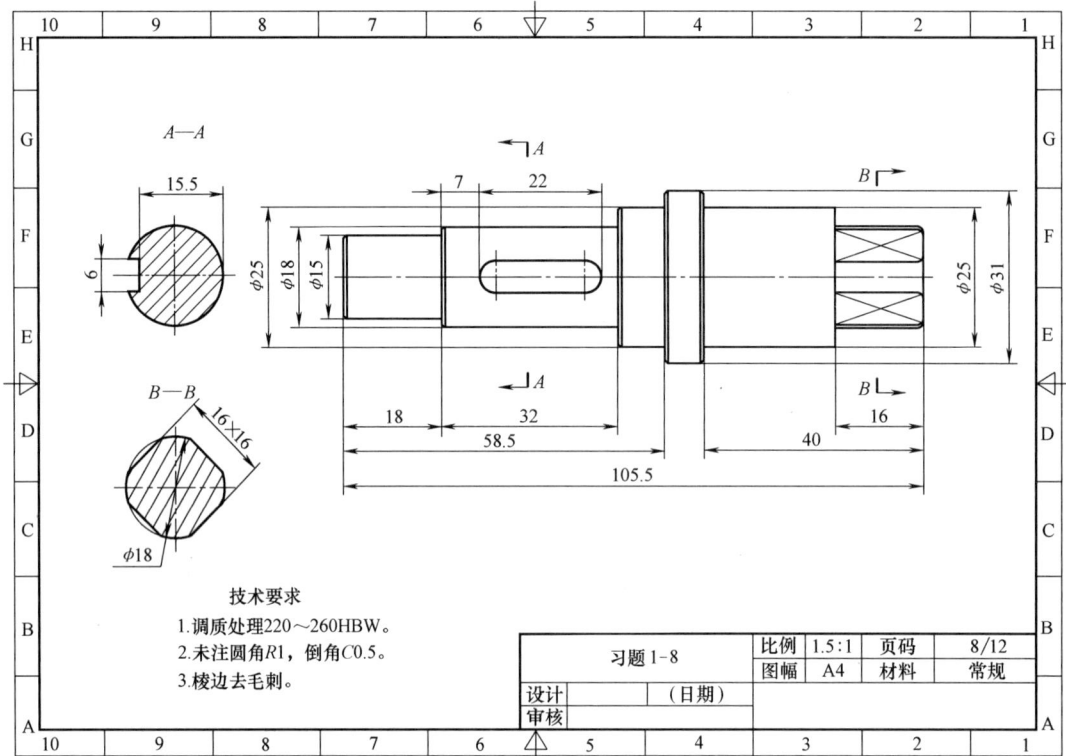

图 8

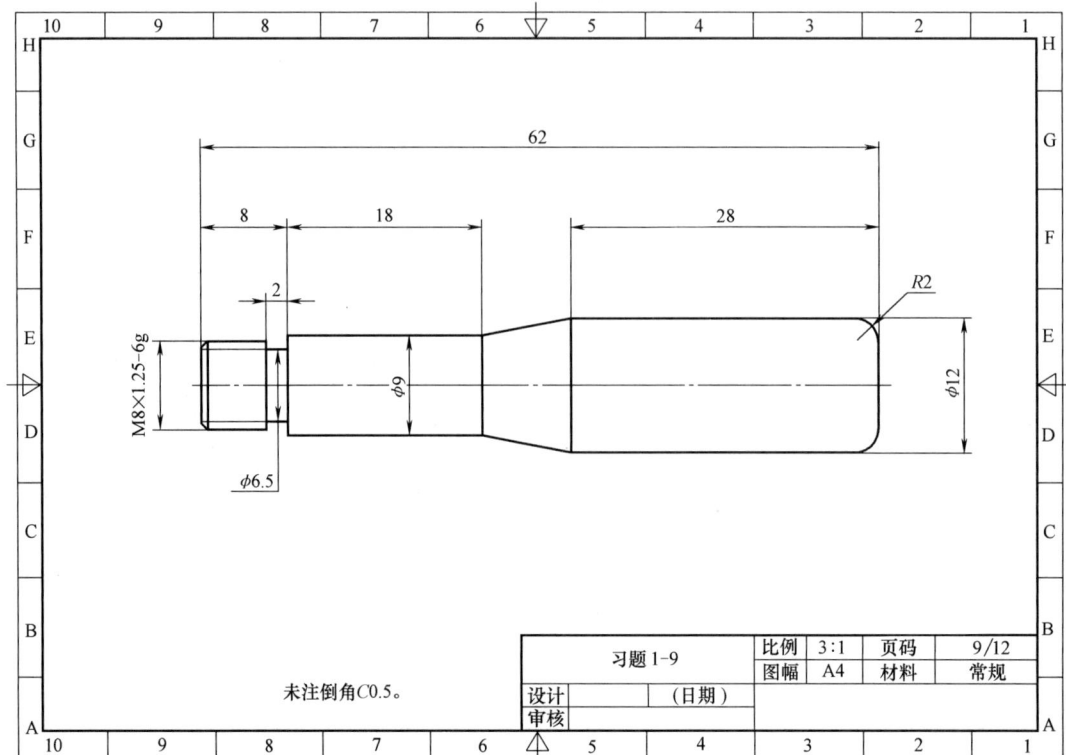

图 9

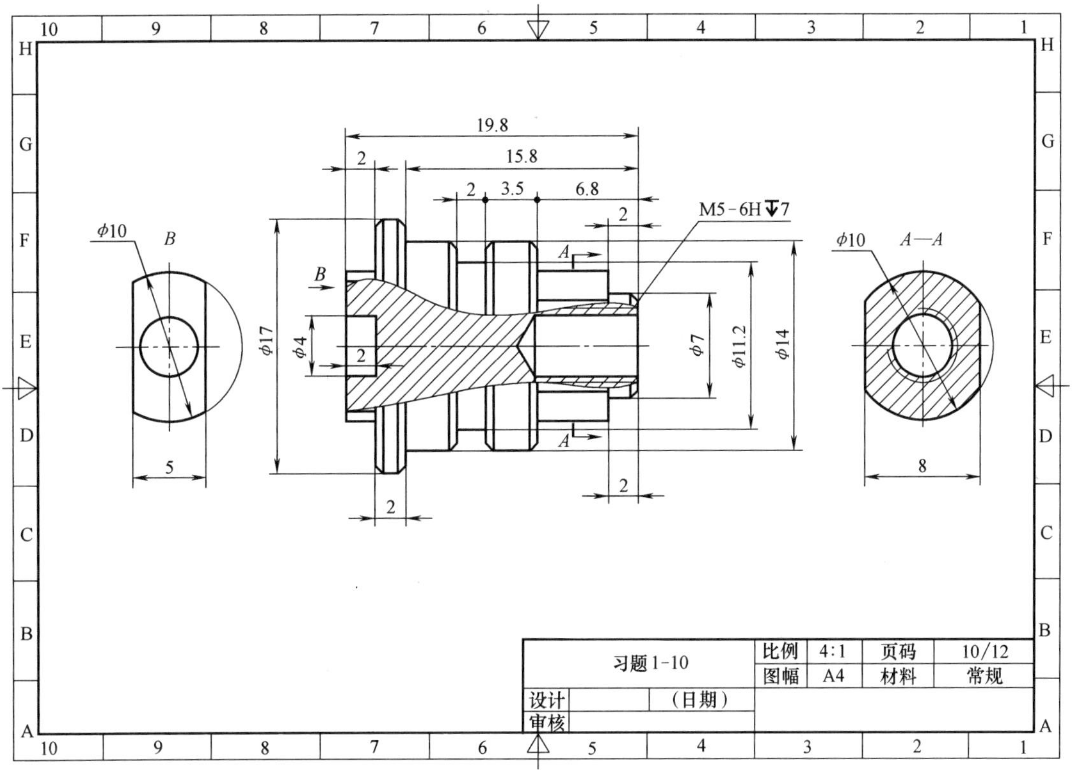

图 10

技术要求
1.未注倒角C2。
2.未注圆角R2。

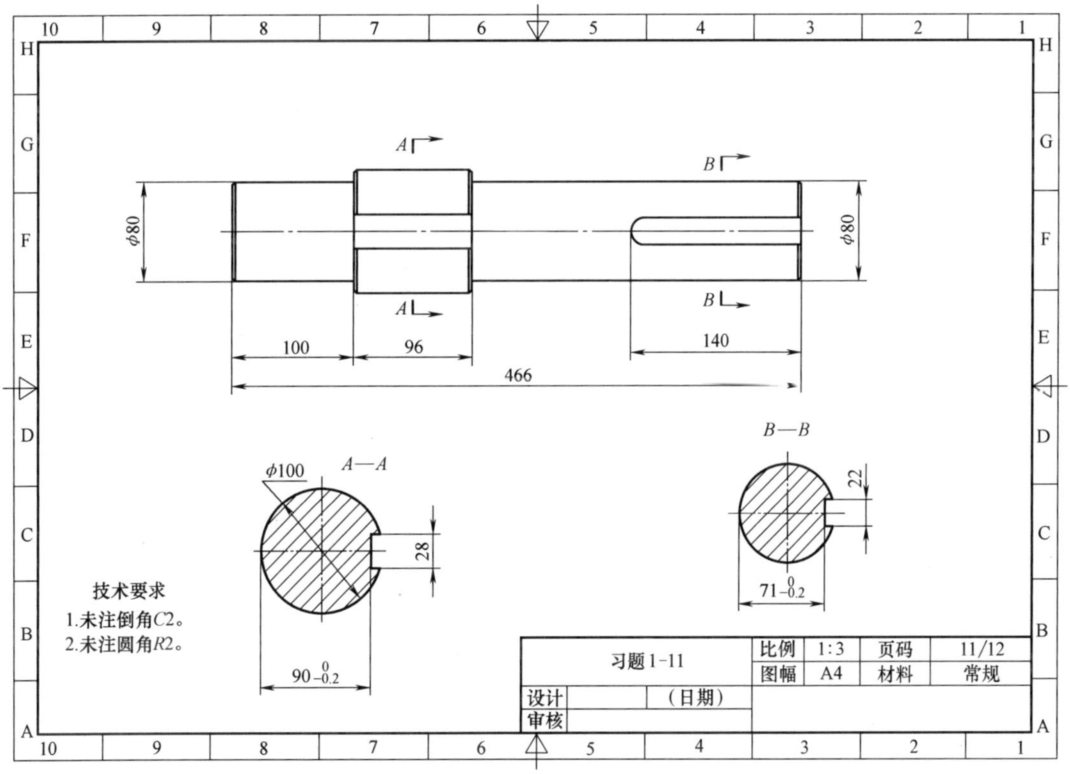

图 11

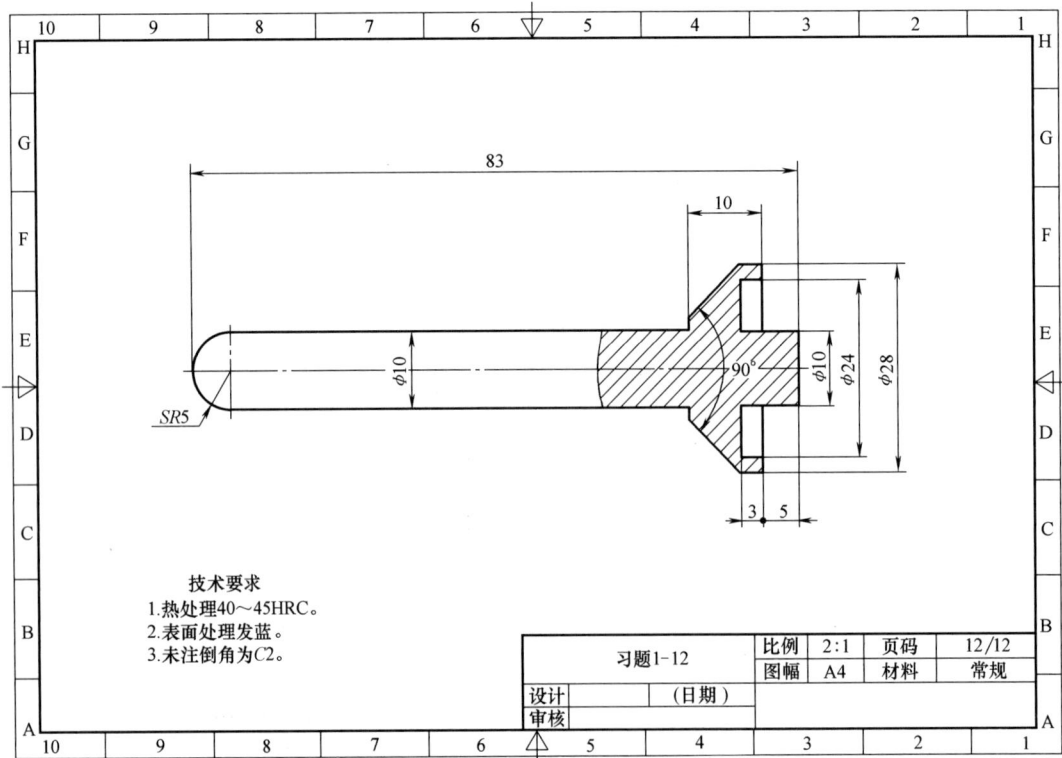

图 12

技术要求
1.热处理40～45HRC。
2.表面处理发蓝。
3.未注倒角为C2。

习题1-12	比例	2:1	页码	12/12
	图幅	A4	材料	常规
设计		（日期）		
审核				

尺寸标注：83、10、φ10、φ10、φ24、φ28、90°、3、5、SR5

学习任务二　测绘减速器齿轮与三维建模

活动一　接受任务并制订方案

一、选择题

1. 传动比保持恒定的是（　　）机构。

A. 带传动　　　　　　　B. 链传动　　　　　　C. 齿轮传动　　　　　　D. 凸轮

2. 以下齿轮传动的优点中，不正确的选项是（　　）。

A. 传动比恒定　　　　　　　　　　　　B. 传动功率的范围广

C. 传动效率高　　　　　　　　　　　　D. 工作寿命较短

3. 下列机构中，不属于间歇机构的是（　　）。

A. 棘轮机构　　　　　B. 槽轮机构　　　　　C. 齿轮机构　　　　　D. 不完全齿轮机构

4. 能实现间歇运动的机构是（　　）。

A. 曲柄摇杆机构　　　B. 双摇杆机构　　　　C. 槽轮机构　　　　　D. 齿轮机构

5. 欲在两轴相距较远，工作条件恶劣的环境下传递较大功率，宜选（　　）。

A. 带传动　　　　　　B. 链传动　　　　　　C. 齿轮传动　　　　　D. 蜗杆传动

6. （　　）是标准外啮合斜齿轮传动的正确啮合条件之一。

A. 两齿轮的端面压力角相等　　　　　　B. 两齿轮的端面模数相等

C. 两齿轮的螺旋角旋向相反　　　　　　D. 两齿轮齿数相等

7. 不能用于传动的螺纹为（　　）螺纹。

A. 三角形　　　　　　B. 矩形　　　　　　　C. 梯形　　　　　　　D. 锯齿形

8. 普通平键连接传递动力是靠（　　）。

A. 两侧面的摩擦力　　　　　　　　　　B. 两侧面的挤压力

C. 上下面的挤压力　　　　　　　　　　D. 上下面的摩擦力

9. 带传动主要是依靠（　　）来传递运动和功率的。

A. 带和两轮之间的正压力　　　　　　　B. 带和两轮接触面之间的摩擦力

C. 带的紧边拉力　　　　　　　　　　　D. 带的初拉力

10. （　　）传动是机器中所占比例最大的传动形式。

A. 带　　　　　　　　B. 螺旋　　　　　　　C. 齿轮　　　　　　　D. 凸轮

11. 单级齿轮传动的传动比 i 一般小于或等于（　　）。

A. 8　　　　　　　　　B. 10　　　　　　　　C. 15　　　　　　　　D. 20

12. V 带传动、链传动、齿轮传动相比较，传动效率最高的是（　　）传动。

A. V 带　　　　　　　B. 链　　　　　　　　C. 齿轮

13. 齿轮传动的优点是（　　）。

A. 可实现较大的传动比　　　　　　　　B. 传动平稳，无振动、冲击和噪声

C. 可实现无级变速　　　　　　　　　　D. 适合远距离传动

二、判断题

1. 链传动与齿轮传动均属啮合传动。（　　　）

2. 链传动能保证准确的平均传动比，传动功率较大。（　　　）

3. 摩擦轮传动适用于两轴中心距较近的传动。（　　　）

4. 带传动适用于两轴中心距较远的传动。（　　　）

5. 带传动在工作时，产生弹性滑动是由于传动过载。（　　　）

6. 齿轮传动是利用主、从动齿轮的轮齿与轮齿之间的摩擦力来传递运动和动力的。（　　　）

7. 齿轮传动可以用来传递空间任意两轴间的运动，且传动准确、可靠，效率高。（　　　）

8. 斜齿圆柱齿轮传动只能用来传递两平行轴之间的运动和动力。（　　　）

9. 齿轮传动的传动比等于主动齿轮的齿数与从动齿轮的齿数之比。（　　　）

10. 齿轮传动具有瞬时传动比恒定，工作可靠性高，运转过程中没有振动、冲击和噪声的优点，所以应用广泛。（　　　）

11. 齿轮的安装精度要求较低。（　　　）

三、填空题

1. 机械传动常用的传动方式包括_____和_____。

2. 齿轮传动中，两个齿轮的转速之比等于其齿数之_____，及 $i = \dfrac{n_1}{n_2} = \dfrac{z_2}{z_1}$。

3. 两轴平行的齿轮传动，按轮齿方向不同可分为_____、_____、_____。

4. 两轴平行的齿轮传动，按啮合情况不同可分为_____、_____、_____。

活动二　绘制减速器齿轮

一、选择题

1. 渐开线齿廓基圆上的压力角（　　　）。

A. 大于 0°　　　　B. 小于 0°　　　　C. 等于 0°　　　　D. 等于 20°

2. 一对齿轮能正确啮合，则它们的（　　　）必然相等。

A. 直径　　　　B. 宽度　　　　C. 模数　　　　D. 齿数

3. 蜗杆传动装置中，蜗杆的头数为 z_1，蜗杆直径系数为 q，蜗轮齿数为 z_2，则蜗杆传动的标准中心距 a 等于（　　　）。

A. $m(z_1+z_2)/2$　　　　　　　　B. $mq/2$

C. $m(z_1+q)/2$　　　　　　　　D. $m(q+z_2)/2$

4. 标准齿轮的（　　　）上的压力角为 20°。

A. 基圆　　　　B. 分度圆　　　　C. 节圆　　　　D. 齿顶圆

5. 一对齿轮啮合时，两齿轮的（　　　）始终相切。

A. 节圆　　　　B. 分度圆　　　　C. 基圆　　　　D. 齿根圆

6. 一个渐开线圆柱齿轮上有两个可见圆和两个不可见圆，分别是（　　　）和（　　　）。

A. 分度圆、齿顶圆；基圆、齿根圆

B. 齿顶圆、基圆；分度圆、齿根圆

C. 分度圆、基圆；齿顶圆、齿根圆

D. 齿顶圆、齿根圆；分度圆、基圆

7. 渐开线齿廓形状取决于（　　　）直径大小。

A. 基圆　　　　　　　B. 分度圆　　　　　　C. 节圆　　　　　　D. 齿顶圆

8. 为了齿轮能进入啮合，它们必须相同的是（　　　）。

A. 直径　　　　　　　B. 宽度　　　　　　　C. 齿数　　　　　　D. 基圆齿距

9. 标准直齿圆柱齿轮的分度圆直径 d 等于（　　　）。

A. mz　　　　　　B. m（$z-1.25$）　　C. m（$z+2$）　　　D. m（$z-2$）

10. 标准直齿圆柱齿轮的分度圆齿厚（　　　）齿槽宽。

A. 大于　　　　　　　B. 等于　　　　　　　C. 小于　　　　　　D. 大于或等于

11. 直齿圆柱齿轮的齿根高应（　　　）齿顶高。

A. 大于　　　　　　　B. 等于　　　　　　　C. 小于　　　　　　D. 大于或等于

12. 内齿轮的齿顶圆直径（　　　）分度圆直径。

A. 大于　　　　　　　B. 等于　　　　　　　C. 小于　　　　　　D. 大于或等于

二、判断题

1. 分度圆是计量齿轮各部分尺寸的基准。（　　　）

2. 齿轮传动的重合度越大，表示同时参与啮合的轮齿对数越多。（　　　）

3. 传动比公式 $i=\dfrac{n_1}{n_2}=\dfrac{z_2}{z_1}=\dfrac{d_2}{d_1}$，不论对齿轮传动还是蜗杆传动都成立。（　　　）

4. 齿轮的标准压力角和标准模数都在分度圆上。（　　　）

5. 用展成法加工齿轮时，同一模数和同一压力角、但不同齿数的两个齿轮，可以使用同一把齿轮刀具进行加工。（　　　）

6. 模数 m、直径 d、齿顶高系数 h_a^* 和顶隙系数 c^* 都是标准值的齿轮则是标准齿轮。（　　　）

7. 渐开线上各点的压力角是不相等的。（　　　）

8. 同一基圆上产生的渐开线的形状不相同。（　　　）

9. 渐开线齿轮在啮合过程中，即使两齿轮的实际中心距与设计的中心距稍有偏差，瞬时传动比仍能保持不变。（　　　）

10. 外齿轮轮齿的齿廓是外凸的，内齿轮轮齿的齿廓也是外凸的。（　　　）

11. 外齿轮的齿顶圆直径大于齿根圆直径。（　　　）

12. 模数是一个无单位的量。（　　　）

13. 当齿轮的齿数相同时，模数越大，分度圆直径越大。（　　　）

14. 外啮合两齿轮的旋转方向相同、内啮合两齿轮的旋转方向相反。（　　　）

三、填空题

1. 形成渐开线的基本圆称为_____，形成渐开线的直线称为_____。

2. 渐开线在基圆上的压力角为_____，渐开线上离基圆越远的点，其压力角越_____。

3. 齿顶圆与齿根圆之间的径向距离称为_____。

4. 直齿圆柱齿轮正确啮合条件如下：两齿轮的模数必须＿＿＿＿＿＿＿；两齿轮分度圆上的压力角必须＿＿＿＿＿＿＿。

5. 在实际生产中，侧隙的大小与齿轮的＿＿＿＿＿＿＿、＿＿＿＿＿＿＿、安装和应用有关。

6. 标准直齿圆柱齿轮的齿顶高系数为＿＿＿＿＿＿＿，顶隙系数为＿＿＿＿＿＿＿。

四、计算题

1. 某传动装置中有一对渐开线标准直齿圆柱齿轮（正常齿），大齿轮已损坏，已知小齿轮的齿数 $z_1 = 24$，齿顶圆直径 $d_{a1} = 78mm$，中心距 $a = 135mm$，齿顶高系数 $h_a^* = 1$，顶隙系数 $c^* = 0.25$。求：

（1）大齿轮的模数 $m =$（　　　）。

A. 1mm　　　　　　B. 1.5mm　　　　　　C. 2.5mm　　　　　　D. 3mm

（2）这对齿轮的传动比 $i_{12} =$（　　　）。

A. 2　　　　　　　B. 2.5　　　　　　　C. 2.75　　　　　　D. 3

（3）大齿轮的分度圆直径 $d_2 =$（　　　）。

A. 195mm　　　　　B. 198mm　　　　　C. 200mm　　　　　D. 198m

（4）大齿轮的齿顶圆直径 $d_{a2} =$（　　　）。

A. 190.5mm　　　　B. 204mm　　　　　C. 208mm　　　　　D. 204m

2. 某渐开线标准直齿圆柱齿轮，已知齿数 $z = 25$，齿距 $p = 12.566mm$，压力角 $\alpha = 20°$，齿顶高系数 $h_a^* = 1$，顶隙系数 $c^* = 0.25$。求：

（1）齿轮的模数 $m =$（　　　）。

A. 2mm　　　　　　B. 2.5mm　　　　　C. 3mm　　　　　　D. 4mm

（2）分度圆直径 $d =$（　　　）。

A. 50mm　　　　　　B. 75mm　　　　　　C. 100mm　　　　　D. 200m

（3）齿根圆直径 $d_f =$（　　　）。

A. 90mm　　　　　　B. 92mm　　　　　　C. 96mm　　　　　　D. 108mm

（4）齿厚 $s =$（　　　）。

A. 3.14mm　　　　　B. 6.28mm　　　　　C. 8mm　　　　　　D. 12.56mm

3. 现有一对啮合的标准直齿圆柱齿轮，已知 $z_1 = 30$，$z_2 = 90$，模数 $m = 5mm$，齿顶高系数 $h_a^* = 1$，顶隙系数 $c^* = 0.25$。求：

（1）小齿轮的分度圆直径 $d_1 =$（　　　）。

A. 75mm　　　　　　B. 150mm　　　　　C. 225mm　　　　　D. 450mm

（2）小齿轮的齿根圆直径 $d_{f1} =$（　　　）。

A. 150mm　　　　　B. 162.5mm　　　　C. 137.5mm　　　　D. 437.5mm

（3）大齿轮的分度圆直径 $d_2 =$（　　　）。

A. 75mm　　　　　　B. 150mm　　　　　C. 225mm　　　　　D. 450mm

（4）大齿轮的齿顶圆直径 $d_{a2} =$（　　　）。

A. 437.5mm　　　　B. 440mm　　　　　C. 450mm　　　　　D. 460mm

（5）这对齿轮的传动比 $i_{12} =$（　　　）。

A. 3　　　　　　　B. 2　　　　　　　C. 1/3　　　　　　D. 0.5

（6）这对齿轮的中心距 a = （　　　　）。

A. 150mm　　　　　B. 300mm　　　　　C. 600mm　　　　　D. 750mm

活动三　测量并标注减速器齿轮尺寸

一、填空题

1. 常用的齿轮检测方法有_____、_____、_____。

2. 常用的检测设备有_____、_____、_____等。

3. 齿轮测量分为_____、_____。

4. 三坐标测量可以完成齿形、齿向、齿距等所有指标的测量，但是其测量过程比较缓慢，如果在齿数特别多的情况下，可选用_____。

5. 齿轮单项测量项目包括：_____、_____、_____、_____、_____、_____。

二、判断题

1. 用三坐标测量机进行锥齿轮的测量，仅局限于航空航天等单件小批量生产领域。（　　　）

2. 综合测量在齿轮加工后进行，目的是判断齿轮各项精度指标是否达到图样上规定的要求。（　　　）

3. 在生产过程中进行的工艺测量，一般采用综合测量，目的是为了检查确定工艺加工过程中产生误差的原因，以便及时调整工艺过程。（　　　）

三、简答题

简述齿轮径向圆跳动的检测方法。

活动四　用 Inventor 绘制齿轮零件图

一、选择题

1. 一个封闭的截面无法拉伸，首要排除的一个问题是（　　　）。

A. 草图未全约束　　　　　　　　　B. 草图没有标注尺寸

C. 草图中每根线段之间没有约束　　D. 软件问题

2. 拉伸命令（　　　）使非封闭的草图形成实体。

A. 能　　　　　　　　B. 不能

3. 拉伸到面命令中（　　　）拉伸到两个互相相切的曲面。

A. 能　　　　　　　　B. 不能

4. 拉伸命令（　　　）拉伸到两个面之间。

A. 能　　　　　　　　B. 不能

5. 拉伸中更改单位的命令在（　　　）功能区。

A. 测量　　　　　B. 分析　　　　　C. 视角　　　　　D. 工具

6. 旋转到面命令能否使用的前提条件是（　　　）。

A. 面平行于草图面　　　　　　　　B. 面与草图面呈任意角度

C. 旋转轴必须在该平面内   D. 都可以

7. 旋转命令（   ）使非封闭的草图形成实体。

A. 能   B. 不能

8. 拉伸特征可以创建的特征类型是（   ）。

A. 实体   B. 曲面   C. 曲线   D. 直线

9. 一个草图（   ）拉伸多次。

A. 能   B. 不能

10. 拉伸时，"到下一个"选项（   ）选择曲面。

A. 能   B. 不能

11. 加强筋命令中（   ）增加拔模特征。

A. 能   B. 不能

12. 旋转命令中（   ）"优化单个选择"的开关。

A. 有   B. 没有

13. 抽壳命令有（   ）抽壳形式。

A. 一种   B. 两种   C. 三种   D. 四种

14. 在抽壳时勾选"允许近似值"的作用是（   ）。

A. 如果不存在精确方式，在计算抽壳特征时，不允许与指定的厚度有偏差

B. 如果不存在精确方式，在计算抽壳特征时，允许与指定的厚度有偏差

C. 精确方式可以创建抽壳

D. 精确方式不可以创建高精度抽壳

15. 拔模命令（   ）基于草图的特征。

A. 属于   B. 不属于

16. 拔模命令中（   ）设置为相对角度。

A. 能   B. 不能

17. 加厚命令中的创建竖直曲面用于创建（   ）。

A. 实体   B. 曲面

18. 加厚命令中的创建竖直曲面用于创建（   ）。

A. 偏移曲面中的侧边面

B. 偏移面连接到原始缝合曲面的竖直面或侧面

C. 使偏移出来的面的边缘垂直原本的面

19. 加厚命令中的创建竖直曲面（   ）修复多个重合面的功能。

A. 具备   B. 不具备

20. 分割命令能分割（   ）。

A. 实体   B. 单个曲面   C. 面组   D. 多边形曲面

21. 阵列的（   ）命令可以沿曲线阵列。

A. 矩形阵列   B. 环形阵列   C. 草图驱动

22. 孔命令中的延伸端部的作用是（   ）。

A. 延伸底孔的深度

B. 延伸孔的反方向的切除特征

C. 延伸孔的工艺尖头

23. 矩形阵列中的"完全相同"与"调整"选项的区别是（　　　）。

A. "完全相同"指的是阵列的特征造型与尺寸一模一样，而"调整"会因为被阵列特征的特性与位置的改变而进行调整造型

B. "完全相同"指的是所有阵列出来的特征都一样，而"调整"指的是阵列的特征都不一样

C. "完全相同"指的是阵列结果一样，而"调整"指的是阵列结果不一样

24. 矩形阵列中的"完全相同方向"的作用是（　　　）。

A. 所有特征一模一样　　　　　　　　　B. 所有特征方向一致

C. 所阵列的特征方向是一致的　　　　　D. 阵列特征与阵列方向一致

25. 矩形阵列中把方向调整为"方向1"的作用是（　　　）。

A. 调整方向

B. 所有特征的方向都朝着方向1

C. 可以定义所有特征的方向

D. 阵列出来的每一个特征的方向与路径的相切矢量方向一致

26. 环形阵列的旋转方向有（　　　）选择。

A. 一种　　　　　　　B. 两种　　　　　　　C. 三种　　　　　　　D. 四种

二、建模题

使用三维软件创建以下零件模型。

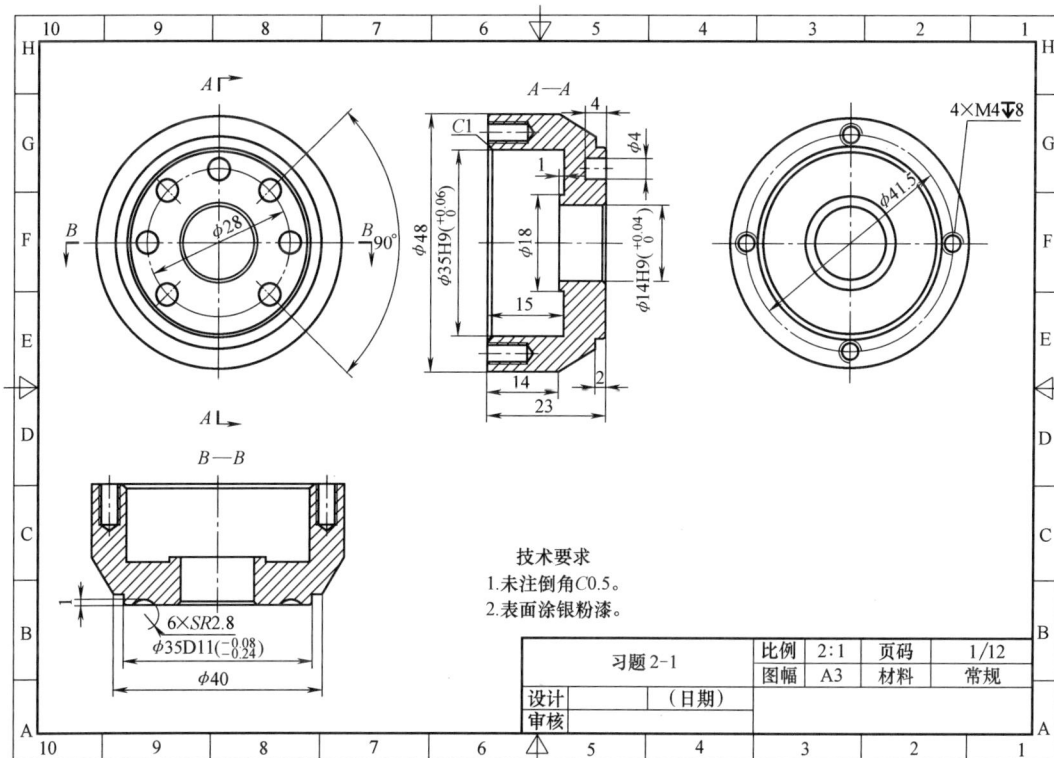

图1

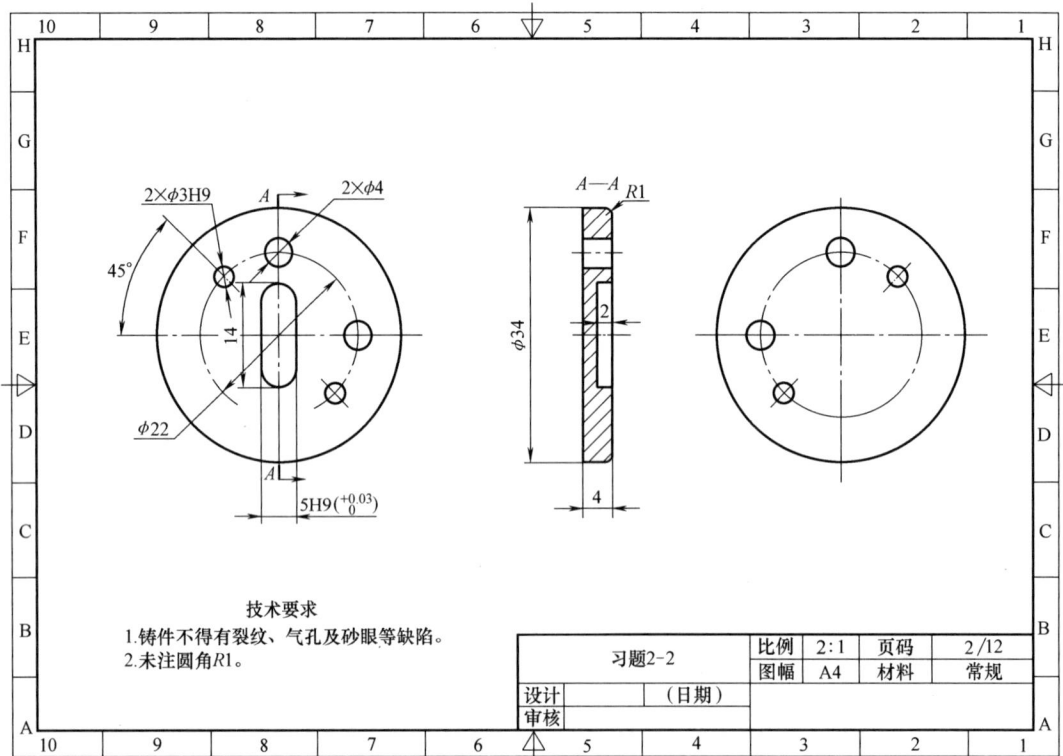

技术要求
1.铸件不得有裂纹、气孔及砂眼等缺陷。
2.未注圆角$R1$。

		比例	2:1	页码	2/12
	习题2-2	图幅	A4	材料	常规
设计		（日期）			
审核					

图 2

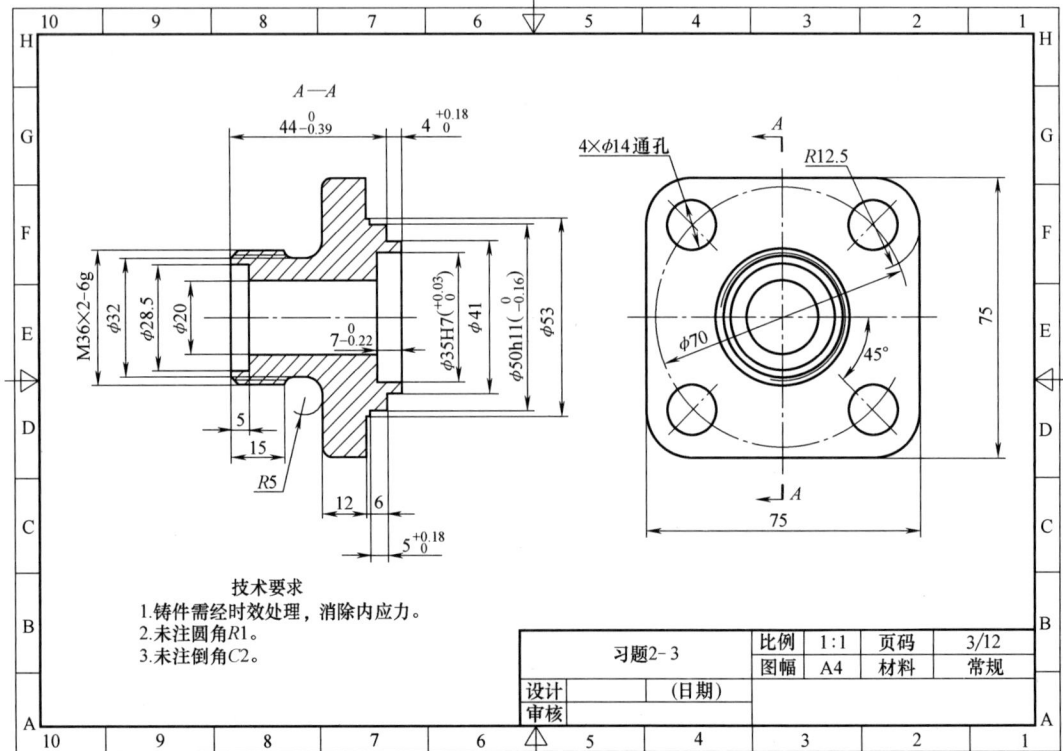

技术要求
1.铸件需经时效处理，消除内应力。
2.未注圆角$R1$。
3.未注倒角$C2$。

		比例	1:1	页码	3/12
	习题2-3	图幅	A4	材料	常规
设计		（日期）			
审核					

图 3

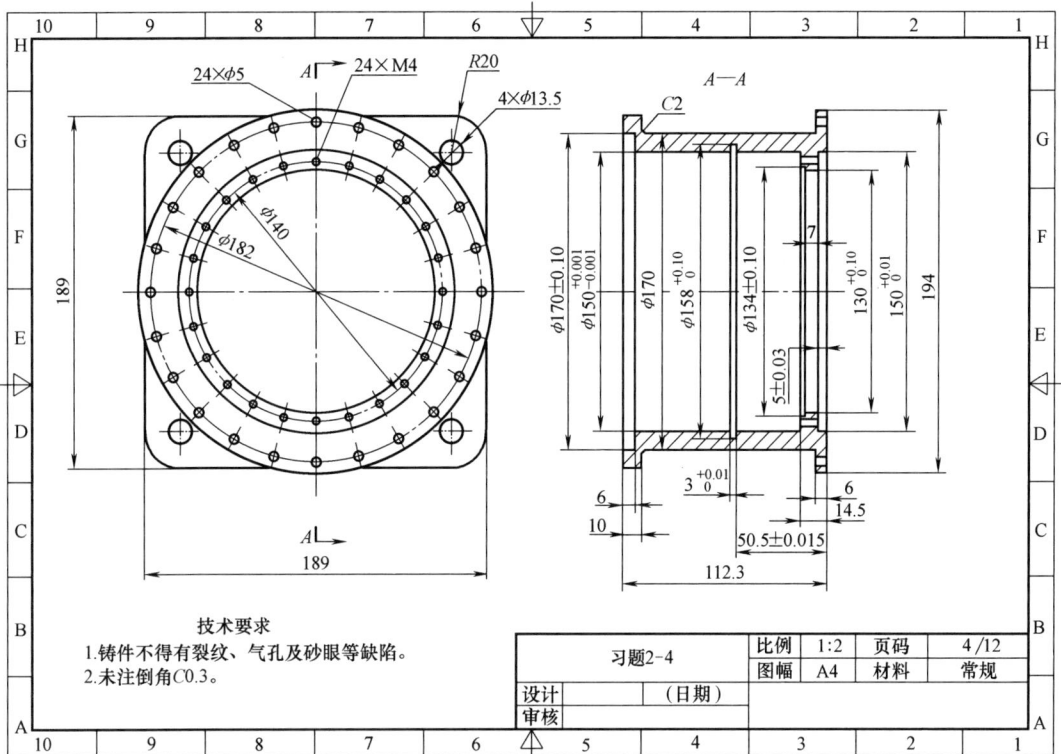

技术要求
1.铸件不得有裂纹、气孔及砂眼等缺陷。
2.未注倒角C0.3。

习题2-4	比例	1:2	页码	4 /12
	图幅	A4	材料	常规
设计		（日期）		
审核				

图 4

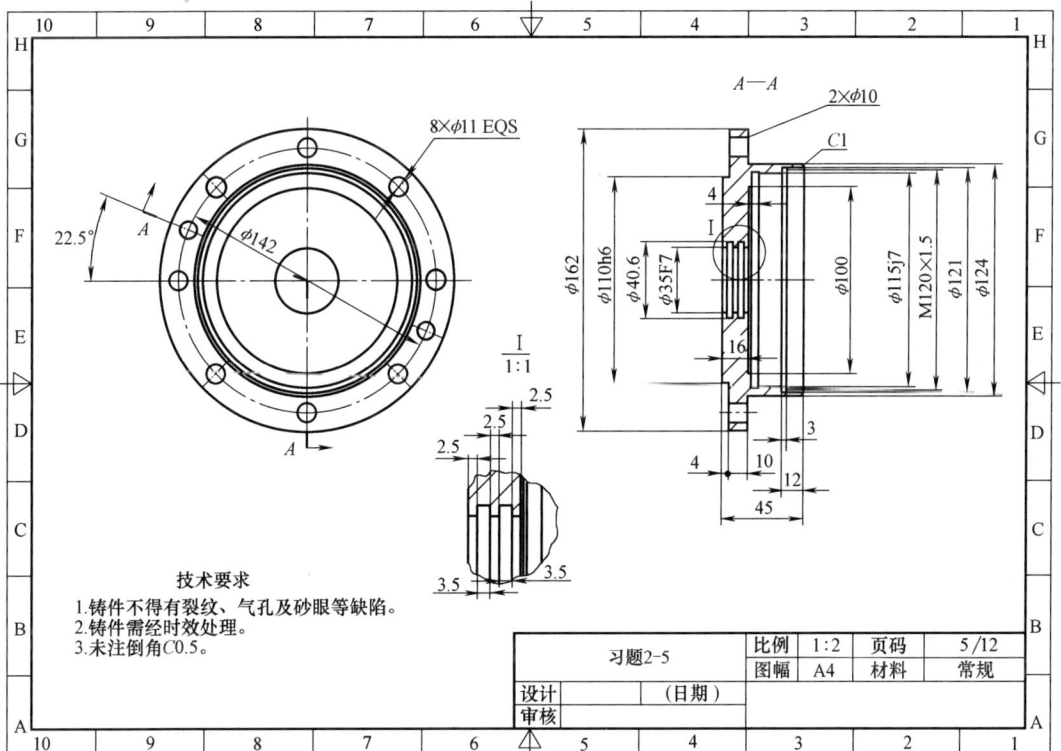

技术要求
1.铸件不得有裂纹、气孔及砂眼等缺陷。
2.铸件需经时效处理。
3.未注倒角C0.5。

习题2-5	比例	1:2	页码	5 /12
	图幅	A4	材料	常规
设计		（日期）		
审核				

图 5

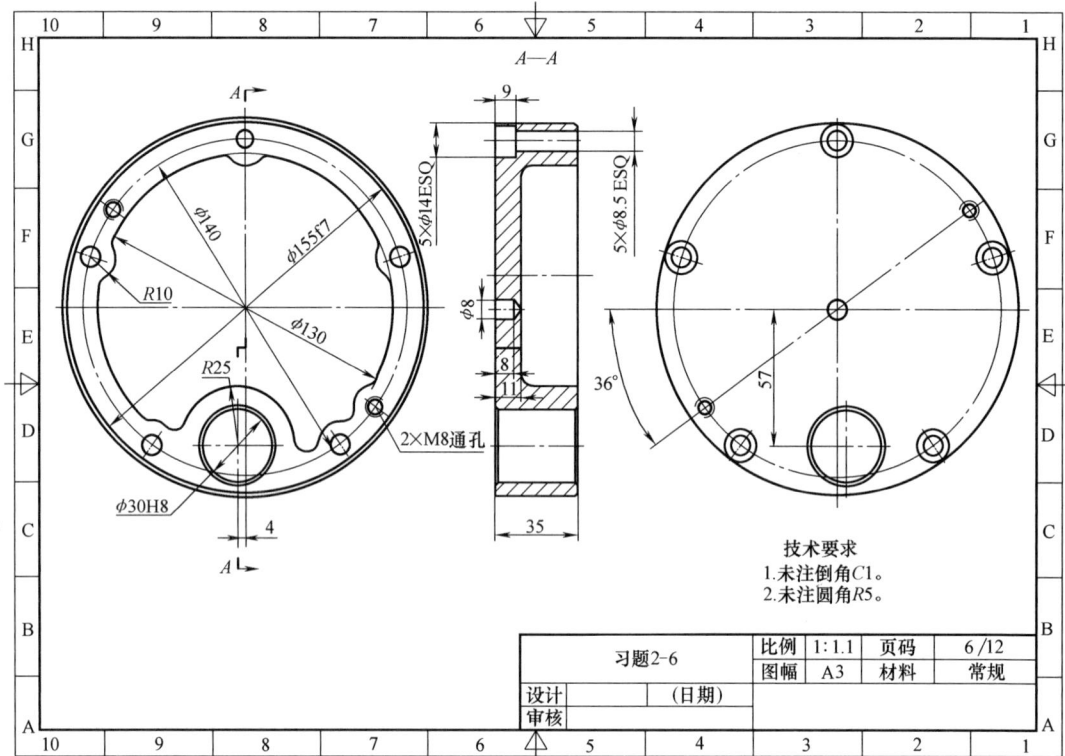

技术要求
1.未注倒角C1。
2.未注圆角R5。

习题2-6		比例	1:1.1	页码	6 /12
		图幅	A3	材料	常规
设计	（日期）				
审核					

图 6

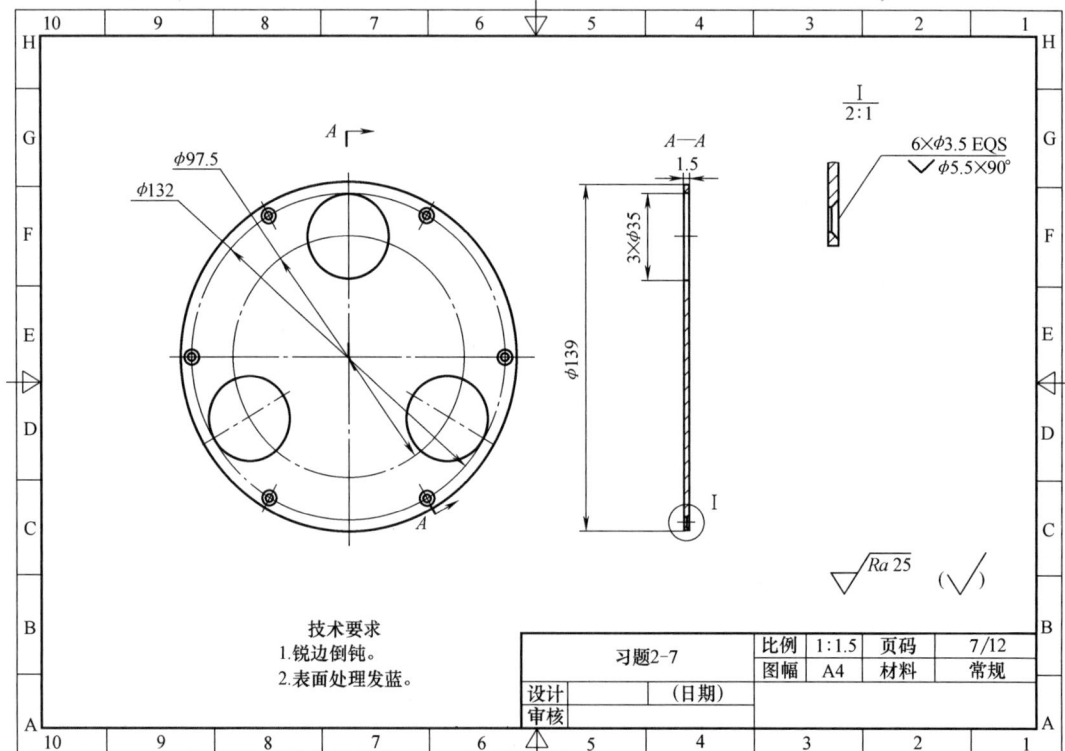

技术要求
1.锐边倒钝。
2.表面处理发蓝。

习题2-7		比例	1:1.5	页码	7/12
		图幅	A4	材料	常规
设计	（日期）				
审核					

图 7

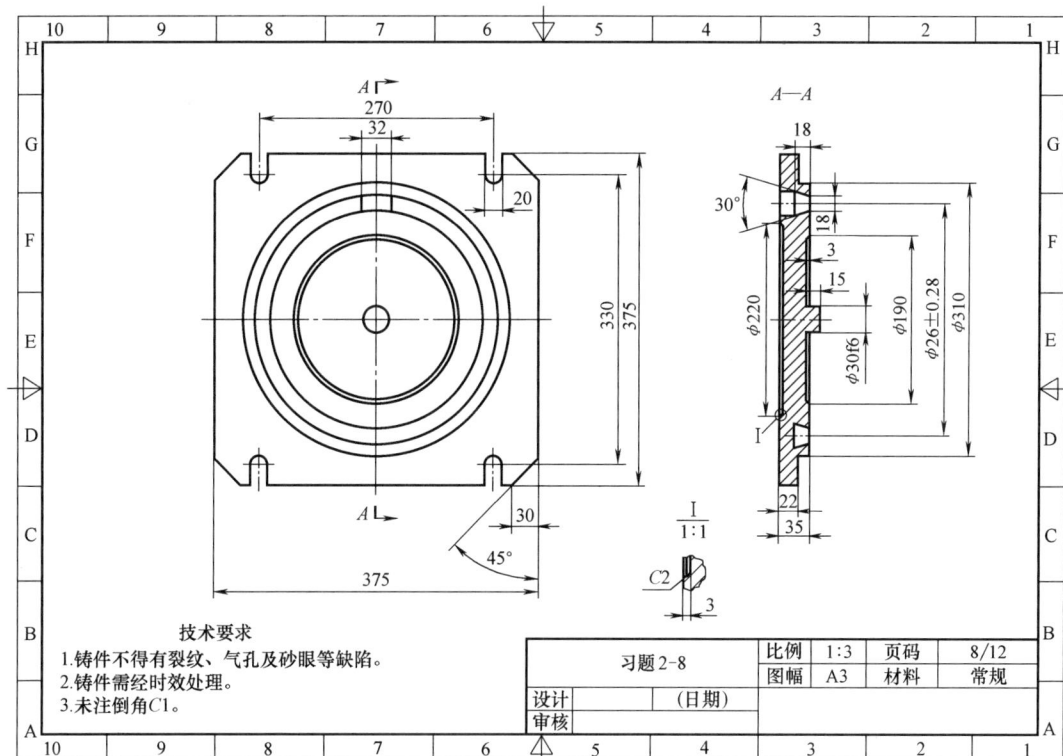

图 8

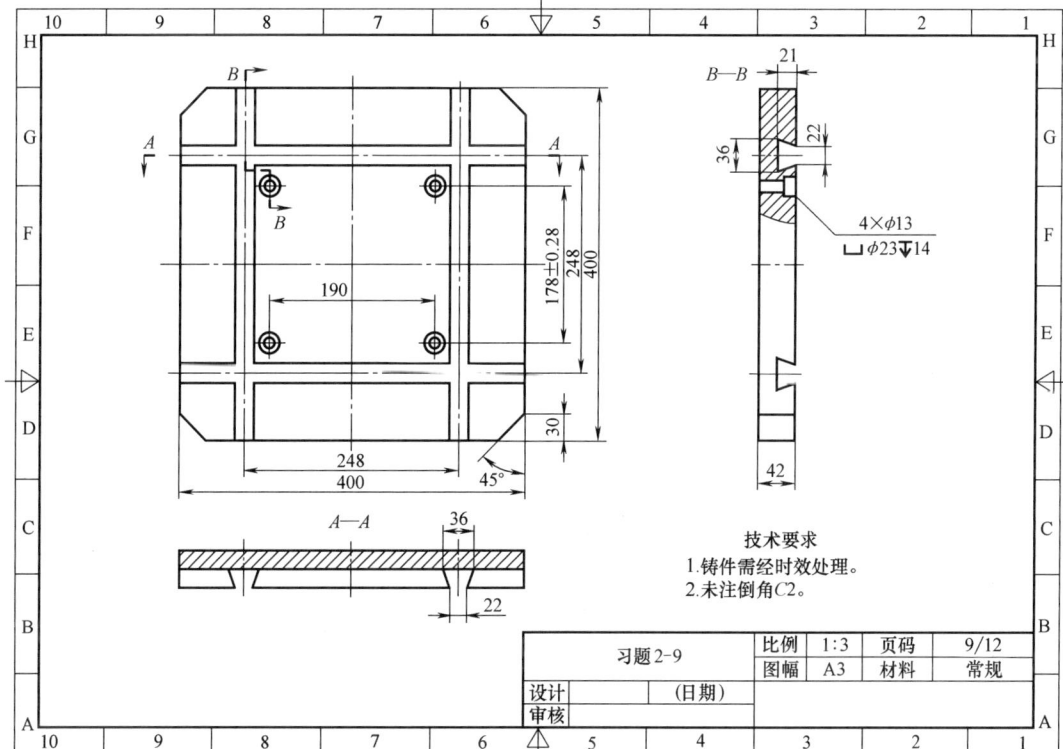

图 9

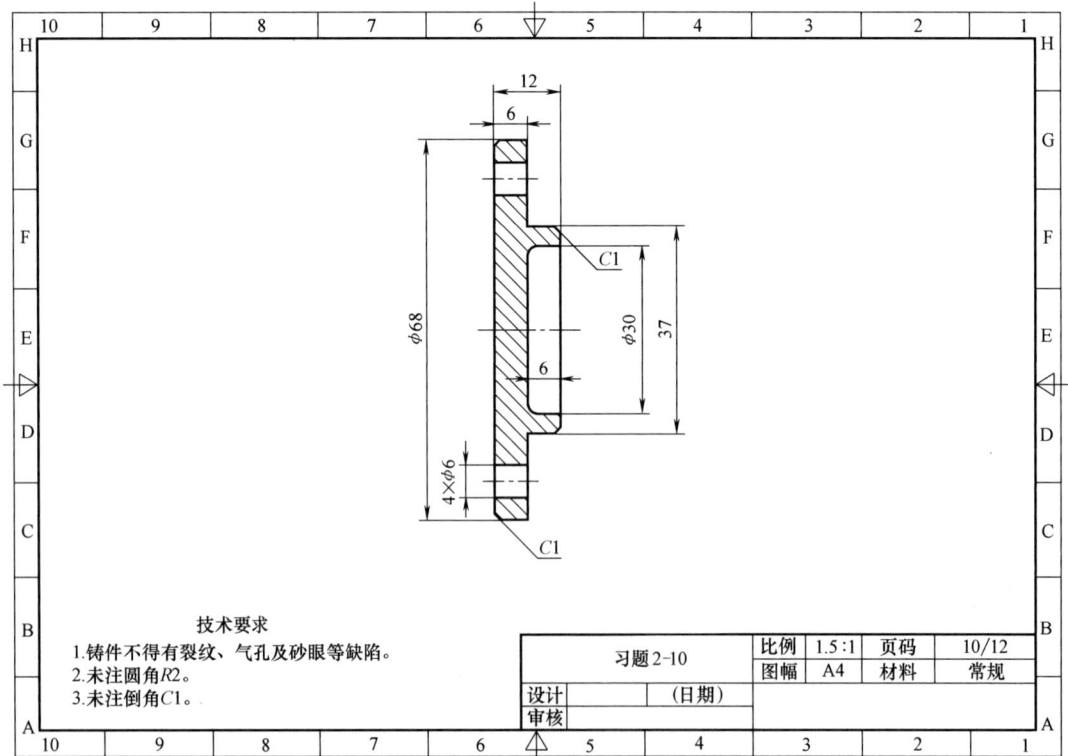

技术要求
1. 铸件不得有裂纹、气孔及砂眼等缺陷。
2. 未注圆角R2。
3. 未注倒角C1。

		比例	1.5:1	页码	10/12
	习题2-10	图幅	A4	材料	常规
设计		（日期）			
审核					

图 10

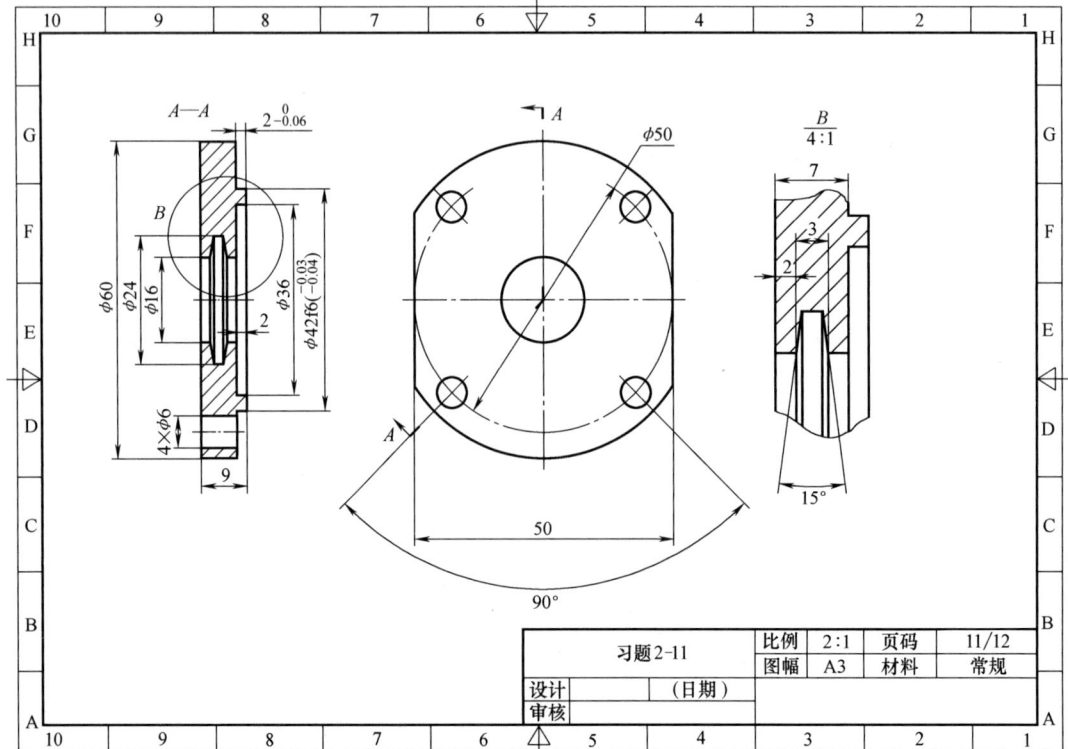

		比例	2:1	页码	11/12
	习题2-11	图幅	A3	材料	常规
设计		（日期）			
审核					

图 11

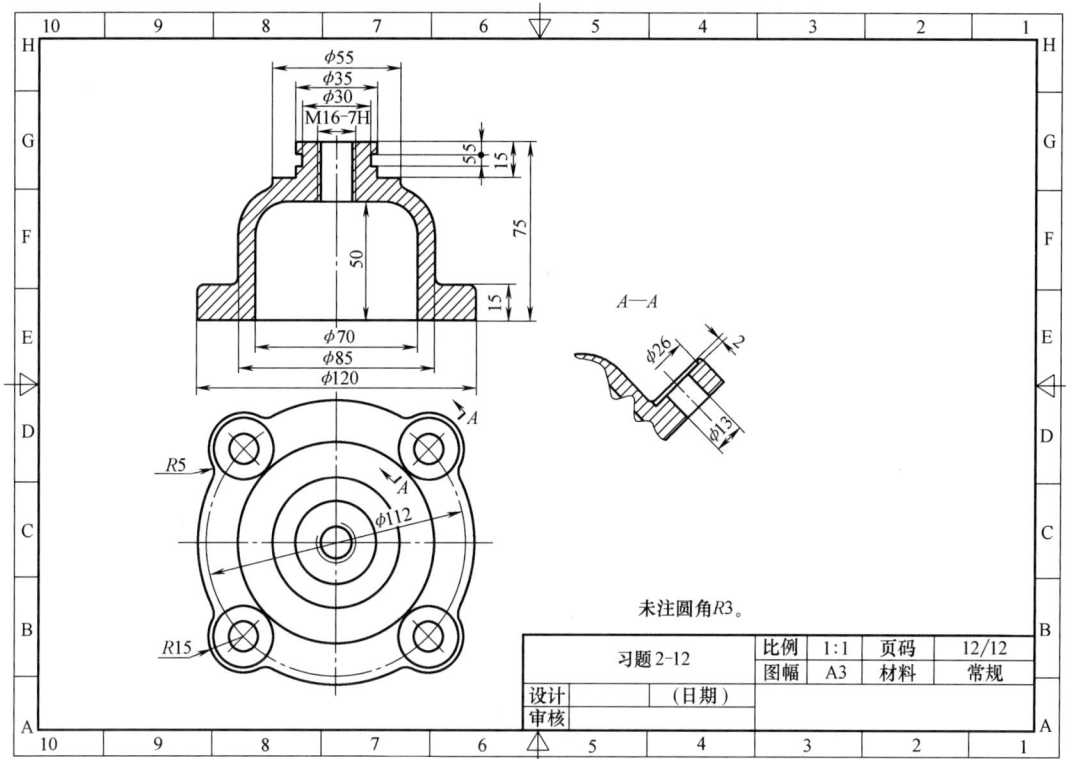

图 12

学习任务三　测绘减速器箱体与三维建模

活动一　接受任务并制订方案

一、选择题

1. 箱体零件的材料一般选用（　　　）。

A. 各种牌号的灰铸铁

B. 40Cr

C. 45 钢

D. 65Mn

2. 加工箱体类零件时常选用一面两孔作为定位基准，这种方法一般符合（　　　）。

A. 基准重合原则

B. 基准统一原则

C. 互为基准原则

D. 自为基准原则

3. 箱体上基本孔的工艺性最好的是（　　　）。

A. 不通孔　　　　　B. 通孔　　　　　C. 阶梯孔　　　　　D. 交叉孔

4. 箱体加工选用箱体底面作为精基准时，具有（　　　）特点。

A. 符合基准统一原则

B. 适用于单件小批生产

C. 适用于大批大量生产

D. 不符合基准重合原则

5. 按照基准先行原则安排工艺顺序，下述说法正确的是（　　　）。

A. 轴类零件先车端面，钻顶尖孔

B. 轴类零件先车外圆

C. 箱体零件先加工面

D. 箱体零件先加工主轴孔

活动二　绘制减速器箱体

作图题：

1. 下图中有粗实线的 2 个视图是零件的两面视图，根据此两面视图，识读零件的形状，利用细实线轮廓视图为辅助，使用合适的剖视图，完整清晰表达零件的各部位形状。

2. 下图中有粗实线的 2 个视图是零件的两面视图，根据此两面视图，识读零件的形状，利用细实线轮廓视图为辅助，使用合适的剖视图，完整清晰表达零件的各部位形状。

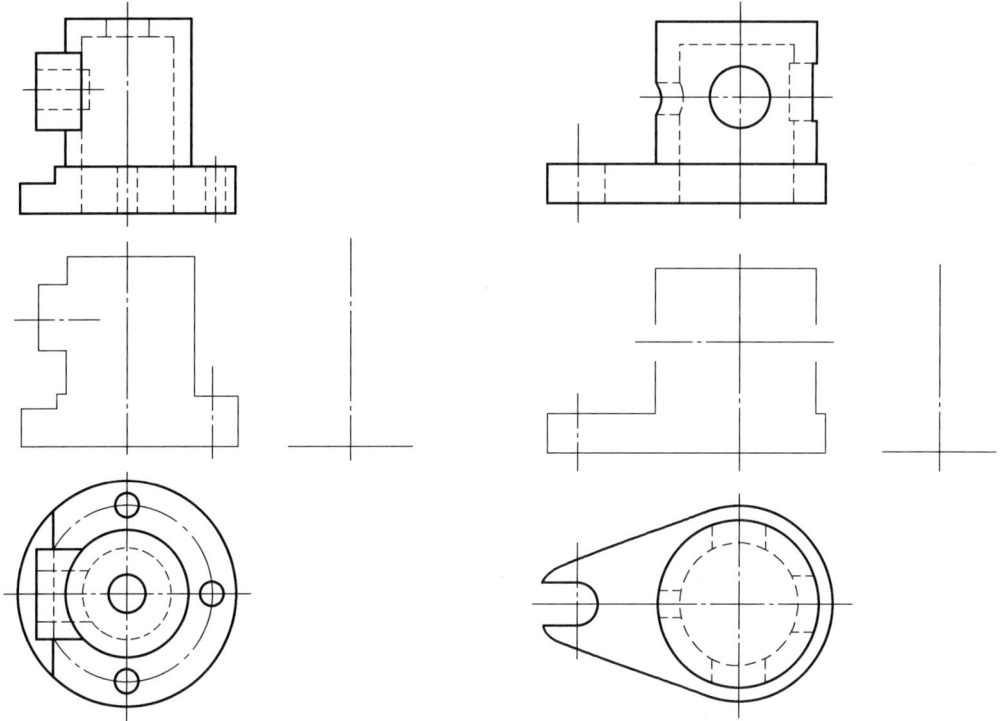

3. 根据给定的视图，识读零件形状，补画 *A—A* 剖视图。

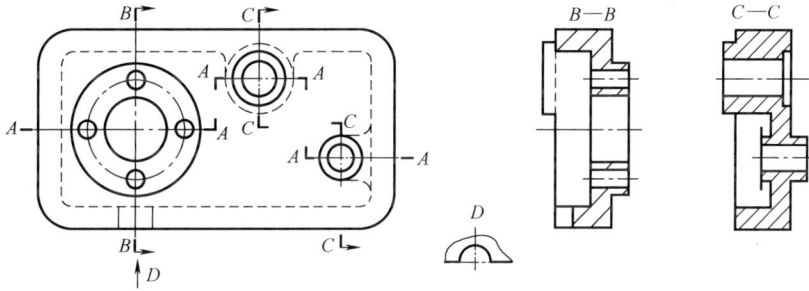

4. 根据零件的两个视图，识读分析零件形状，采用合适的表达方式在右侧完成新的表达方案。

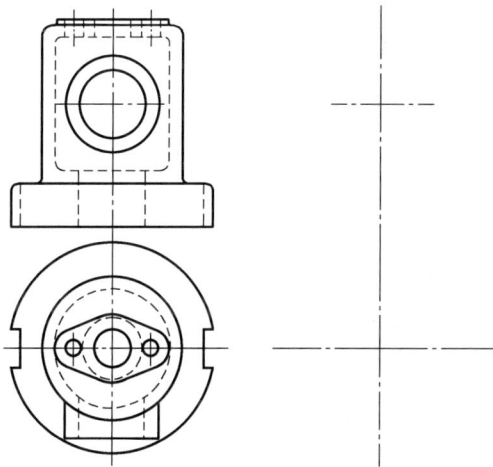

5. 根据零件的两个视图，识读分析零件形状，采用合适的表达方式在右侧完成新的表达方案。

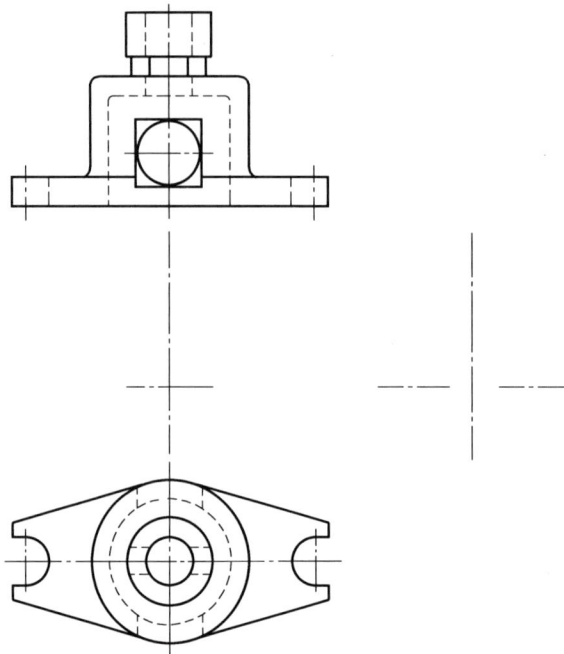

活动三 测量并标注箱体尺寸

作图题：

1. 根据给定的零件轴测图及尺寸信息，制订合适的表达方案，自定各类视图并完成零件各结构特征形状的表达，使用图中的信息完成尺寸标注。图幅和比例自定。可选择徒手绘制零件草图，也可以使用尺规完成图样。

零件名称：机匣盖

零件材料：HT100

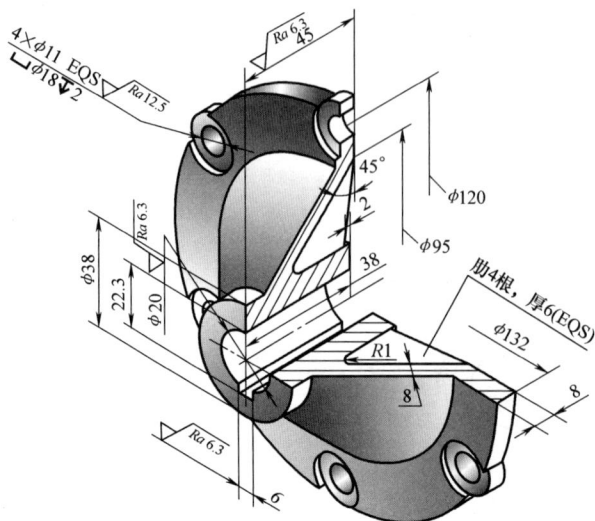

2. 根据给定的零件轴测图及尺寸信息，制订合适的表达方案，自定各类视图完成零件各结构特征形状的完整表达，并使用图中的信息完成尺寸标注。图幅和比例自定。可选择徒手绘制零件草图，也可以使用尺规完成图样。

零件名称：阀体

零件材料：HT150

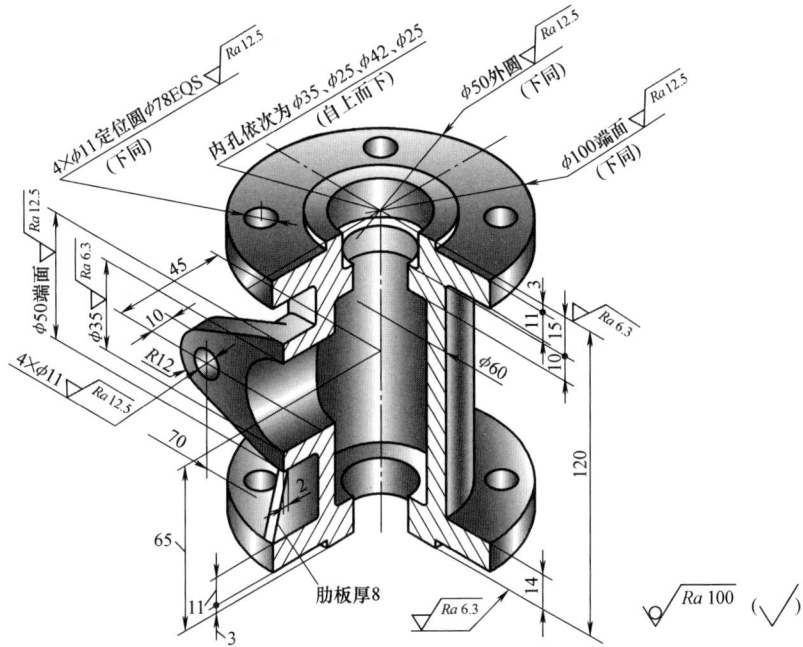

活动四　用 Inventor 绘制箱体零件图

一、选择题

1. （　　）使用工程图修改零件尺寸。

A. 能　　　　　　　　　B. 不能

2. 放置视图时，（　　）自动检索所有模型尺寸。

A. 能　　　　　　　　　B. 不能

3. 工程图中，（　　）自定义标题栏的插入位置。

A. 能　　　　　　　　　B. 不能

4. 放置视图里面，标准件的隐藏线是否显示，以下说法正确的是（　　）。

A. 遵从浏览器显示　　　B. 始终显示　　　C. 从不显示　　　D. 默认显示

5. 放置视图里面，参考件的显示方式在（　　）里设置。

A. "工程图视图"→"零部件"　　　　　　B. "工程图视图"→"模型状态"

C. "工程图视图"→"显示"选项　　　　　D. "工程图视图"→"恢复"选项

6. 放置视图里面，系列化零件使用哪一种规格来作为视图放置，在（　　）设置。

A. "工程图视图"→"零部件"　　　　　　B. "工程图视图"→"模型状态"

C. "工程图视图"→"显示"选项　　　　D. "工程图视图"→"恢复"选项

7. "视图放置"→"显示"→"标准零件"选项，是用（　　）设置。

A. 标准件的 BOM 结构　　　　　　B. 标准件显示图形的控制

C. 显示标准件　　　　　　　　　　D. 以上所有

8. 在"视图放置"→"显示"→"剖切继承"选项中包含以下选项的是（　　）。

A. 局部剖视图　　　　B. 断开　　　　C. 断面图　　　　D. 局部视图

9. "零件视图放置"→"恢复"选项中不包含的选项是（　　）。

A. 所有模型尺寸　　B. 用户定位特征　　C. 包含曲面体　　D. 包含面片

10. "部件视图放置"→"恢复"选项中不包含的选项是（　　）。

A. 所有模型尺寸　　B. 用户定位特征　　C. 包含曲面体　　D. 包含网格体

11. "零件视图放置"→"恢复"→"所有模型尺寸"类似于（　　）功能。

A. 投影尺寸　　　　　　B. 检索尺寸

C. 生成三维模型，并生成所有尺寸

12. 局部视图中，包含（　　）深度定位方式。

A. 自点　　　　　　B. 至草图　　　　C. 贯穿　　　　D. 距离

13. "修剪"命令中（　　）使用草图作为修剪框。

A. 能　　　　　　　　B. 不能

14. "修剪"命令的选择框，包含几何图元有（　　）。

A. 矩形　　　　　　B. 圆　　　　C. 椭圆　　　　D. 正方形

15. 在"视图放置"命令中，螺纹特征是否显示，在（　　）中设置。

A. "工程图视图"→"零部件"　　　　B. "工程图视图"→"模型状态"

C. "工程图视图"→"显示"选项　　　D. "工程图视图"→"恢复"选项

16. 工程图中，在（　　）中可以设置显示曲面/网格体。

A. "工程图视图"→"零部件"　　　　B. "工程图视图"→"模型状态"

C. "工程图视图"→"显示"选项　　　D. "工程图视图"→"恢复"选项

17. 工程图中的"剖切继承"命令用于控制（　　）。

A. 新视图上的零部件，是否按照原视图的零部件生成投影

B. 新的视图，使用上一视图的剖切方式

C. 在新的视图上，重用基础视图操作

D. 没有什么作用

18. 局部视图中，可以添加视图链接线的情况是（　　）。

A. 任何时候都可以　　　　　　　　B. 使用圆心轮廓时

C. 使用平滑轮廓时　　　　　　　　D. 显示完整局部边界时

19. 可以让新视图不跟随基础视图变换方向的操作是（　　）

A. 右击"新视图"→"断开链接"选项

B. 断开对齐（断开视图对齐）

C. 双击"新视图"→"显示"→"根据视图定向"选项

D. 都不可以

20. 尺寸标注中，有三种快捷尺寸标注的命令，包含（　　　）。

A. 基线尺寸　　　　B. 同基准尺寸　　　　C. 基准尺寸　　　　D. 连续尺寸

21. 三种快捷尺寸标注命令中，需要明确定义基准位置的是（　　　）。

A. 基线尺寸　　　　B. 同基准尺寸　　　　C. 基准尺寸　　　　D. 连续尺寸

22. 三种快捷尺寸标注命令中，"尺寸"与"尺寸集"命令有什么差别？（　　　）

A. 一种是个体尺寸，一种是集体尺寸

B. 一种可以编辑尺寸数值，一种不可以编辑尺寸数值

C. 一种会自动排列，一种不会自动排列

D. 没有差别

23. 使用草图视图绘制的图形，（　　　）添加轴平行的中心线。

A. 不能　　　　　　B. 能

24. 使用草图视图绘制的矩形图形，（　　　）添加轴平行的中心线。

A. 不能　　　　　　B. 能

25. 使用草图视图绘制的椭圆图形，（　　　）添加轴平行的中心线。

A. 不能　　　　　　B. 能

二、建模题

使用三维软件创建以下零件模型。

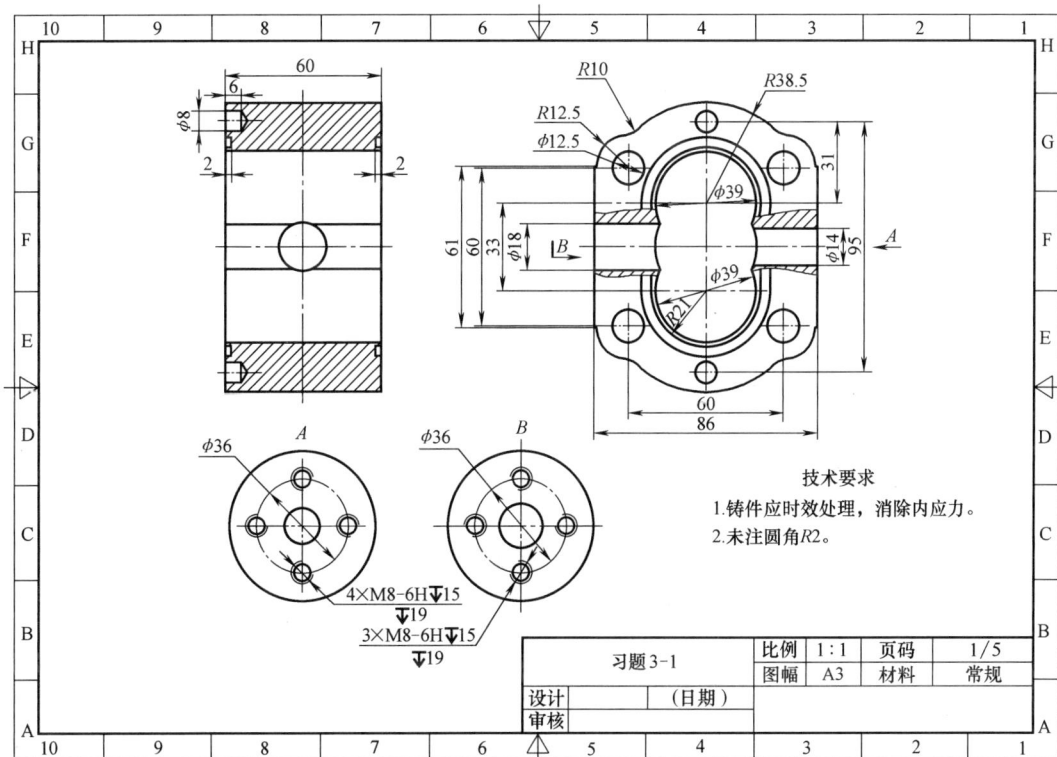

图 1

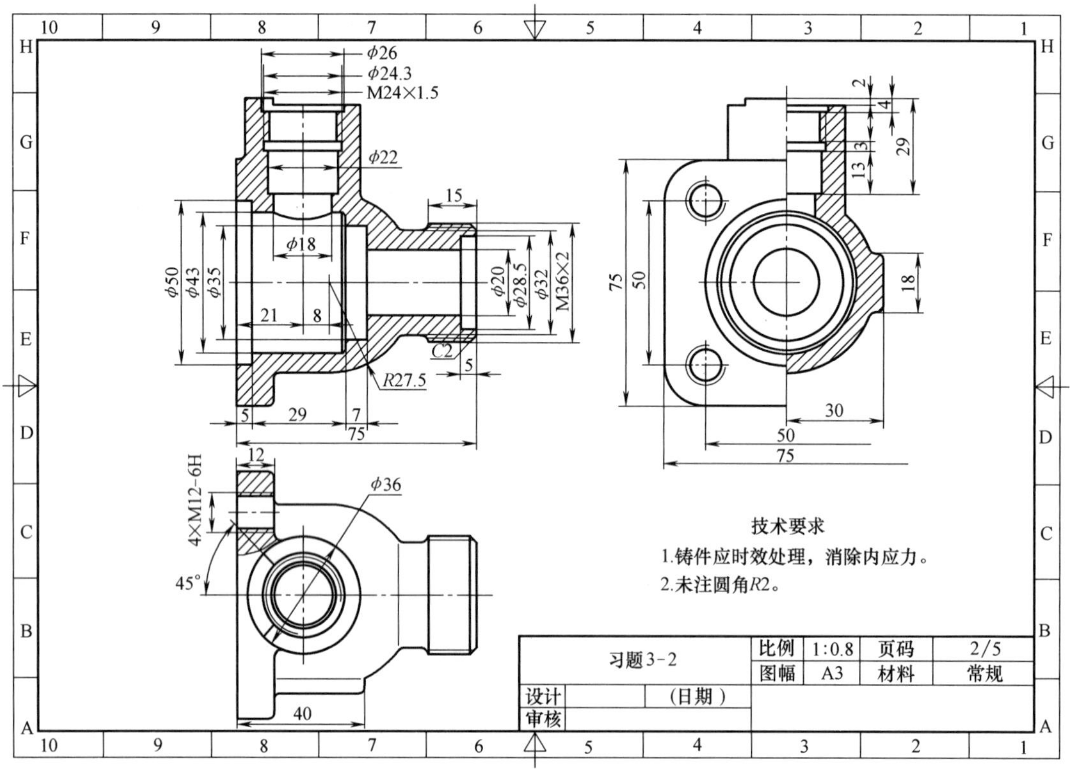
技术要求
1.铸件应时效处理，消除内应力。
2.未注圆角R2。
习题 3-2
比例 1:0.8 页码 2/5
图幅 A3 材料 常规
设计 (日期)
审核

图 2

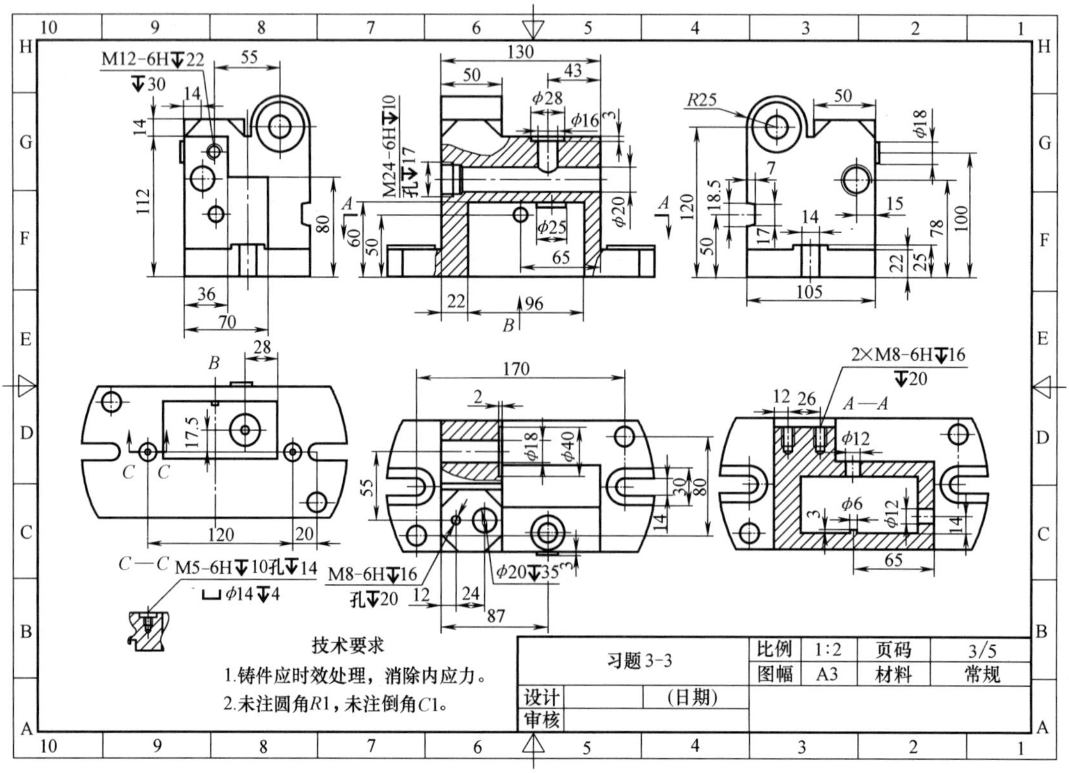
A—A
C—C
技术要求
1.铸件应时效处理，消除内应力。
2.未注圆角R1，未注倒角C1。
习题 3-3
比例 1:2 页码 3/5
图幅 A3 材料 常规
设计 (日期)
审核

图 3

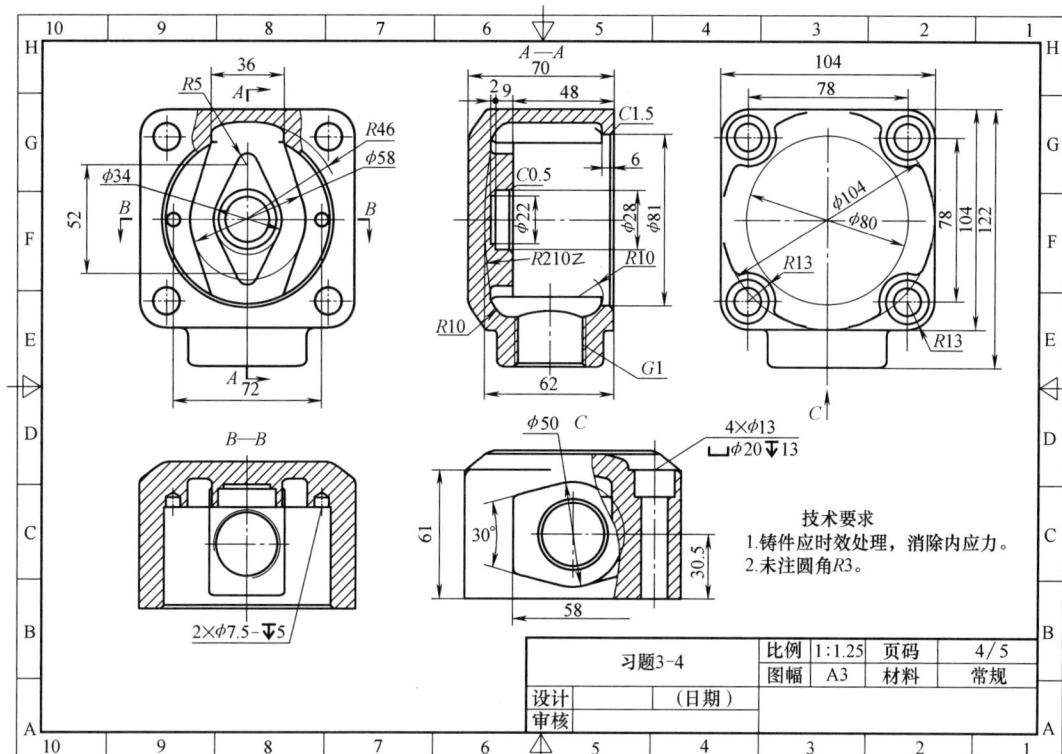

图 4

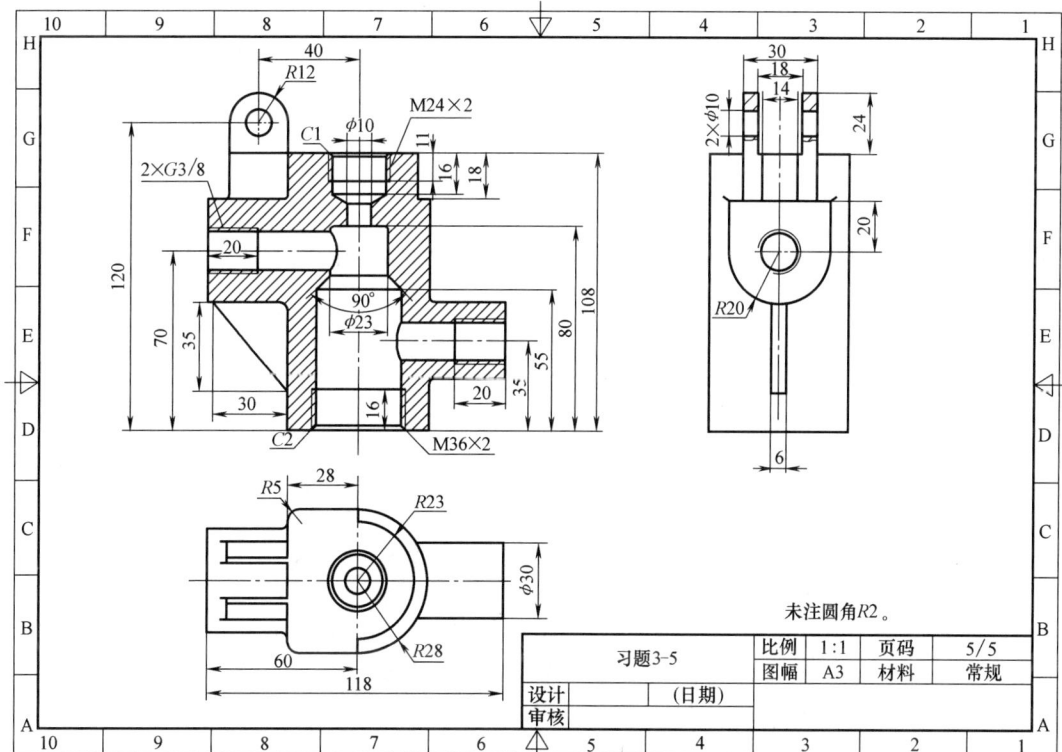

图 5

学习任务四　减速器装配

活动二　绘制减速器装配图

作图题：

1. 已知螺栓 GB/T 5782　M16×80，螺母 GB/T 6170　M16，垫圈 GB/T 97.1 16，在下图中合适的位置画出连接位置的装配图。

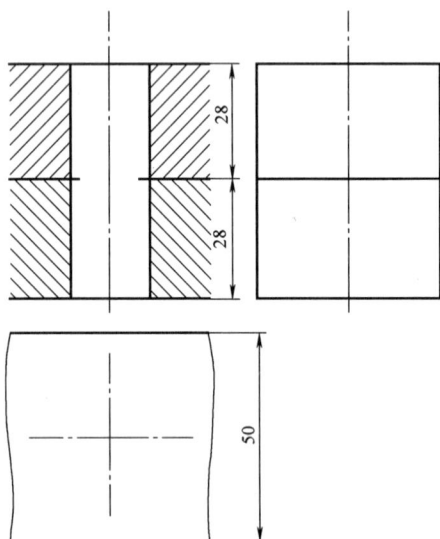

2. 已知直齿圆柱齿轮模数 $m = 3mm$，小齿轮齿数 $z = 14$，中心距 $a = 60mm$，轮齿倒角 $C2$，求两个齿轮的分度圆、齿顶圆和齿根圆直径，并完成啮合齿轮的两个视图。

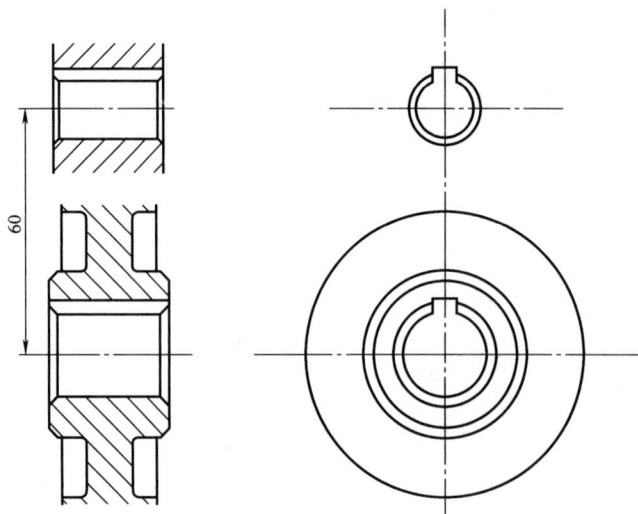

3. 完成销　GB/T 119.2 10×50 的连接图。

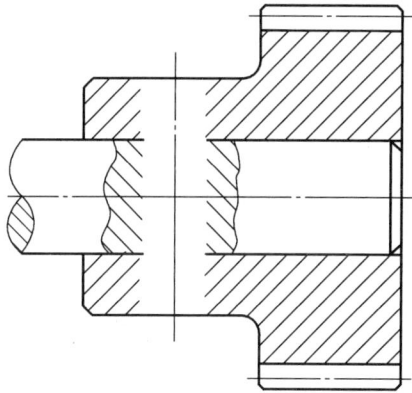

4. 用键将轴和齿轮连接起来，补全其连接视图。

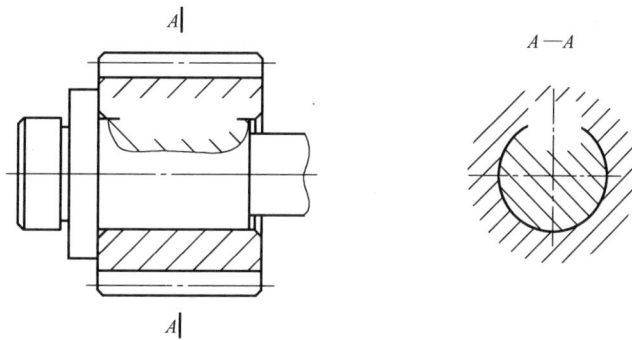

5. 根据螺纹调节支承的轴测图和零件图拼画装配图。

螺纹调节支承工作原理：螺纹调节支承用来支承不太重的机件。螺钉3装入支承杆5的槽内，使支承杆5不能转动；使用时，旋转调节螺母4，支承杆5便上下移动，达到所需的高度。

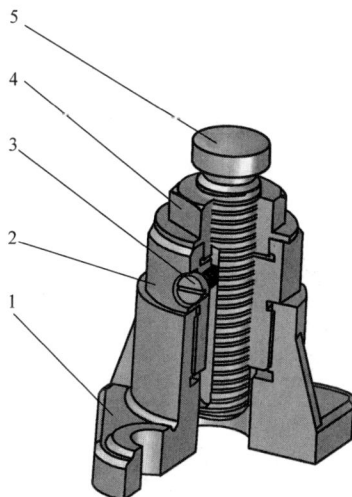

5		支承杆	1	45	
4		调节螺母	1	45	
3	M6×12	螺钉	1	45	GB/T 65 — 2016
2		套筒	1	45	
1		底座	1	ZG230-450	
序	代号	名称	数量	材料	备注

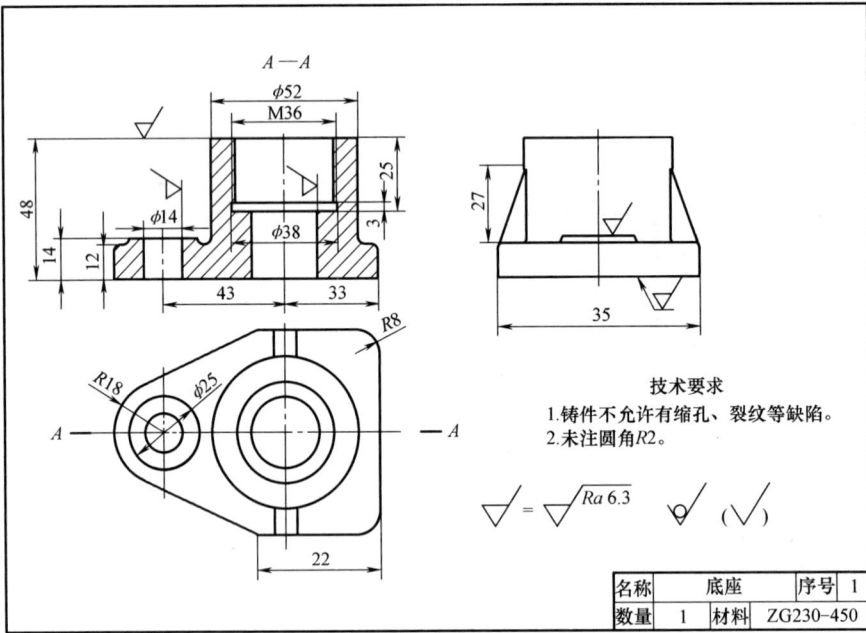

技术要求
1.铸件不允许有缩孔、裂纹等缺陷。
2.未注圆角R2。

名称	底座		序号	1
数量	1	材料	ZG230-450	

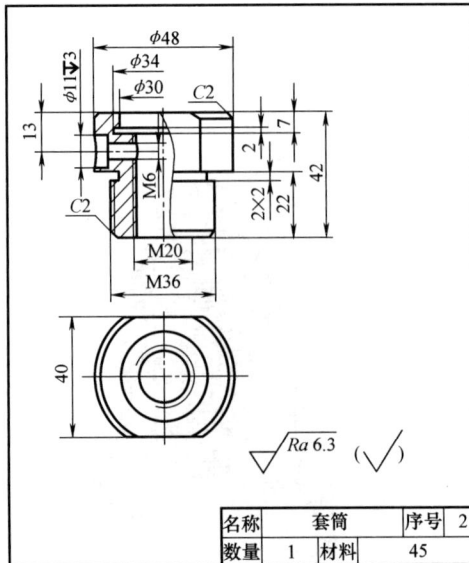

名称	套筒		序号	2
数量	1	材料	45	

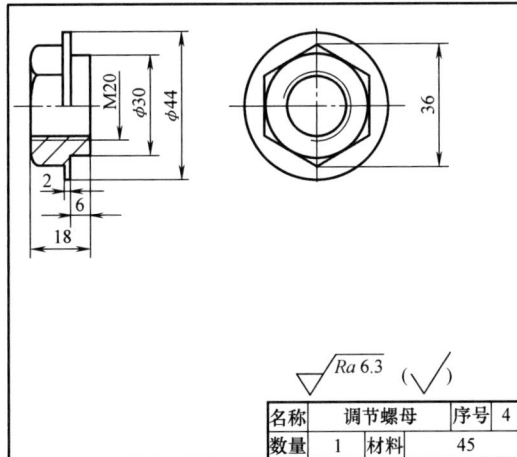

名称	调节螺母	序号	4
数量	1	材料	45

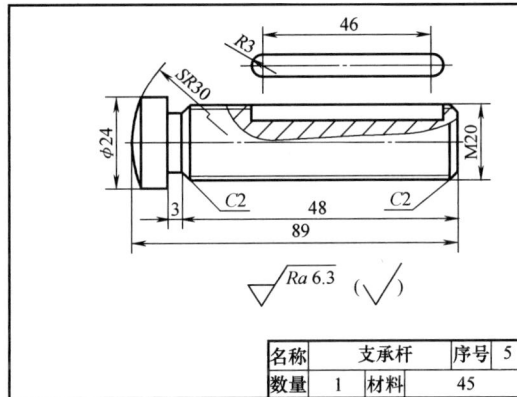

名称	支承杆	序号	5
数量	1	材料	45

活动三　用 Inventor 绘制减速器装配图

一、选择题

1. 不存在零部件放置方式的是（　　　）。

A. 装配→零部件　　　　　　　　B. 装配→工具集

C. 右键菜单→装入零部件　　　　D. 三维模型→装入零部件

2. 软件有（　　）零部件放置方式。

A. 3 种　　　　　B. 4 种　　　　C. 5 种　　　　　D. 5 种以上

3. "约束"中，部件选项框里的约束选项中不能使用"极限"的范围约束是（　　　）。

A. 相切　　　　　B. 角度　　　　C. 插入　　　　　D. 镜像

4. "约束"中的"约束集合"命令是进行（　　　）约束的。

A. 对准坐标系　　B. 对准 UCS　　C. 对准所有 imate　　D. 合并

5. "约束"选项中"使用偏移量作为基准位置"是（　　　）。

A. 定义这个偏移量作为固定位置，跟正常约束一样

B. 在使用"最大值""最小值"时，定义一个通常情况下的位置

C. 在"基本约束"命令中，再添加一个偏移的数值

D. 与基本约束一样

6. "阵列""镜像""复制"3 种命令中可以保留阵列零件间的约束关系的是（　　）命令。

　　A. 阵列　　　　　　B. 镜像　　　　　C. 复制　　　　　　D. 都可以

7. "阵列"命令中不存在（　　）阵列方式。

　　A. 环形　　　　　　B. 矩形　　　　　C. 关联　　　　　　D. 联动

8. 描述三个图标的正确顺序名称是（　　）。

　　A. 镜像选定的对象、重用选定的对象、排除选定的对象

　　B. 重用选定的对象、排除选定的对象、镜像选定的对象

　　C. 重用选定的对象、镜像选定的对象、排除选定的对象

　　D. 以上都不对

9. "阵列"命令中的固定图标是（　　）。

　　A. 固定阵列后的零部件　　　　　　B. 固定阵列零件的初始方向

　　C. 固定整列参考轴线　　　　　　　D. 调整并变化整列零件的角度

10. "简化视图"命令的作用是（　　）。

　　A. 简化零件

　　B. 简化视图零件

　　C. 生成"视图"设置当前要显示的零件

　　D. 生成"视图"设置当前视图里的零件

11. 对于"柔性"与"自适应"命令描述，正确的是（　　）。

　　A. 自适应不会更新到部件本身，且可以在大装配体中存在多个位置。柔性会更新，且可以在大装配体中只能存在一个位置

　　B. 自适应会更新到部件本身，且在大装配体中，只能存在一种位置。柔性不会更新且可以在大装配体中存在多个位置

　　C. 没有区别

　　D. 都是用来联动的，只是计算方式不一样，没有什么其他不一样的

二、三维装配题

从教学资源包下载活动三的装配体源文件，使用三维软件完成装配体的三维装配。